高等教育工程管理与工程造价“十三五”规划教材

BIM基础及实践教程

鲍学英　主编
王起才　主审

化学工业出版社
·北京·

全书共分为5章，内容主要包括BIM概述、BIM软件的介绍、BIM在项目各阶段的应用、BIM软件操作实训，BIM的研究与发展。本书的编写理论联系实际，内容系统全面，知识性、可读性强，主要培养学生在BIM理论与应用方面的职业能力。

本书可作为大专院校工程管理、工程造价等专业学生的教材，还可供监理单位、建设单位、勘察设计单位、施工单位的技术人员、管理人员学习参考。

图书在版编目（CIP）数据

BIM基础及实践教程/鲍学英主编. —北京：化学工业出版社，2016.8（2020.1重印）
高等教育工程管理与工程造价“十三五”规划教材
ISBN 978-7-122-27382-6

Ⅰ.①B… Ⅱ.①鲍… Ⅲ.①建筑设计-计算机辅助设计-应用软件-高等学校-教材 Ⅳ.①TU201.4

中国版本图书馆CIP数据核字（2016）第140185号

责任编辑：满悦芝　　文字编辑：荣世芳
责任校对：李　爽　　装帧设计：刘亚婷

出版发行：化学工业出版社（北京市东城区青年湖南街13号　邮政编码100011）
印　　装：高教社（天津）印务有限公司
787mm×1092mm　1/16　印张13¾　字数339千字　2020年1月北京第1版第2次印刷

购书咨询：010-64518888　　售后服务：010-64518899
网　　址：http://www.cip.com.cn
凡购买本书，如有缺损质量问题，本社销售中心负责调换。

定　　价：35.00元

前言

Foreword

本书主要普及BIM建模的基本思想和基本方法，引导学生紧跟时代发展潮流，提高学生的信息化水平。全书共分为5章，2个模块。第1个模块是第1章～第3章，主要阐述BIM基础。首先以BIM的认识为基础，系统地介绍了什么是BIM、BIM的发展历程和当前应用现状；其次，对BIM的各类软件进行了介绍，重点对BIM建模类软件、BIM模拟类软件、BIM分析类软件等常用软件类型和特点进行了阐述；最后，系统阐述了BIM在项目各个阶段的应用。第2个模块是本书的第4章、第5章，第4章主要是BIM软件的操作实训，简单介绍了国内常用的Revit软件、广联达软件、斯维尔软件在BIM上的应用操作；最后在第5章对BIM的研究与发展进行了展望。

本书的编写思想是理论联系实际，内容系统全面，知识性、可读性强，主要培养学生在BIM理论与应用方面的职业能力。通过对《BIM基础及实践教程》的学习，学生能够掌握BIM的概念，可以使用常用的BIM建模软件进行简单BIM模型的创建，能够对简单的项目进行结构分析，为学生毕业后从事相关工作奠定基础。本书除作为大专院校工程管理、工程造价等专业学生的教材外，还可作为监理单位、建设单位、勘察设计单位、施工单位技术人员、管理人员的学习参考用书。

本书由兰州交通大学鲍学英教授主编，并负责全书的统稿，由兰州交通大学博士生导师王起才教授主审。各章编写分工如下：第1章、第3章、第5章由兰州交通大学鲍学英编写；第2章由兰州交通大学博文学院叶国仁编写；第4章由兰州交通大学杨林编写。

本教材由兰州交通大学优秀科研团队资金（201606）资助。本书在编写的过程中参考了大量的国内优秀教材，在此对有关作者一并表示感谢。由于本书涉及的内容广泛，加之作者水平有限，难免存在不足和错误之处，恳请各位专家和读者批评指正。

编者

2016年6月

Contents

目录

第1章 BIM概述

1.1 什么是BIM

1.1.1 BIM的由来

20世纪80年代的个人电脑革命和90年代的互联网革命及其影响，使得信息化所包含的信息收集、传递与共享具备了实现的技术条件。信息技术近十几年来的飞速发展和广泛应用，其重要意义和对人类的深远影响举世公认。在工程建设领域，计算机应用和数字化技术已展示了其特有的潜力，成为工程技术在新世纪发展的命脉。工程设计是工程建设的龙头。在过去的20年中，CAD（Computer Aided Design）技术的普及推广使建筑师、工程师们从手工绘图走向电子绘图。甩掉图板，将图纸转变成计算机中2D数据的创建，可以说是工程设计领域的第一次革命。CAD技术的发展和应用使传统的设计方法和生产模式发生了深刻变化。这不仅把工程设计人员从传统的设计计算和手工绘图中解放出来，使他们可以把更多的时间和精力放在方案优化、改进和复核上，而且提高设计效率十几倍到几十倍，大大缩短了设计周期，提高了设计质量。但是二维图纸应用的局限性非常大，不能直观体现建筑物的各类信息，所以建筑设计中制作实体模型也是经常使用的建筑表现手段。为了在整个设计过程中贯通设计意图，建筑师有时需要同时用实体模型和图纸两种方式，以弥补单一方式的不足。过去这两种截然不同的沟通方式是分别实现的。应用计算机后，设计人员一直在探索如何使用软件在计算机上进行三维建模。最早实现的是用三维线框图去表现所设计的建筑物，但这种模型过于简化，仅仅是满足了几何形状和尺寸相似的要求。后来出现了一些用于建筑三维建模和渲染的软件，可以给建筑物表面赋予不同的颜色以代表不同的材质，再配上光学效果，可以生成具有照片效果的建筑效果图。但是这种建立在计算机环境中的建筑三维模型，仅仅是建筑物的一个表面模型，没有建筑物内部空间的划分，更没有包含附属在建筑物上的各种信息，造成很多设计信息缺失。建筑物的表面模型，只能用来推敲设计的体量、造型、立面和外部空间，并不能用于施工。对于一个可以应用于施工的设计来说，附属在建筑物上的信息是非常多的，以墙体为例，设计人员除了需要确定墙体的几何尺寸、所用的材料外，还需要确定墙体的重量、施工工艺、传热系数等很多信息。如果不确定这些信息，建筑概预算、建筑施工等很多后续的工作就无法进行。而原有的建筑物三维表面模型，是无法做到在模型上附加这么多信息的。随着建筑工程规模越来越大，附加在建筑工程项目上的信息量也越来越大。当代社会对信息的日益重视，使人们认识到与建筑工程项目的有关信息会对整个建筑工程周期乃至整个建筑物生命周期产生重要的影响。例如，建筑物用地的地质资料、所用的建筑材料以及材料的各种数据与项目的施工方式、生产成本及工期、使用后的维护都密切相关。对这些信息利用得好、处理得好，就能够节省工程开支，缩短工期，也可以惠及使用后的维护工作。因此，十分需要在建筑工程中广泛应用信息技术，快速处理与建筑工程有关的各种信息，合理安排工期，控制好生产成本，尽量消灭建筑项目中由于规划和设计不当甚至是错误所造成的工程损失以及工期延误。鉴于此，就必须在整个建筑工程周期乃至整个建筑物生命周期中，实现对信息的全面管理。

根据美国建筑科学研究院（National Institute of Building Sciences，NIBS）在2007年颁布的美国国家BIM标准第一版第一部分（National Building Information Modeling Standard Version 1 Part 1，NBIMS）援引美国建筑行业研究院（Construction Industry Institute，CII）的研究报告，工程建设行业的非增值工作（即无效工作和浪费）高达57%，作为比较的制造业的这个数字只有26%，两者相差31%。如果工程建设行业随着技术升级和流程优化能够达到目前制造业的水平，按照美国2008年12800亿美元的建筑业规模计算，每年可以节约将近4000亿美元。以美国BIM技术为核心的信息化技术定义的目标，是到2020年为建筑业每年节约2000亿美元。我国近年来固定资产的投资规模维持在10万亿人民币左右，其中60%依靠基本建设完成，生产效率与发达国家比较也还存在不小差距，如果按照美国建筑科学研究院的资料来进行测算，通过技术和管理水平提升，可以节约的建设投资将是十分惊人的。导致工程建设行业效率不高的原因是多方面的，但是如果研究已经取得生产效率大幅提高的零售、汽车、电子产品和航空等领域，我们发现行业整体水平的提高和产业的升级只能来自于先进生产流程和技术的应用。

建筑信息模型（BIM）也是一次真正的信息革命。BIM正是这样一种技术、方法、机制和机会，通过集成项目信息的收集、管理、交换、更新、存储过程和项目业务流程，为建设项目生命周期中的不同阶段、不同参与方提供及时、准确、足够的信息，支持不同项目阶段之间、不同项目参与方之间以及不同应用软件之间的信息交流和共享，以实现项目设计、施工、运营、维护效率和质量的提高，以及工程建设行业持续不断的行业生产力水平提升。

BIM在工程建设行业的信息化技术中并不是孤立地存在，大家耳熟能详的就有CAD、可视化、CAE、GIS等。要弄清楚什么是BIM，首先必须弄清楚BIM的定位，那么，BIM在建筑业究竟处于一个什么样的位置呢？

我国建筑业信息化的历史基本可以归纳为每十年重点解决一类问题。

①“六五”～“七五”（1981～1990年）：解决以结构计算为主要内容的工程计算问题（CAE）。

②“八五”～“九五”（1991～2000年）：解决计算机辅助绘图问题（CAD）。

③“十五”～“十一五”（2001～2010年）：解决计算机辅助管理问题，包括电子政务（e-government）和企业管理信息化等。

“十一五”结束以后的建筑业信息化情况，可以简单地用图1.1来表示。

用一句话来概括，就是：纵向打通了，横向没有打通。也就是接下来建筑业信息化的重点应该是打通横向。而打通横向的基础来自于建筑业所有工作的聚焦点，就是建设项目本身，不用说所有技术信息化的工作都是围绕项目信息展开的，管理信息化的所有工作同样也是围绕项目信息展开的，是为了项目的建设和运营服务的。就目前的技术和行业发展趋势分析，BIM作为建设项目信息的承载体，作为我国建筑业信息化下一个十年横向打通的核心技术和方法之一已经没有太大争议。现代化、工业化、信息化是我国建筑业发展的三个方向，建筑业信息化可以划分为技术信息化和管理信息化两大部分，技术信息化的核心内容是

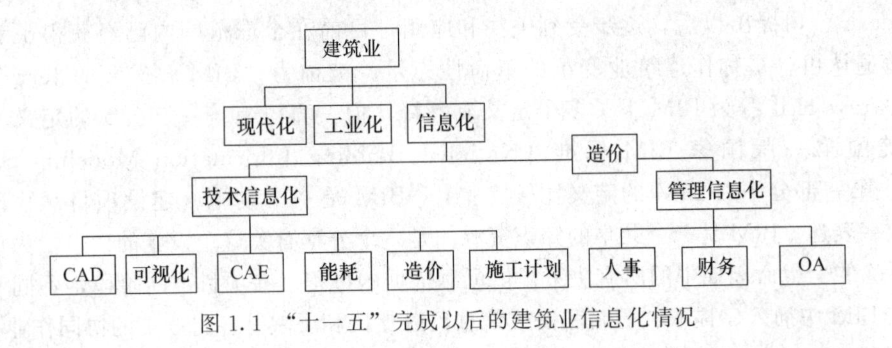

图 1.1 “十一五”完成以后的建筑业信息化情况

建设项目生命周期管理（Building Lifecycle Management，BLM），企业管理信息化的核心内容则是企业资源计划（Enterprise Resource Planning，ERP）。不管是技术信息化还是管理信息化，建筑业的工作主体是建设项目本身，因此，没有项目信息的有效集成，管理信息化的效益也很难实现。BIM 通过其承载的工程项目信息把其他技术信息化方法（如 AD/CAE 等）集成了起来，从而成为了技术信息化的核心、技术信息化横向打通的桥梁，以及技术信息化和管理信息化横向打通的桥梁。可以预计我国建筑业信息化未来十年要解决的重点问题为 BIM。

一个工程项目的建设、运营涉及业主、用户、规划、政府主管部门、建筑师、工程师、项目管理、产品供货商、测量师、消防、卫生、环保、金融、保险、租售、运营、维护等几十类、成百上千家参与方和利益相关方。一个工程项目的典型生命周期包括规划和设计策划、设计、施工、项目交付和试运行、运营维护、拆除等阶段，时间跨度为几十年到一百年甚至更长。把这些不同项目参与方和项目阶段联系起来的是基于建筑业法律法规和合同体系建立起来的业务流程，支持完成业务流程或业务活动的是各类专业应用软件，而连接不同业务流程之间和一个业务流程内不同任务或活动之间的纽带则是信息。目前工程建设行业的做法是各个参与方在项目不同阶段用自己的应用软件去完成相应的任务，输入应用软件需要的信息，把合同规定的工作成果交付给接收方，如果关系好，也可以把该软件的输出信息交给接收方做参考，下游（信息接收方）将重复上面描述的这个做法。由于当前合同规定的交付成果以纸质成果为主，在这个过程中项目信息被不断地重复输入、处理、输出成合同规定的纸质成果，下一个参与方再接着输入他的软件需要的信息。据美国建筑科学研究院的研究报告统计，每个数据在项目生命周期中被平均输入七次。

事实上，在一个建设项目的生命周期内，我们不仅不缺信息，甚至也不缺数字形式的信息，请问在项目的众多的参与方当中，今天哪一家不是在用计算机处理他们的信息？我们真正缺少的是对信息的结构化组织管理（机器可以自动处理）和信息交换（不用重复输入）。由于技术、经济和法律的诸多原因，这些信息在被不同的参与方以数字形式输入处理以后又被降级成纸质文件交付给下一个参与方，或者即使上游参与方愿意将数字化成果交付给下游参与方，也因为不同的软件之间信息不能互用而束手无策。因此，这就是行业赋予 BIM 的使命：解决项目不同阶段、不同参与方、不同应用软件之间的信息结构化组织管理和信息交换共享，使得合适的人在合适的时候得到合适的信息，这个信息要求准确、及时、够用。

1.1.2 BIM 的基本概念

BIM，也就是 Building Information Modeling，即建筑信息化模型。这个概念自 2002 年

由 Autodesk 公司提出以后，逐步受到关注和应用，目前在全球范围内已经获得了工程建设行业的普遍认可，被称作建筑业变革的革命性力量。被称为“BIM 教父”的 Jerry Laiserin 以及 McGraw Hill 等为 BIM 下了多个定义或解释，但一直没有统一、公认的定义。相比较而言，美国第一版国家 BIM 标准（National Building Information Modeling Standard，NBIMS）第一部分中对 BIM 的定义比较完整：“BIM 是一个设施（建设项目）物理和功能特性的数字表达。BIM 是一个共享的知识资源，是一个分享有关这个设施的信息，为该设施从概念到拆除的全生命周期中的所有决策提供可靠依据的过程。在项目不同阶段，不同利益相关方通过在 BIM 中插入、提取、更新和修改信息，以支持和反映其各自职责的协同作业。”

美国国家 BIM 标准由此提出 BIM 和 BIM 交互的需求都应该基于：

① 一个共享的数字表达。

② 包含的信息具有协调性、一致性和可计算性，是可以由计算机自动处理的结构化信息。

③ 基于开放标准的信息互用。

④ 能以合同语言定义信息互用的需求。

在实际应用的层面，从不同的角度，对 BIM 会有不同的解读：

① 应用到一个项目中，BIM 代表着信息的管理，信息被项目所有参与方提供和共享，确保正确的人在正确的时间得到正确的信息。

② 对于项目参与方，BIM 代表着两种项目交付的协同过程，定义各个团队如何工作，多少团队需要一块工作，如何共同去设计、建造和运营项目。

③ 对于设计方，BIM 代表着集成化设计，鼓励创新，优化技术方案，提供更多的反馈，提高团队水平。

美国 buildingSMART 联盟主席 Dana K. Smith 先生在其 BIM 专著中提出了一种对 BIM 的通俗解释，他将“数据（data）-信息（information）-知识（knowledge）-智慧（wisdom）”放在一个链条上，认为 BIM 本质上就是这样一个机制：把数据转化成信息，从而获得知识，让我们智慧地行动。理解这个链条是理解 BIM 价值以及有效使用建筑信息的基础。

从内涵层面来讲，BIM 模型以计算机三维数字技术为基础结构框架，用数字化形式完整表达建设项目的实体和功能，能够系统准确地集成工程项目所有的信息和数据。BIM 模型是对工程项目完整的、全过程的描述，贯通了工程项目生命期内各个时期的数据、过程和资源，可方便为工程项目的各参与方普遍应用。BIM 技术能够支持工程项目生命期中实时动态的信息创建、修改、管理和共享，因为其具有统一的工程数据源，可实现工程项目中分布式、异构数据彼此间的协调和共享。事实上，要深入理解 BIM，就需要站在不同的环境下，从不同的维度去理解，对 BIM 的理解通常有三个维度，见图 1.2。

基于运用 BIM 的维度不同，我们可以将 BIM 的概念细分到每一个阶段、每一个个体或者某一个过程。按项目的阶段划分，BIM 可以理解为建筑信息在时间上的传承、集成和运用，从项目规划阶段开始，经历设计、施工阶段不断地将各个阶段的项目信息加载到项目的三维模型这个载体上来，到最终的运营阶段实现了项目信息的集成；按项目不同参与方来划分，BIM 应该是建筑信息在项目的不同主体之间的传承、集成和运用，借助 BIM 的手段，咨询方完成项目的可研，设计方基于 BIM 理念完成项目的设计同时虚拟建造，最终将项目信息依次传递给施工方、监理方、业主，从而让 BIM 的项目不同参与方之间发挥经济效益；按照 BIM 的应用层次来划分，BIM 是项目信息在平台之间的传承、集成和运用，要在一个实际工程项目中运用 BIM 理论，往往需要借助几十个甚至上百个平台，比如借助能耗分析

图 1.2　BIM 的三个维度

平台来完成项目的可研，借助可视化平台来指导施工，借助三维算量平台来实现工程量的统计和造价分析等。因此，BIM 的模型是一切 BIM 应用实施的前提和基础，也是承载一切项目信息的载体，具有以下几个主要的特征。

（1）模型信息的完备性　即包含了工程项目的所有信息，BIM 模型完整描述了工程项目的设计信息（设计对象名称、类型、构成材料、性能等级等）、施工信息（施工方案与执行情况、工序安排与技术要求、进度、造价、质量、施工安全防护以及施工所用的人工、材料、机械台班等）、维护信息（工程安全性能、材料耐久性能、管理维修等），并对工程对象之间的逻辑关系进行 nD 几何和空间拓扑关系的描述等。

（2）模型信息的关联性　BIM 模型中各对象是相互自动关联的，如果某个对象或数据发生了改变，与之关联的所有对象和数据都会自动做出相应的改变，比如设计中将墙位置移动后，墙关联的柱子、梁、门窗等同时、自动进行移动。

（3）模型信息的一致性　一是同一项目的 BIM 模型的数据标准是一致性的；二是 BIM 模型建立后的信息会由系统自动演化完善，能在项目实施的不同阶段保持一致，技术人员只需在模型里简单地进行修改、扩展和完善而无需重新创建，同时模型也能够对错误的、不一致的信息录入进行提示，避免人为造成信息不一致。

1.1.3　BIM 的价值及特点

当前，BIM 技术已被国际工程界公认为建筑业发展的革命性技术，其全面推广应用，将对建筑行业的科技进步产生无可估量的影响，大幅提高建设领域的集成化程度和参建各方的工作效率。同时，也为建筑行业的发展带来巨大的效益，使工程项目规划、设计、施工乃至项目全生命周期的质量和效益显著提高。与传统的方法进行比较时，BIM 的不同有以下几点。

（1）参数化建筑模型　在这种数字模型中，整个建筑模型和整套设计文件保存在一个集成的数据库中，所有内容都是参数化和相互关联的。参数建模对于 BIM 至关重要，因为这种技术产生“协调的、内部一致并且可运算的”建筑信息，这是 BIM 的核心特征。如果使用 CAD 解决方案，信息的平面表达（图示或渲染图）虽然看起来和制定的参数化建筑模型工具的输出形式差不多，但实质却大不相同。

相比较而言，参数建筑建模工具可以轻松协调所有图形和非图形数据——全部视图、图纸、表格等，因为它们都是数据库下的视图。以窗户为例，当窗户置于墙体中距门 1m 远，模型保存了这种数据关系。如果门或者墙移动了，窗会自动在它出现的所有视图和图纸中做相应的移动，所有相关尺寸也会做出更正。参数建模固有的双向联系性和即时性及全面传递变动的特性，带来了高质、协调一致、可靠的模型，使得以数据为基础的设计、分析和文档编制过程更加便利。

（2）统一相互割裂的建筑过程　建筑行业呈现筒状结构，有着固定的组织边界，通常建筑工程由设计、制作、施工和运营几个独立的团队完成，这种方式限制了各组成部分的互动。过去，在建筑过程中使用的数字成果是分散零碎的，重点放在了那些分散的、彼此脱节的任务上，比如生成图纸、效果图、估算成本或建筑管理记录。BIM 解决方案能够跨越这种脱节的状况，取代这些以任务为基础的应用软件，通过统一的数字模型技术将建筑各阶层联系起来。它所采用的参数化设计方法是具有开创性的计算机辅助设计新方法。因此，从以 CAD 为基础的技术转换到 BIM，对有些人来说可能会比较困难，但它对整个行业发展的意义是深远的。

（3）交互性操作　目前，有众多的设计工具和应用软件可以帮助设计师们处理设计数据，但还没有形成一个完整的可以指导行业的数据协议标准。只有在这些应用软件之间共享具有价值的设计信息，并使涉及工程的各个单位间都能使用可运算的建筑数据，才能成功地推进 BIM。例如，建筑师希望利用建筑信息模型来测试建筑的能源效率，并以此为参照修改设计，就必须让能源分析软件访问建筑信息模型。在此情形下，XML 标准被证明是实现交互操作性的合适工具。XML 通过描述数据内容，定义文本含义的标准，完成了运算文件的转变，方便了计算机应用程序间交换数据内容，也就是说，实现了网络上的交互操作性。

（4）人员配置　人员配置的传统方式，是以完成整套施工图的庞大任务决定项目团队的人员结构组成。团队成员的角色经常与其绘图的类型相符，如平面图、立面图、剖面图、详图等，或是与建筑构件相符，如核心筒、外墙或大厅。如前所述，BIM 解决方案大大减少了文档编制的工作量，因此传统的项目结构不再适用，取而代之的是 BIM 团队将围绕诸如项目管理、内容创立、建筑设计和文本编制等活动组织并开展工作。此外，BIM 代表了新的建筑设计方法，而不仅仅是应用新的技术，因此，BIM 团队必须从传统的设计组织中脱离出来，以此反映 BIM 带来的基本组织流程变化。实际上，许多公司用这个标准来精选最优秀的设计师和建筑师（而不是最好的 CAD 绘图员）组成 BIM 的协作团队。企业还会发现，过去用在图纸文档和 CAD 工具上的开支减少了，项目团队的规模和预算也相应减小很多，小规模的团队在项目执行期间灵活性更强。一旦 BIM 解决方案开始运作，公司用很少的时间和人员就能完成施工文档和协调工作。较早使用 BIM 解决方案的公司已经把节约的时间和人员用在前期设计开发上面，因此可以提前进行更好的决策，并以更高的效益推进项目的完成。

BIM对于建设项目生命周期内的管理水平提升和生产效率提高具有不可比拟的优势。利用BIM技术可以提高设计质量，有力地保证执行过程中造价的快速确定、控制设计变更，减少返工，降低成本，并能大幅降低设计、招标与合同执行的风险。具体来讲，BIM具有的核心价值主要通过以下几方面的特点体现。

（1）可视化　BIM技术的可视化特点，就是在项目设计阶段无论从整体造型还是构件细部都可实现“所见所得”的效果，其在建筑业真正运用后的效益是具有突破性的。建成后的工程实体是立体结构的，但目前的施工图纸是二维平面图，是用线条绘制表达建筑物各个构件，项目建成之前的立体构造需要建设者自行根据平面图去想象，这种想象对一般简单的建筑物是可行的，但对于现代越来越多的形式各异、造型复杂的建筑物，光靠人脑来想象就容易出错。BIM的可视化能力，让项目各参与方对项目的理解以及过程中的沟通更加快速准确，减少误解，因为BIM技术将以往用线条表达的工程平面图转变成三维的立体图形逼真地展示在项目参与方面前。

BIM模型的可视化不单是工程实体静态的立体展示，而且可以多维形象展示工程建设全过程，在BIM模型里，项目的设计、施工、竣工以及投入使用乃至生命周期结束的过程中，各参与方都可在模型可视化的状态下开展项目的沟通、讨论、决策等工作。

（2）参数化　BIM最重要的特征是构件及模型的参数化。BIM技术是直接利用参数化信息进行智能设计和建模，例如进行承重柱设计时，设计人员在BIM软件中根据相关标准和本项目情况输入相关荷载参数，就可完成智能化的三维立体设计，软件会自动将柱的荷载参数和与之连接的梁、板等的荷载参数进行关联，当有关荷载发生更改时，BIM软件将自行完成柱、梁、板结构参数的匹配和位置调整。相比较而言，传统的CAD图形，其构件参数是相对孤立的，难以自动进行参数匹配和调整。

对于BIM模型的参数化，从宏观角度上看，各个专业对象的参数化具有不同的自身特征，如土建、机电安装、精装修等，而且各个细分行业的参数化也自有特点，如民用综合楼工程、市政道路桥梁工程、轨道工程、矿山工程等，在每个专业、行业里，BIM参数化的程度决定着智能化的程度。从微观角度看，用户应用BIM技术设计时，根据标准规范来录入或修改参数值和参数关系来创建BIM模型，同时软件根据参数范围标准对设计对象和构件自动进行约束，防止设计错误。

（3）数字化　利用BIM技术可以将工程项目信息化，从而实现了项目管理过程中海量数据的有效存储、快速准确计算和分析。例如，通过BIM快速精确地进行工程量计算、对量等。基于BIM高效的计算、准确的数据和科学的分析能力，可以使依靠经验、依靠个人能力的管理现状得到很大改观，逐步实现项目精细化和企业集约化的管控。

（4）协同化　在项目进行过程中，由于协调不畅往往会造成沟通不畅、工期延迟和成本上升等问题。因此，沟通协同能力显得十分重要。不管是业主、设计单位、造价咨询单位还是施工单位，在项目进行过程中，随时都在做着协调及相互合作的工作，BIM技术的“协同化”可以为项目各参与方提供一个更好的沟通协调平台，对于项目实施过程中的问题，各方不必组织相关人员召开现场协调会，而是通过网络在BIM平台及其数据库商讨问题原因，确定解决办法，然后向相关人员发出变更和补救措施的指令，协同解决问题。

首先，BIM技术改变了传统低价值、点对点的协同模式，形成一对多基于BIM的新协同模式，实时、准确、跨地域完整信息的工程协同，大幅提升了项目协同效率，降低错误率。其次，在工程设计时，由于各专业图纸是由相对独立的专业设计师设计的，经常会造成由于相互协同不畅而发生专业之间的碰撞问题，如管线布置的位置被结构梁阻挡。为了避免造成施工障碍，碰撞问题必须在施工前解决，这就需要各专业设计师之间在设计时进行良好的协同工作。BIM技术可以在项目设计过程和施工前期对给排水、暖通、消防等专业设备与柱、梁等结构构件进行碰撞检测，发现和提示碰撞位置，生成综合协同数据，提供给相关专业设计师进行协同修改。

（5）可模拟　BIM技术的可模拟性，不仅可以将建筑物的完整模型形象清晰地模拟展示出来，还可以模拟建筑物实施的整个过程。BIM技术可以方便实施建筑物的节能模拟、紧急逃生模拟、施工模拟等，在工程造价方面，基于BIM技术的5D（3D＋时间＋造价）模拟，可以根据确定的施工方案和进度，模拟各时间段的工程量及价款，做好各阶段的资金安排，控制好工程成本。

（6）可优化　建设项目的设计、施工、运营过程是一个不断优化的过程，BIM技术尽管不是项目优化的必备技术，但是BIM技术模型具有丰富的参数，可以促进建设项目更好地进行优化。项目优化工作主要受三个因素制约，即信息准确度、项目复杂程度和项目实施时间。BIM模型完整提供了项目的实际存在的准确信息，如几何属性、物理属性以及实施过程中的变更信息等，高度准确的信息有利于技术人员作出科学合理的优化方案，减少优化工程的时间；现在建设项目越来越复杂的造型和工程体量，又由于时间和技术人员自身能力的限制，优化工作越来越难，也难以取得理想的优化结果，而BIM技术及其配套的各类优化工具为复杂大型项目的优化工作提供了越来越便利的条件。

在项目全生命周期中，BIM模型不是“静止”的，而是“动态”生成的。从概念上理解BIM的模型应该是统一的，不断迭代和集成项目生命周期各阶段的信息，并能被参建各方使用。单从应用模式来看，BIM模型是动态生成的，每个阶段都会产生各阶段的模型，承载着各个阶段的信息，产生不同版本的模型，并被参建各方使用。各阶段的模型通过统一的标准和平台实现数据的交换与共享。由于各个阶段的工作内容不同，就会产生和使用不同阶段的模型。设计模型是开始，招投标阶段会以设计模型为基础，在上面进行修改和增加，形成算量模型。同样，施工阶段可以以设计模型和算量模型为基础，进行修改和增加，形成施工模型，最终形成运营维护阶段的模型。

1.2　BIM的发展历程

BIM在过去20年里，是设计和建筑领域无处不在的术语，但它从何而来？这是一个丰富而复杂的故事，源于来自美国、西欧和前苏联的人们为了改变二维CAD工作流，争相开发最完美的建筑软件。

说起BIM，它的起源甚至可以追溯到1962年，当时鼠标的发明者、研究人工智能的美国专家Douglas C. Englebart在论文《增强人工智能》（*Augmenting Human Intellect*）一文中，提出了建筑师可以在计算机中创建建筑三维模型的设想，并提出了基于对象的设计、实体参数建模、关系型数据库等概念，可以说是现代BIM技术的雏形。

随后，1975年，在DARPA（Defense Advanced Research Projects Agency）的资助下，现仍在美国佐治亚理工大学建筑系担任教授的Chuck Eastman在PDP-10电脑上研发了第一个可记录建筑参数数据的软件BDS（Building Description System）。这个软件在个人电脑的普及之前问世，是一个实验性的软件，当时很少有建筑师使用，但提出了很多在建筑设计中参数建模需要解决的基本问题。

Eastman 认为 BDS 能通过提高绘图和分析效率减少多余 50%的设计成本。他的项目由美国国防部高级研究计划局资助，在 PC 出现前就于 PDP-10 计算机上撰写完成。很少有建筑师能够在 BDS 系统上工作，是否任何项目都能通过这个软件来实现也尚不明确。BDS 是一个实验，能在接下来的五十年中处理建筑设计中一些最基础的问题。在 1977 年，Eastman 在卡耐基梅隆大学创建了下一个项目 GLID（Graphical Language for Interactive Design），展示了现代 BIM 平台最主要的特征。

20 世纪 80 年代初期，英国开发了几个应用于建设项目的系统，成果颇丰。其中包括 GDS、Cedar、RUCAPS、Sonata 和 Reflex。RUCAPS 于 1986 年由 GMW Computers 开发，是使用了建筑建造进程中时间定相概念的第一个程序，协助完成了 Heathrow 机场 3 号航站楼的设计（Laiserin，BIM 的历史）。1988 年斯坦福大学综合设施工程中心的成立标志着 BIM 发展的另一个里程碑。这是在博士生和工业部门的合作下进一步发展的有时间属性的“四维”建筑模型的源泉，标志着 BIM 技术发展中的两种趋势将分离，并在未来二十年中继续壮大。一方面，服务于建筑业，能提升建造效率的针对多学科的专业工具将得到发展；另一方面，BIM 模型将能用于测试和模拟建筑性能表现。

之后，在 1993 年，劳伦斯伯克利国家实验室开发了 Building Design Advisor，是基于模型给予反馈并提出解决方案的著名模拟工具。这个软件使用建筑及其周围环境的对象模型来执行模拟，是第一个使用综合图形分析和模拟来展示建筑将如何在特定条件下（朝向、几何特征、材料特征、构件系统）表现的项目。程序中，还有一个基础优化助手，能基于储存于“解决方案”中的标准做出决策。

当 BIM 在美国发展迅速的同时，前苏联有两个编程天才，他们所做的工作为当今 BIM 市场打下了坚实基础。Leonid Raiz 和 Gábor Bojár 分别是 Revit 和 ArchiCAD 的联合创始人和创始人。1984 年，物理学家 Gábor Bojár 在匈牙利布达佩斯创立了 ArchiCAD 私营公司。之后，苹果 Lisa 操作系统发布了利用类似于 Building Description System 技术的 Radar CH 软件。这最终促使 ArchiCAD 成为第一个能在 PC 上使用的 BIM 软件。但由于商业环境的不友好和 PC 的限制，ArchiCAD 最初的发展极为缓慢，很久之后才开始被运用在大项目上。

1997 年，美国工程师 Irwin Jungreis 和 Leonid Raiz Charles River 创建了软件公司 Charlies River，公司后来改名为 Revit。这两个工程师均来自于 PTC（Parametric Technology Company），一家机械三维设计软件公司。他们的设想是把机械领域的参数化建模方法和成功经验带到建筑行业，并制造出比 ArchiCAD 功能更强大的建筑参数化建模软件。在获得了 Atlas Venture 和 North Bridge Venture 风险投资之后，公司开始在 Windows 平台上用 C++开发 Revit。

Revit 通过创立利用可视化编程环境产生参数组，允许为组件添加时间属性，建立建筑四维模型的平台，彻底改变了 BIM 的世界。Revit 使承包商能在 BIM 模型的基础上生成施工时间表，模拟建筑进程。曼哈顿的自由塔项目是最早运用 Revit 的项目之一。项目中使用了一系列分离却相互联系，具备提供实时成本评估和材料属性明细表的 BIM 模型。

2002 年，Autodesk 收购了 Revit 软件，填补了其缺少三维设计软件的空白，将 Revit 从建筑扩展到更多领域，并将 BIM 技术广泛宣传和推广。Revit 软件是 BIM 技术的重大革命，是目前 BIM 软件市场占有率最高的平台。

由于建筑师和工程师使用各种各样不同的程序，因此协同设计有些困难。不一样的文件格式在各平台中运行时，精度会有一定程度的损失。为了解决这个问题，IFC文件格式在1995年诞生了。BIM模型在这个统一的标准下，实现了在不同软件中的运行，Navisworks等专为协调不同文件格式而设计的软件也逐渐出现。Navisworks允许数据收集、施工模拟和冲突检测，美国的大多数承包商现在都在使用Navisworks。

随着整体观念和技术的发展，BIM已诞生了40年，然而，建筑行业才刚刚开始意识到建筑信息模型的潜在好处。我们正处于建筑数字化的时代，本地建材和结构组件的交易市场也在逐步完善，这也是可持续设计的要求。人机交互，扩增实境，云计算，衍生式设计，虚拟设计和建造的持续快速发展都深深影响着BIM。

为了更好地实现BIM技术的应用，我国各省市也陆续发布BIM的各项指导意见和实施办法，如表1.1所列。

表1.1 我国各省市BIM指导意见

发布单位	时间	发布信息	政策要点
住建部	2011年5月20日	《2011～2015年建筑业信息化发展纲要》	"十二五"期间，基本实现建筑企业信息系统的普及应用，加快建筑信息模型(BIM)、基于网络的协同工作等新技术在工程中的应用，推动信息化标准建设，促进具有自主知识产权软件的产业化，形成一批信息技术应用达到国际先进水平的建筑企业
	2013年8月29日	《关于征求关于推荐BIM技术在建筑领域应用的指导意见(征求意见稿)意见的函》	2016年以前政府投资的2万平方米以上大型公共建筑以及省报绿色建筑项目的设计、施工采用BIM技术；截至2020年，完善BIM技术应用标准、实施指南，形成BIM技术应用标准和政策体系；在有关奖项，如全国优秀工程勘察设计奖、鲁班奖(国际优质工程奖)及各行业、各地区勘察设计奖和工程质量最高的评审中，设计应用BIM技术的条件
	2014年7月1日	《关于推进建筑业发展和改革的若干意见》	推进建筑信息模型(BIM)等信息技术在工程设计、施工和运行维护全过程的应用，提高综合效益，推广建筑工程减隔震技术，探索开展白图代替蓝图、数字化审图等工作
辽宁省住房和城乡建设厅	2014年4月10日	《2014年度辽宁省工程建设地方标准编制/修订计划》	提出将于2014年12月发布《民用建筑信息模型(BIM)设计通用标准》
北京质量技术监督局；北京市规划委员会	2014年5月	《民用建筑信息模型设计标准》	提出BIM的资源要求、模型深度要求、交付要求是在BIM的实施过程中规范民用建筑BIM设计的基本内容。该标准于2014年9月1日正式实施
山东省人民政府办公厅	2014年7月30日	《山东省人民政府办公厅关于进一步提升建筑质量的意见》	明确提出推广建筑信息模型(BIM)技术
广东省住房和城乡建设厅	2014年9月16日	《关于开展建筑信息模型BIM技术推广应用工作的通知》	目标：到2014年年底，启动10项以上BIM技术推广项目建设；到2015年年底，基本建立我省BIM技术推广应用的标准体系及技术共享平台；到2016年年底，政府投资的2万平方米以上的大型公共建筑，以及申报绿色建筑项目的设计、施工应当采用BIM技术，省优良样板工程、省新技术示范工程、省优秀勘察设计项目在设计、施工、运营管理等环节普遍应用BIM技术；到2020年年底，全省建筑面积2万平方米及以上的工程普遍应用BIM技术

续表

发布单位	时间	发布信息	政策要点
陕西住房和城乡建设厅	2014年10月	《陕西省级财政助推建筑产业化》	提出重点推广应用BIM(建筑模型信息)施工组织信息化管理技术
上海市人民政府办公厅	2014年10月29日	《关于在本市推进建筑信息模型技术应用的指导意见》	目标:通过分阶段、分步骤推进BIM技术试点和推广应用,到2016年年底,基本形成满足BIM技术应用的配套政策、标准和市场环境,本市主要设计、施工、咨询服务和物业管理等单位普遍具备BIM技术应用能力。到2017年,本市规模以上政府投资工程全部应用BIM技术,规模以上社会投资工程普遍应用BIM技术,应用和管理水平走在全国前列

1.3 BIM当前应用现状

1.3.1 BIM在国际上的应用现状

BIM是从美国发展起来，逐渐扩展到欧洲各国、日本、韩国等发达国家和地区，目前BIM在这些国家的发展态势和应用水平都达到了一定的程度，其中，又以美国的应用最为广泛和深入。

1.3.1.1 美国

在美国，关于BIM的研究和应用起步较早。发展到今天，BIM的应用已初具规模，各大设计事务所、施工公司和业主纷纷主动在项目中应用BIM，政府和行业协会也出台了各种BIM标准。有统计数据表明，2009年美国建筑业300强企业中80%以上都应用了BIM技术。

早在2003年，为了提高建筑领域的生产效率，支持建筑行业信息化水平的提升，美国总务管理局（GSA）推出了国家3D-4D-BIM计划，在GSA的实际建筑项目中挑选BIM试点项目，探索和验证BIM应用的模式、规则、流程等一整套全建筑生命周期的解决方案，所有GSA的项目被鼓励采用3D-4D-BIM技术，并对采用这些技术的项目承包方根据应用程度的不同，给予不同程度的资金资助。从2007年起，GSA开始陆续发布系列BIM指南，用于规范和引导BIM在实际项目的应用。

美国联邦机构美国陆军工程兵团（the U. S. Army Corps of Engineers，USACE）在2006年制订并发布了一份15年（2006～2020年）的BIM路线图，其制定的BIM十五年规划要实现的目标概要和时间节点如图1.3所示。

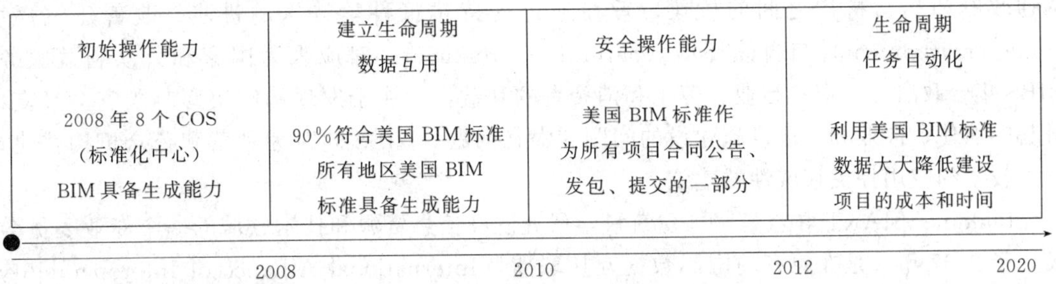

初始操作能力	建立生命周期数据互用	安全操作能力	生命周期任务自动化
2008年8个COS(标准化中心)BIM具备生成能力	90%符合美国BIM标准 所有地区美国BIM标准具备生成能力	美国BIM标准作为所有项目合同公告、发包、提交的一部分	利用美国BIM标准数据大大降低建设项目的成本和时间
2008	2010	2012	2020

图1.3 美国陆军工程兵团BIM十五年规划的目标概要和时间节点

美国陆军工程兵团的 BIM 战略以最大限度和美国国家 BIM 标准（NBIMS）一致为准则，因此对 BIM 的认识也基于如下两个基本观点。

① BIM 模型是建设项目物理和功能特性的一种数字表达。

② BIM 模型作为共享的知识资源为项目全生命周期范围内各种决策提供一个可靠的基础。

规划认为在一个典型的 BIM 过程中，BIM 模型作为所有项目参与方不同建设活动之间进行沟通的主要方式，当 BIM 完全实施以后，将发挥下价值：

① 提高设计成果的重复利用（减少重复设计工作）。

② 改善电子商务中使用的转换信息的速度和精度。

③ 避免数据互用不适当的成本。

④ 实现设计、成本预算、提交成果检查和施工的自动化。

⑤ 支持运营和维护活动。

在此基础上，美国陆军工程兵团的 BIM 十五年规划一共设置了六大战略目标，如图 1.4 所示。

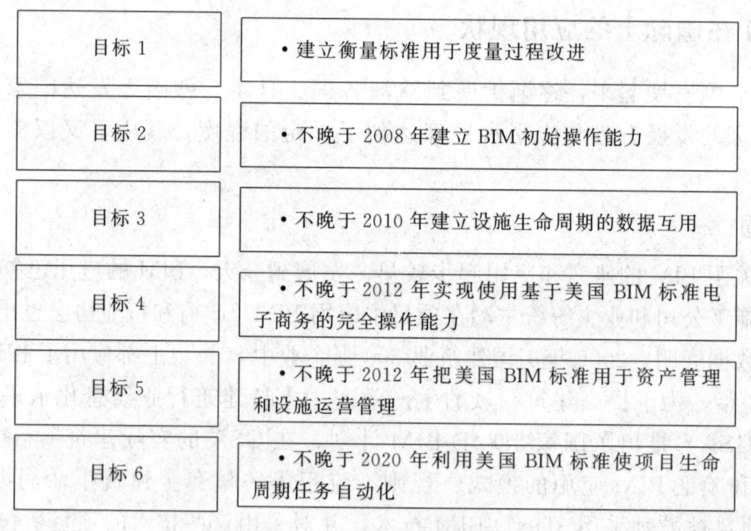

图 1.4　六大战略目标

2007 年，美国建筑科学研究院（NIBS）发布美国国家 BIM 标准（NBIMS），旗下的 buildingSMART 联盟负责研究 BIM，探讨通过应用 BIM 来提高美国建筑行业生产力的方法。NIBS 是根据《1974 年的住房和社区发展法案》（The Housing and Community Development Act of 1974）由美国国会批准成立的非营利、非政府组织，作为建筑科学技术领域沟通政府和私营机构之间的桥梁，旨在通过支持建筑科学技术的进步，改善建筑环境（build environment）与自然环境（natural environment）对应来为国家和公众利益服务。NIBS 集合政府、专家、行业、劳工和消费者的利益，专注于发现和解决影响既安全又支付得起的居住、商业和工业设施建设的问题和潜在问题。NIBS 同时为私营和公众机构就建筑科学技术的应用提供权威性的建议。

buildingSMART 联盟是美国建筑科学研究院在信息资源和技术领域的一个专业委员会，成立于 2007 年，是在原有的国际数据互用联盟（International Alliance of Interoperability，IAI）的基础上建立起来的。2008 年年底，原有的美国 CAD 标准和美国 BIM 标准成员正式成为 buildingSMART 联盟的成员。

buildingSMART 联盟的目标是建立一种方法避免每年 4000 亿美元的浪费，以及帮助应用这种方法通往一个更可持续的生活标准和更具生产力及环境友好的工作场所。

buildingSMART 联盟目前的主要产品包括：

① IFC 标准。

② 美国国家 BIM 标准第一版第一部分（National Building Information Modeling Standard Version 1 Part 1）。

③ 美国国家 CAD 标准第 4 版（United States National CAD Standard Version 4.0）。

④ BIM 杂志（Journal of Building Information Modeling，JBIM）。

在美国 BIM 标准的现有版本中，主要包括了关于信息交换和开发过程等方面的内容。计划中，美国 BIM 标准将由使用 BIM 过程和工具的各方定义、相互之间数据交换要求的明细和编码组成，主要包括以下几项。

① 出版交换明细用于建设项目生命周期整体框架内的各个专门业务场合。

② 出版全球范围接受的公开标准下使用的交换明细编码作为参考标准。

③ 促进软件厂商在软件中实施上述编码。

④ 促进最终用户使用经过认证的软件来创建和使用可以互通的 BIM 模型交换。

2009 年 7 月，美国威斯康星州成为第一个要求州内新建大型公共建筑项目使用 BIM 的州政府。威斯康星州国家设施部门发布实施规则，要求从 2009 年 7 月 1 日开始，州内预算在 500 万美元以上的所有项目和预算在 250 万美元以上的施工项目，都必须从设计开始就应用 BIM 技术。

在 2009 年 8 月，得克萨斯州设施委员会也宣布对州政府投资的设计和施工项目提出应用 BIM 技术的要求，并计划发展详细的 BIM 导则和标准。2010 年 9 月，俄亥俄州政府颁布 BIM 协议。

1.3.1.2 日本

在日本，BIM 应用已扩展到全国范围，并上升到政府推进的层面。

日本的国土交通厅负责全国各级政府投资工程，包括建筑物、道路等的建设、运营和工程造价的管理。国土交通厅的大臣官房（办公厅）下设官厅营缮部，主要负责组织政府投资工程建设、运营和造价管理等具体工作。

在 2010 年 3 月，国土交通厅的官厅营缮部门宣布，将在其管辖的建筑项目中推进 BIM 技术，根据今后施行对象的设计业务来具体推行 BIM 应用。

1.3.1.3 韩国

在韩国，已有多家政府机关致力于 BIM 应用标准的制定，如韩国国土海洋部、韩国教育科学技术部、韩国公共采购服务中心（Public Procurement Service）等。

其中，韩国公共采购服务中心下属的建设事业局制定了 BIM 实施指南和路线图。具体路线图为 2010 年 1～2 个大型施工 BIM 示范使用；2011 年 3～4 个大型施工 BIM 示范使用；2012～2015 年 500 亿韩元以上建筑项目全部采用 4D 的设计管理系统；2016 年实现全部公共设施项目使用 BIM 技术。

韩国国土海洋部分别在建筑领域和土木领域制定 BIM 应用指南。其中，《建筑领域 BIM 应用指南》于 2010 年 1 月完成发布。该指南是建筑业主、建筑师、设计师等采用 BIM 技术时必需的要素条件以及方法等的详细说明文书。

同时，buildingSMART在韩国的分会表现也很活跃，他们正在和韩国的一些大型建筑公司、大学院校共同努力，致力于BIM在韩国建设领域的研究、普及和应用。

1.3.2 BIM在国内的应用现状

1.3.2.1 香港特别行政区

香港建筑师协会（The Hong Kong Institute of Architects，HKIA）在21世纪伊始就开始在香港对BIM技术进行研究和推广应用；香港建筑信息模型协会（HKIBIM）于2009年成立，组织相关领域专家在香港研究和深入推广应用BIM技术。香港房屋署自2006年起，在政府建设的重点工程中试用BIM技术，总结应用经验，2009年11月正式颁布了政府版BIM应用标准，并同时宣布在2014～2015年BIM技术将覆盖香港政府投资的所有工程项目。

1.3.2.2 内地地区

在我国内地地区，可以了解到的状况如下。

① 大部分业内同行听到过BIM。

② 对BIM的理解尚处于“春秋战国”时期，由于受软件厂商的影响较深，有相当大比例的同行认为BIM是一种软件。

③ 有一定数量的项目和同行在不同项目阶段和不同程度上使用了BIM，其中最值得关注的是，作为中国在建的第一高楼，上海中心项目对项目设计、施工和运营的全过程BIM应用进行了全面规划，成为第一个由业主主导，在项目全生命周期中应用BIM的标杆。

④ 建筑业企业（业主、地产商、设计、施工等）和BIM咨询顾问不同形式的合作是BIM项目实施的主要方式。

⑤ BIM已经渗透到软件公司、BIM咨询顾问、科研院校、设计院、施工企业、地产商等建设行业相关机构。

⑥ 行业协会方面，中国房地产业协会商业地产专业委员会率先在2010年组织研究并发布了《中国商业地产BIM应用研究报告》，用于指导和跟踪商业地产领域BIM技术的应用和发展。

⑦ 建筑业企业开始有对BIM人才的需求，BIM人才的商业培训和学校教育已经逐步开始启动。

⑧ 进入“十一五”国家科技支撑计划重点项目，“十二五”力度加大。

⑨ 建设行业现行法律、法规、标准、规范对BIM的支持和适应只有一小部分刚刚被提到议事日程，大部分还处于静默状态。

第2章　BIM软件的介绍

2.1　BIM软件的分类

美国 buildingSMART 联盟主席 Dana K. Smith 先生在其出版的 BIM 专著 *Building Information Modeling——A Strategic Implementation Guide for Architects, Engineers, Constructors and Real Estate Asset Managers* 中下了这样一个论断："依靠一个软件解决所有问题的时代已经一去不复返了"。

BIM 有一个特点——BIM 不是一个软件的事，其实 BIM 不止不是一个软件的事，准确一点应该说 BIM 不是一类软件的事，而且每一类软件的选择也不只是一个产品，这样一来要充分发挥 BIM 价值为项目创造效益涉及常用的 BIM 软件数量就有十几个到几十个之多了。

谈 BIM、用 BIM 都离不开 BIM 软件，本章节试图通过对目前在全球具有一定市场影响或占有率，并且对国内市场具有一定认识和应用的 BIM 软件（包括能发挥 BIM 价值的软件）进行梳理和分类，希望能够给想对 BIM 软件有个总体了解的同行提供一个参考。

需要特别说明的是，这样的分类并不是一个科学的、系统的、严谨的、完整的分类方法（目前也没看到这样的分类方法），只是笔者对 BIM 软件认识和理解的一点心得，欢迎各位 BIM 专家批评指正。

首先对 BIM 软件的各个类型做一个罗列，如图 2.1 所示。

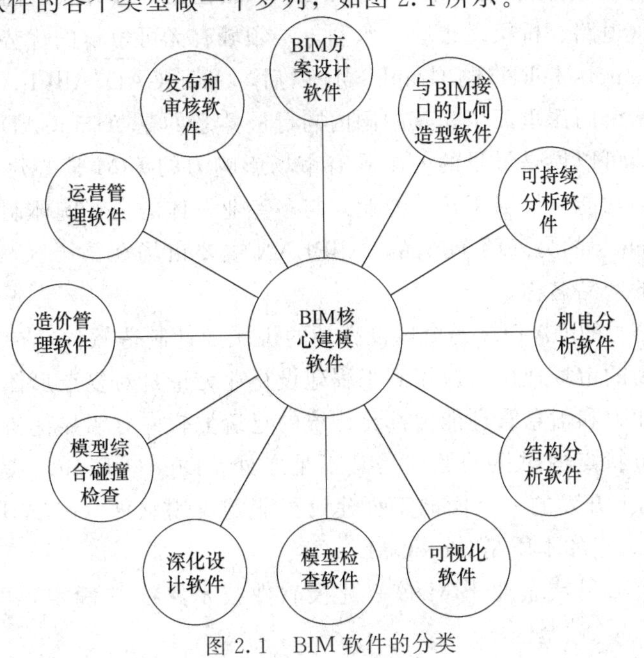

图 2.1　BIM 软件的分类

BIM 建模类软件可细分为 BIM 方案设计软件、与 BIM 接口的几何造型软件、可持续分析软件等 12 类软件。接下来我们分别对属于这些类型的软件按功能简单分成建模类软件、模拟类软件以及可视化类软件。

2.1.1 BIM 建模类软件

这类软件英文通常叫"BIM Authoring Soft-ware"，是 BIM 之所以成为 BIM 的基础。换句话说，正是因为有了这些软件才有了 BIM，也是从事 BIM 的同行要碰到的第一类 BIM 软件，因此我们称它们为"BIM 核心建模软件"，简称"BIM 建模软件"。常用的 BIM 建模软件如图 2.2 所示。

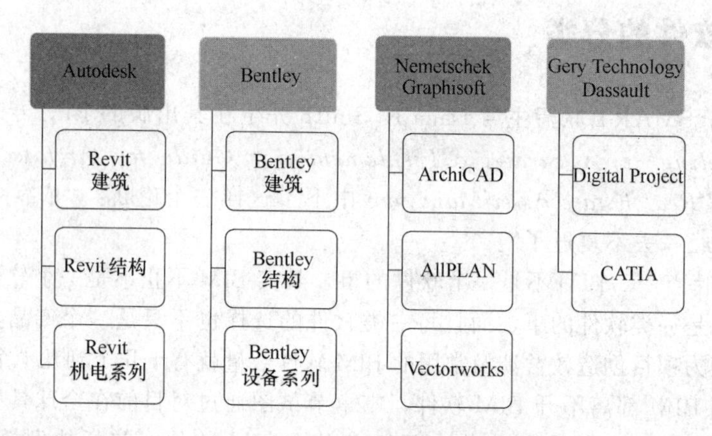

图 2.2 BIM 建模类软件的分类

从图中可以了解到，BIM 核心建模软件主要有以下四个门派。

(1) Autodesk 公司的 Revit 建筑、结构和机电系列，在民用建筑市场借助了 AutoCAD 的天然优势，有相当不错的市场表现。

(2) Bentley 建筑、结构和设备系列，Bentley 产品在工厂设计（石油、化工、电力、医药等）和基础设施（道路、桥梁、市政、水利等）领域有无可争辩的优势。

(3) 2007 年 Nemetschek 收购 Graphisoft 以后，ArchiCAD/AllPLAN/Vectorworks 三个产品就被归到同一个门派里面了，其中国内同行最熟悉的是 ArchiCAD，属于一个面向全球市场的产品，应该可以说是最早的一个具有市场影响力的 BIM 核心建模软件，但是在中国由于其专业配套的功能（仅限于建筑专业）与多专业一体的设计院体制不匹配，很难实现业务突破。Nemetschek 的另外两个产品，AllPLAN 主要市场在德语区，Vectorworks 则是其在美国市场使用的产品名称。

(4) Dassault 公司的 CATIA 是全球最高端的机械设计制造软件，在航空、航天、汽车等领域具有接近垄断的市场地位，应用到工程建设行业无论是对复杂形体还是超大规模建筑其建模能力、表现能力和信息管理能力都比传统的建筑类软件有明显优势，而与工程建设行业的项目特点和人员特点的对接问题则是其不足之处。Digital Project 是 Gery Technology 公司在 CATIA 基础上开发的一个面向工程建设行业的应用软件（二次开发软件），其本质还是 CATIA，就跟天正的本质是 AutoCAD 一样。

因此，对于一个项目或企业 BIM 核心建模软件技术路线的确定，可以考虑如下基本原则。

① 民用建筑用 Autodesk Revit。

② 工厂设计和基础设施用 Bentley。

③ 单专业建筑事务所选择 ArchiCAD、Revit、Bentley 都有可能成功。

④ 项目完全异形、预算比较充裕的可以选择 Digital Project 或 CATIA。

当然，除了上面介绍的情况以外，业主和其他项目成员的要求也是在确定 BIM 技术路线时需要考虑的重要因素。

BIM 核心建模软件的具体介绍如下。

首先我们来对 Revit 软件进行一个简单的了解。Revit 系列软件在 BIM 模型构建过程中的主要优势体现在以下三个方面。

（1）具备智能设计优势　Revit 软件能够综合建筑构件的全部参数信息智能化地完成建模过程。软件可以将建筑、结构、给排水、暖通、电气专业作为一个整体进行设计，通过设计信息在专业间的传递与共享使各专业的 BIM 模型紧密联系在一起，共同构成整个建筑系统的 BIM 模型。通过软件的智能分析功能，设计人员可以对配套设备专业的管道系统进行优化设计，在实际施工之前尽可能减少设计失误。另外，软件还可以进行智能化修改，对模型的修改只需要对相应的构件参数信息进行修改即可。软件的智能化信息传递过程使构件的修改信息能在各专业间进行准确传递，各专业设计人员可以根据其他专业的修改信息及时调整本专业的设计方案，从而使模型修改变得轻松简便。

（2）设计过程实现参数化管理　在使用 Revit 软件构建 BIM 模型时，在软件的参数化驱动支持下建模过程可以实现参数化管理。通过专业间的协同设计，各专业将本专业的设计内容通过中心文件形式共享到协同设计平台。各参与方能够依靠协同设计的平台获得最新的模型构建信息，在设计成果可视化条件下，各专业间的沟通更为便捷，协同设计效率有所提升。

（3）为项目各参与方提供了全新的沟通平台　Revit 软件构建的 BIM 模型集合了模型所有设计构件的基本信息，在模型内所有设计人员可以得到完整的设计信息，设计人员可以通过 BIM 模型向业主方提供与建筑实体在功能上完全相似的设计成果。各专业设计人员可以在同一个模型内对所有专业的设计信息进行参数化的管理，通过信息的交流与共享发现设计中存在的错误。同时，软件可以在实际施工前对模型内的构件进行碰撞检查，将施工过程中可能出现的问题在设计阶段得到解决，最终达到提高施工质量的目的。

2.1.1.1 Autodesk Revit Architecture

Autodesk Revit Architecture 建筑设计软件（图 2.3）可以按照建筑师和设计师的思考方式进行设计，因此，可以开发更高质量、更加精确的建筑设计。专为建筑信息模型而设计的 Autodesk Revit Architecture，能够帮助捕捉和分析早期设计构思，并能够从设计、文档到施工的整个流程中更精确地保持设计理念。利用包括丰富信息的模型来支持可持续性设计、施工规划与构造设计，能做出更加明智的决策。

Autodesk Revit Architecture 有以下 13 个特点。

（1）完整的项目，单一的环境　Autodesk Revit Architecture 中的概念设计功能提供了易于使用的自由形状建模和参数化设计工具，并且还支持在开发阶段及早对设计进行分析。可以自由绘制草图，快速创建三维形状，交互式地处理各种形状。可以利用内置的工具构思并表现复杂的形状，准备用于预制和施工环节的模型。随着设计的推进，Autodesk Revit Architecture 能够围绕各种形状自动构建参数化框架，提高创意控制能力、

图 2.3　Autodesk Revit Architecture

精确性和灵活性。从概念模型直至施工文档，所有设计工作都在同一个直观的环境中完成。

（2）更迅速地制定权威决策　Autodesk Revit Architecture 软件支持在设计前期对建筑形状进行分析，以便尽早做出更明智的决策。借助这一功能，可以明确建筑的面积和体积，进行日照和能耗分析，深入了解建造可行性，初步提取施工材料用量。

（3）功能形状　Autodesk Revit Architecture 中的 Building Maker 功能可以帮助将概念形状转换成全功能建筑设计。可以选择并添加面，由此设计墙、屋顶、楼层和幕墙系统。可以提取重要的建筑信息，包括每个楼层的总面积。可以将来自 AutoCAD 软件和 Autodesk Maya 软件，以及 AutoDesSys form·Z、McNeel Rhinoceros、Google™ SketchUp® 等应用或其他基于 ACIS® 或 NURBS 的应用的概念性体量转化为 Autodesk Revit Architecture 中的体量对象，然后进行方案设计。

（4）一致、精确的设计信息　开发 Autodesk Revit Architecture 软件的目的是按照建筑师与设计师的建筑理念工作。能够从单一基础数据库提供所有明细表、图纸、二维视图与三维视图，并能够随着项目的推进自动保持设计变更的一致。

（5）双向关联　任何一处变更，所有相关位置随之变更。在 Autodesk Revit Architecture 中，所有模型信息存储在一个协同数据库中。对信息的修订与更改会自动反映到整个模型中，从而极大减少错误与疏漏。

（6）明细表　明细表是整个 Autodesk Revit Architecture 模型的另一个视图。对于明细表视图进行的任何变更都会自动反映到其他所有视图中。明细表的功能包括关联式分割及通过明细表视图、公式和过滤功能选择设计元素。

（7）详图设计　Autodesk Revit Architecture 附带丰富的详图库和详图设计工具，能够进行广泛的预分类（presorting），并且可轻松兼容 CSI 格式。可以根据企业的标准创建、共享和定制详图库。

（8）参数化构件　参数化构件亦称族，是在 Autodesk Revit Architecture 中设计所有建筑构件的基础。这些构件提供了一个开放的图形系统，能够自由地构思设计、创建形状，并且还能就设计意图的细节进行调整和表达。可以使用参数化构件设计精细的装配（例如细木家具和设备），以及最基础的建筑构件，例如墙和柱，无需编程语言或代码。

（9）材料算量功能　利用材料算量功能计算详细的材料数量。材料算量功能非常适合用于计算可持续设计项目中的材料数量和估算成本，显著优化材料数量跟踪流程。

(10) 冲突检测 使用冲突检测来扫描模型，查找构件间的冲突。

(11) 基于任务的用户界面 Autodesk Revit Architecture 用户界面提供了整齐有序的桌面和宽大的绘图窗口，可以帮助迅速找到所需工具和命令。按照设计工作流中的创建、注释或协作等环节，各种工具被分门别类地放到了一系列选项卡和面板中。

(12) 设计可视化 创建并获得如照片般真实的建筑设计创意和周围环境效果图，在实际动工前体验设计创意。集成的 mental ray (r) 渲染软件易于使用，能够在更短时间内生成高质量渲染效果图。协作工作共享工具可支持应用视图过滤器和标签元素，以及控制关联文件夹中工作集的可见性，以便在包含许多关联文件夹的项目中改进协作工作。

(13) 可持续发展设计 软件可以将材质和房间容积等建筑信息导出为绿色建筑扩展性标志语言 (gbXML)。用户可以使用 Autodesk Green Building Studio Web 服务进行更深入的能源分析，或使用 Autodesk Ecotect Analysis 软件研究建筑性能。此外，Autodesk 3ds Max Design 软件还能根据 LEED 8.1 认证标准开展室内光照分析。

2.1.1.2 Autodesk Revit Structure

Autodesk Revit Structure (图 2.4) 软件改善了结构工程师和绘图人员的工作方式，可以从最大程度上减少重复性的建模和绘图工作，以及结构工程师、建筑师和绘图人员之间的手动协调所导致的错误。该软件有助于减少创建最终施工图所需的时间，同时提高文档的精确度，全面改善交付给客户的项目质量。

图 2.4 Autodesk Revit Structure

(1) 顺畅的协调 Autodesk Revit Structure 采用建筑信息模型 (BIM) 技术，因此每个视图、每张图纸和每个明细表都是同一基础数据库的直接表现。当建筑团队成员处理同一项目时，不可避免地要对建筑结构做出一些变更，这时，Autodesk Revit Structure 中的参数化变更技术可以自动将变更反映到所有的其他项目视图中——模型视图、图纸、明细表、剖面图、平面图和详图，从而确保设计和文档保持协调、一致和完整。

（2）双向关联　建筑模型及其所有视图均是同一信息系统的组成部分。这意味着用户只需对结构任何部分做一次变更，就可以保证整个文档集的一致性。例如，如果图纸比例发生变化，软件就会自动调整标注和图形的大小。如果结构构件发生变化，该软件将自动协调和更新所有显示该构件的视图，包括名称标记以及其他构件属性标签。

（3）与建筑师进行协作　与使用 Autodesk Revit Architecture 软件的建筑师合作的工程师可以充分体验 BIM 的优势，并共享相同的基础建筑数据库。集成的 Autodesk Revit 平台工具可以帮助用户更快地创建结构模型。通过对结构和建筑对象之间进行干涉检查，工程师们可以在将工程图送往施工现场之前更快地检测协调问题。

（4）与水暖电工程师进行协作　与使用 AutoCAD MEP 软件的水暖电工程师进行合作的结构设计师可以显著改善设计的协调性。Autodesk Revit Structure 用户可以将其结构模型导入 AutoCAD MEP，这样，水暖电工程师就可以检查管道和结构构件之间的冲突。Autodesk Revit Structure 还可以通过 ACIS 实体将 AutoCAD MEP 中的三维风管及管道导入结构模型，并以可视化方式检测冲突。此外，与使用 Autodesk Revit MEP 软件的水暖电工程师进行协作的结构工程师可以充分利用建筑信息模型的优势。

（5）增强结构建模和分析功能　在单一应用程序中创建物理模型和分析结构模型有助于节省时间。Autodesk Revit Structure 软件的标准建模对象包括墙、梁系统、柱、板和地基等，不论工程师需要设计钢、现浇混凝土、预制混凝土、砖石还是木结构，都能轻松应对。其他结构对象可被创建为参数化构件。

（6）参数化构件　工程师可以使用 Autodesk Revit Structure 创建各种结构组件，例如托梁系统、梁、空腹托梁、桁架和智能墙族，无需编程语言即可使用参数化构件（亦称族）。族编辑器包含所有数据，能以二维和三维图形、基于不同细节水平表示一个组件。

（7）多用户协作　Autodesk Revit Structure 支持相同网络中的多个成员共享同一模型，而且确保所有人都能有条不紊地开展各自的工作。一整套协作模式可以灵活满足项目团队的工作流程需求——从即时同步访问共享模型，到分成几个共享单元，再到分成单人操作的链接模型。

（8）备选设计方案　借助 Autodesk Revit Structure，工程师可以专心于结构设计，可探索设计变更，开发和研究多个设计方案，为制定关键的设计决策提供支持，并能够轻松地向客户展示多套设计方案。每个方案均可在模型中进行可视化和工程量计算，帮助团队成员和客户做出明智决策。

（9）领先一步，分析与设计相集成　使用 Autodesk Revit Structure 创建的分析模型包含荷载、荷载组合、构件尺寸和约束条件等信息。分析模型可以是整个建筑模型、建筑物的一个附楼，甚至一个结构框架。用户可以使用带结构边界条件的选择过滤器，将子结构（例如框架、楼板或附楼）发送给它们的分析软件，而无需发送整个模型。分析模型使用工程准则创建而成，旨在生成一致的物理结构分析图像。工程师可以在连接结构分析程序之前替换原来的分析设置，并编辑分析模型。

Autodesk Revit Structure 可为结构工程师提供更出色的工程洞察力。它们可以利用用户定义的规则，将分析模型调整到相接或相邻结构构件分析投影面的位置。工程师还可以在对模型进行结构分析之前，自动检查缺少支撑、全局不稳定性和框架异常等分析冲突。分析程序会返回设计信息，并动态更新物理模型和工程图，从而尽量减少烦琐的重复性任务，例如在不同应用程序中构建框架和壳体模型。

（10）创建全面的施工文档　使用一整套专用工具，可创建精确的结构图纸，并有助于减少由于手动协调设计变更导致的错误。材料特定的工具有助于施工文档符合行业和办公标准。对于钢结构，软件提供了梁处理和自动梁缩进等特性，以及丰富的详图构件库。对于混凝土结构，在显示选项中可控制混凝土构件的可见性。软件还为柱、梁、墙和基础等混凝土构件提供了钢筋选项。

（11）自动创建剖面图和立面图　与传统方法相比，在 Autodesk Revit Structure 中创建剖面图和立面图更为简单。视图只是整个建筑模型的不同表示，因此用户可以在一个结构中快速打开一个视图，并且可以随时切换到最合适的视图。在打印施工文档时，视图中没有放置在任何图纸上的剖面标签和立面符号将自动隐藏。

（12）自动参考图纸　这一功能有助于确保不会有剖面图、立面图或详图索引参考了错误的图纸或图表，并且图纸集中的所有数据和图形、详图、明细表和图表都是最新和协调一致的。

（13）详图　Autodesk Revit Structure 支持用户为典型详图及特定详图创建详图索引。用户可以使用 Autodesk Revit Structure 中的传统二维绘图工具创建整套全新典型详图。设计师可以从 AutoCAD 软件中导出 DWG 详图，并将其链接至 Autodesk Revit Structure，还可以使用项目浏览器对其加以管理。特定的详图直接来自模型视图。这些基于模型的详图是用二维参数化对象（金属面板、混凝土空心砖、基础上的地脚锚栓、紧固件、焊接符号、钢节点板、混凝土钢筋等）和注释（例如文本和标注）创建而成的。对于复杂的几何图形，Autodesk Revit Structure 提供了基于三维模型的详图，例如建筑物伸缩缝、钢结构连接、混凝土构件中的钢筋和更多其他的三维表现。

（14）明细表　按需创建明细表可以显著节约时间，而且用户在明细表中进行变更后，模型和视图将自动更新。明细表特性包括排序、过滤、编组以及用户定义公式。工程师和项目经理可以通过定制明细表检查总体结构设计。例如，在将模型与分析软件集成之前，统计并检查结构荷载。如需变更荷载值，可以在明细表中进行修改，并自动反映到整个模型中。

2.1.1.3 Autodesk Revit MEP

Autodesk Revit MEP 建筑信息模型（BIM）软件专门面向水暖电（MEP）设计师与工程师。集成的设计、分析与文档编制工具，支持在从概念到施工的整个过程中，更加精确、高效地设计建筑系统。关键功能支持：

① 水暖电系统建模。

② 系统设计分析来帮助提高效率。

③ 更加精确的施工文档。

④ 更轻松地导出设计模型用于跨领域协作，如图 2.5 所示。

Autodesk Revit MEP 软件专为建筑信息模型而构建（BIM）。BIM 是以协调、可靠的信息为基础的集成流程，涵盖项目的设计、施工和运营阶段。通过采用 BIM，机电管道公司可以在整个流程中使用一致的信息来设计和绘制创新项目，并且还可以通过精确外观可视化来支持更顺畅的沟通，模拟真实的机电管道系统性能以便让项目各方了解成本、工期与环境影响。

借助对真实世界进行准确建模的软件，实现智能、直观的设计流程。Revit MEP 采用整体设计理念，从整座建筑物的角度来处理信息，将给排水、暖通和电气系统与建筑模型关联起来。借助它，工程师可以优化建筑设备及管道系统的设计，进行更好的建筑性能分析，充

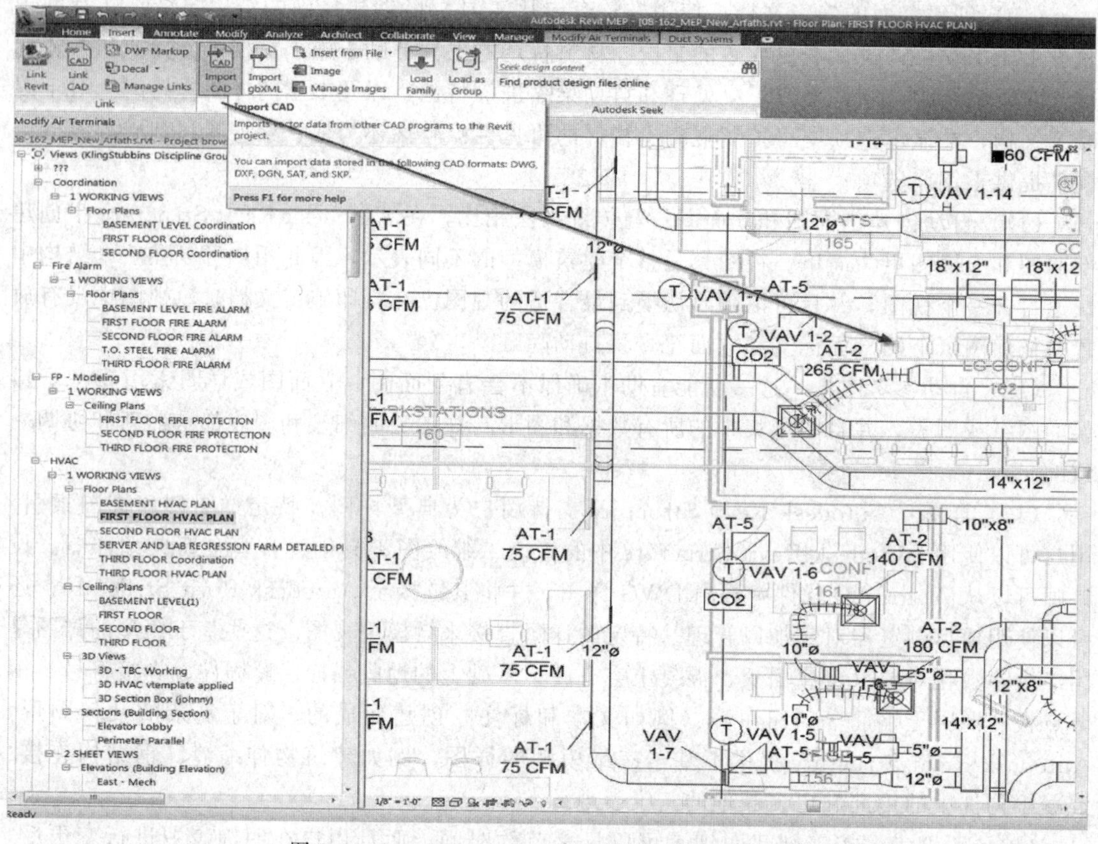

图 2.5　Autodesk Revit MEP 关键功能的图例说明

分发挥 BIM 的竞争优势。同时，利用 Autodesk Revit 与建筑师和其他工程师协同，还可即时获得来自建筑信息模型的设计反馈，实现数据驱动设计所带来的巨大优势，轻松跟踪项目的范围、明细表和预算。Autodesk Revit MEP 软件帮助机械、电气和给排水工程公司应对全球市场日益苛刻的挑战。Autodesk Revit MEP 通过单一、完全一致的参数化模型加强了各团队之间的协作，让用户能够避开基于图纸的技术中固有的问题，提供集成的解决方案。

（1）面向机电管道工程师的建筑信息模型（BIM）　Autodesk Revit MEP 软件是面向机电管道（MEP）工程师的建筑信息模型（BIM）解决方案，具有专门用于建筑系统设计和分析的工具。借助 Revit MEP，工程师在设计的早期阶段就能做出明智的决策，因为他们可以在建筑施工前精确可视化建筑系统。软件内置的分析功能可帮助用户创建持续性强的设计内容并通过多种合作伙伴应用共享这些内容，从而优化建筑效能和效率。使用建筑信息模型有利于保持设计数据协调统一，最大限度地减少错误，并能增强工程师团队与建筑师团队之间的协作性。

（2）建筑系统建模和布局　Revit MEP 软件中的建模和布局工具支持工程师更加轻松地创建精确的机电管道系统。自动布线解决方案可让用户建立管网、管道和给排水系统的模型，或手动布置照明与电力系统。Revit MEP 软件的参数变更技术意味着用户对机电管道模型的任何变更都会自动应用到整个模型中。保持单一、一致的建筑模型有助于协调绘图，进而减少错误。

（3）分析建筑性能，实现可持续设计　Revit MEP 可生成包含丰富信息的建筑信息模型，呈现实时、逼真的设计场景，帮助用户在设计过程中及早做出更为明智的决定。借助内置的集成分析工具，项目团队成员可更好地满足可持续发展的目标和措施，进行能耗分析、评估系统负载，并生成采暖和冷却负载报告。Revit MEP 还支持导出为绿色建筑扩展标记语言（gbXML）文件，以便应用于 Autodesk Ecotect Analysis 软件和 Autodesk Green Building Studio 基于网络的服务，或第三方可持续设计和分析应用。

（4）提高工程设计水平，完善建筑物使用功能　当今，复杂的建筑物要求进行一流的系统设计，以便从效率和用途两方面优化建筑物的使用功能。随着项目变得越来越复杂，确保机械、电气和给排水工程师与其扩展团队之间在设计和设计变更过程中清晰、顺畅地沟通至关重要。Revit MEP 软件专用于系统分析和优化的工具让团队成员实时获得有关机电管道设计内容的反馈，这样，设计早期阶段也能实现性能优异的设计方案。

（5）风道及管道系统建模　直观的布局设计工具可轻松修改模型。Revit MEP 自动更新模型视图和明细表，确保文档和项目保持一致。工程师可创建具有机械功能的 HVAC 系统，并为通风管网和管道布设提供三维建模，还可通过拖动屏幕上任何视图中的设计元素来修改模型。还可在剖面图和正视图中完成建模过程。在任何位置做出修改时，所有的模型视图及图纸都能自动协调变更，因此能够提供更为准确一致的设计及文档。

（6）风道及管道尺寸确定/压力计算　借助 Autodesk Revit MEP 软件中内置的计算器，工程设计人员可根据工业标准和规范［包括美国采暖、制冷和空调工程师协会（ASHRAE）提供的管件损失数据库］进行尺寸确定和压力损失计算。系统定尺寸工具可即时更新风道及管道构件的尺寸和设计参数，无需交换文件或第三方应用软件。使用风道和管道定尺寸工具在设计图中为管网和管道系统选定一种动态的定尺寸方法，包括适用于确定风道尺寸的摩擦法、速度法、静压复得法和等摩擦法，以及适用于确定管道尺寸的速度法或摩擦法。

（7）HVAC 和电力系统设计　借助房间着色平面图可直观地沟通设计意图。通过色彩方案，团队成员无需再花时间解读复杂的电子表格，也无需用彩笔在打印设计图上标画。对着色平面图进行的所有修改将自动更新到整个模型中。创建任意数量的示意图，并在项目周期内保持良好的一致性。管网和管道的三维模型可让用户创建 HVAC 系统，用户还并可通过色彩方案清晰显示出该系统中的设计气流、实际气流、机械区等重要内容，为电力负载、分地区照明等创建电子色彩方案。

（8）线管和电缆槽建模　Revit MEP 包含功能强大的布局工具，可让电力线槽、数据线槽和穿线管的建模工作更加轻松。借助真实环境下的穿线管和电缆槽组合布局，协调性更为出色，并能创建精确的建筑施工图。新的明细表类型可报告电缆槽和穿线管的布设总长度，以确定所需材料的用量。

（9）自动生成施工文档视图　自动生成可精确反映设计信息的平面图、横断面图、立面图、详图和明细表视图。通用数据库提供的同步模型视图令变更管理更趋一致、协调。所有电子、给排水及机械设计团队都受益于建筑信息模型所提供的更为准确、协调一致的建筑文档。

（10）AutoCAD 提供无与伦比的设计支持　全球有数百万经过专业培训的 AutoCAD 用户，因此用户可以更迅速地共享并完成机电管道项目。Revit MEP 为 AutoCAD 软件中的 DWG 文件格式提供无缝支持，让用户放心保存并共享文件。来自 Autodesk 的 DWG 技术提供了真实、精确、可靠的数据存储和共享方式。

2.1.1.4 Bentley

Bentley的核心产品是MicroStation与ProjectWise。MicroStation是Bentley的旗舰产品，主要用于全球基础设施的设计、建造与实施。ProjectWise是一组集成的协作服务器产品，它可以帮助AEC项目团队利用相关信息和工具，开展一体化的工作。ProjectWise能够提供可管理的环境，在该环境中，人们能够安全地共享、同步与保护信息。同时，MicroStation和ProjectWise是面向包含Bentley全面的软件应用产品组合的强大平台。企业使用这些产品，在全球重要的基础设施工程中执行关键任务。

(1) 建筑业：面向建筑与设施的解决方案　Bentley的建筑解决方案为全球的商业与公共建筑物的设计、建造与营运提供强大动力。Bentley是全球领先的多行业集成的全信息模型（BIM）解决方案厂商，产品主要面向全球领先的建筑设计与建造企业。

Bentley建筑产品使得项目参与者和业主运营商能够跨越不同行业与机构，一体化地开展工作。对所有专业人员来说，跨行业的专业应用软件可以同时工作并实现信息同步。在项目的每个阶段做出明智决策能够极大地节省时间与成本，提高工作质量，同时显著提升项目收益、增强竞争力。

(2) 工厂：面向工业与加工工厂的解决方案　Bentley为设计、建造、营运加工工厂提供工厂软件，包括发电厂、水处理工厂、矿厂以及石油、天然气与化学产品加工工厂。在该领域，所面临的挑战是如何使工程、采购与建造承包商（EPC）与业主运营商及其他单位实现一体化协同工作。

Bentley的DigitalPlant解决方案能够满足工厂的一系列生命周期需求，从概念设计到详细的工程、分析、建造、营运、维护等方面一应俱全。DigitalPlant产品包括多种包含在PlantSpace之中的工厂设计应用软件，以及基于MicroStation和AutoCAD的AutoPlant产品。

(3) 地理信息：面向通信、政府与公共设施的解决方案　Bentley的地理信息产品主要面向全球公共设施、政府机构、通信供应商、地图测绘机构与咨询工程公司。他们利用这些产品对基础设施开展地理方面的规划、绘制、设计与营运。在服务器级别，Bentley地理信息产品结合了规划与设计数据库。这种统一的方法能够有效简化和统一原来存在于分散的地理信息系统（GIS）与工程环境中的零散的工作流程，企业能够从有效的地理信息管理获益匪浅。

(4) 公共设施：面向公路、铁路与场地工程基础设施的解决方案　Bentley公共设施工程产品在全球范围内被广泛地用于道路、桥梁、场地工程开发、中转与铁路、城市设计与规划、机场与港口及给排水工程。GDL语言能独立地对模型内各构件的二维信息进行描述，将二维信息转换成三维数据模型，并能在生成的二维图纸上使用平面符号标志出相应的构件位置。Bentley有多种建模方式，能够满足设计人员对各种建模方式的要求。Bentley软件是一款基于MicroStation图形平台进行三维模型构建的软件。基于MicroStation图形平台Bentley软件可以进行实体、网格面、B-Spline曲线曲面、特征参数化、拓扑等多种建模方式。另外，软件还带有两款非常实用的建模插件：Parametric Cell Studio与Generative Components。在建模插件的辅助下，软件可以使设计人员完成任意自由曲面和不规则几何造型的设计。在软件建模过程中，凭借软件参数化的设计理念，可以控制几何图形进行任意形态的变化。软件可以通过控制组成空间实体模型的几何元素的空间参数，对三维实体模型进行适当的拓展变形。设计人员通过Bentley软件对模型进行拓展，从产生的多种多样的形体变化中可以找到设计的灵感和思路。

Bentley系统软件的建模工作需与多种第三方软件进行配合，因此建模过程中设计人员会接触到多种操作界面，使其可操作性受到影响。Bentley软件有多种建模方式，但是不同的建模方式构建出的功能模型有着各不相同的特征行为。设计人员要完全掌握这些建模方式需要花费相当的人力与时间。软件的互用性较差，很多功能性操作只能在不同的功能系统中单独应用，对协同设计工作的完成会有一定的影响。

2.1.1.5　Graphisoft/Nemetschek AG—ArchiCAD软件

20世纪80年代初，Graphisoft公司开发了ArchiCAD软件，2007年Graphisoft公司被Nemetschek公司收购以后，新发布了11.0版本的ArchiCAD软件，该软件可以在目前广泛应用的Windows操作平台上操作，也可以在Mac操作平台上应用，适用性较强。ArchiCAD软件是基于GDL（Geometric Description Language）语言的三维仿真软件。ArchiCAD软件含有多种三维设计工具，可以为各专业设计人员提供技术支持。同时软件还有丰富的参数化图库部件，可以完成多种构件的绘制。GDL是1982年开发出的一种参数化程序设计语言。作为驱动ArchiCAD软件进行智能化参数设计的基础，GDL的出现使得ArchiCAD进行信息化构件设计成为可能。与BASIC相似，GDL是参数化程序设计语言，它是运用程序绘制门窗、小型的组件，必须单独进行处理，从而使设计工作变得更加烦琐。

ArchiCAD还包含了供用户广泛使用的对象库（object libraries）。ArchiCAD作为最早开发的基于BIM技术的软件，在众多软件中具有较多优势，同时随着相关专业技术的发展，其发展潜力逐渐得到开发。

ArchiCAD软件的主要特点如下。

（1）运行速度快　ArchiCAD在性能和速度方面拥有较大优势，这就决定了用户可以在设计大体量模型的同时将模型做得非常详细，真正起到辅助设计和施工的作用。对硬件配置的要求远远低于其他BIM软件，普通用户不需要花费大量资金进行硬件升级，即可快速开展BIM工作。

（2）施工图方面优势明显　使用ArchiCAD建立的三维立体模型本身就是一个中央数据库，模型内所有构件的设计信息都储存在这个数据库中，施工所需的任意平面图、剖面图和详图等图纸都可以在这个数据库的基础上进行生成。软件中模型的所有视图之间存在逻辑关联，只要在任意视图里对图纸进行修改，修改信息会自动同步到所有的视图中，避免了平面设计软件容易出现的平面图与剖面、立面图纸内容不对应的情况。

（3）可实现专业间协同设计　ArchiCAD具有非常良好的兼容性，能够实现数据在各设计方之间的准确交换和共享。软件可以对已有的二维设计图纸中的设计内容进行转换，通过软件内置的DWG转换器，将二维图纸中的设计内容完美地转换成三维实体。软件不仅可以进行建筑模型的创建，还能为给排水、暖通、电力等设备专业提供管道系统的绘制工具。利用ArchiCAD软件中的MEP插件，各配套设备专业的设计人员可以在建筑模型基础上对本专业的管道系统进行建模设计。软件还可以在可视化的条件下对管道系统进行碰撞检验，查找管线综合布设问题，优化管线系统的布设。然而，ArchiCAD软件也有不小的局限性，造成这种局限性的最主要原因是软件采用的全局更新参数规则（parametric rules）。ArchiCAD软件采用的是内存记忆系统，当软件对大型项目进行处理时，系统就会遇到缩放问题，使软件的运行速率受到极大影响。要解决这个问题，必须将项目整个设计管理工作分割成众多设计等多个方面。软件依靠其强大的建模功能能够完成建筑模型的绘制、机电和设备的布设以及多种不规则设计。

2.1.1.6 CATIA

CATIA 是英文 Computer Aided Tri-dimensional Interface Application 的缩写，是法国 Dassault Systemes 公司的 CAD/CAM/CAE/PDM 一体化软件。在 20 世纪 70 年代 Dassault Aviation 成为了第一个用户，CATIA 也应运而生。从 1982 年到 1988 年，CATIA 相继发布了 1、2、3 版本，并于 1993 年发布了功能强大的 4 版本，现在的 CATIA 软件分为 V4 版本和 V5 版本两个系列。V4 版本应用于 UNIX 平台，V5 版本应用于 UNIX 和 Windows 两种平台。新的 V5 版本界面更加友好，功能也日趋强大，并且开创了 CAD/CAE/CAM 软件的一种全新风格。最新的 V5 R14 版本已经投放市场。CATIA 源于航空航天业，但其强大的功能已得到各行业的认可，在欧洲汽车行业，已成为事实上的标准。其著名用户包括波音、克莱斯勒、宝马、奔驰等一大批知名企业，用户群体在世界制造业中具有举足轻重的地位。波音飞机公司使用 CATIA 完成了整个波音 777 的电子装配，创造了业界的一个奇迹，从而也确定了 CATIA 在 CAD/CAE/CAM 行业内的领先地位。CATIA 重新构造的新一代体系结构，不仅具有与 NT 和 UNIX 硬件平台的独立性，能给现存客户平稳升级，而且还具有以下特点。

① CATIA 采用特征造型和参数化造型技术，允许自动指定或由用户指定参数化设计、几何或功能化约束的变量式设计。根据其提供的 3D 框架，用户可以精确地建立、修改与分析 3D 几何模型。

② 具有超强的曲面造型功能，其曲面造型功能包含了高级曲面设计和自由外形设计，用于处理复杂的曲线和曲面定义，并有许多自动化功能，包括分析工具，加速了曲面设计过程。

③ 提供的装配设计模块可以建立并管理基于三维的零件和约束的机械装配件，自动地对零件间的连接进行定义，便于对运动机构进行早期分析，大大加速了装配件的设计，后续应用则可利用此模型进行进一步的设计、分析和制造，能与产品生命周期管理（Product Lifecycle Management，PLM）相关软件进行集成。

2.1.2 BIM 模拟类软件

模拟类软件即为可视化软件，有了 BIM 模型以后，对可视化软件的使用至少有如下好处：

① 可视化建模的工作量减少了。

② 模型的精度和与设计（实物）的吻合度提高了。

③ 可以在项目的不同阶段以及各种变化情况下快速产生可视化效果，常用的可视化软件包括 3ds Max、Artlantis、AccuRender 和 Lightscape 等，如图 2.6 所示。

预测居民、访客或邻居对建筑的反应以及与建筑的相互影响是设计流程中的主要工作。“这栋建筑的阴影会投射到附近的公园内吗?”“这种红砖外墙与周围的建筑协调吗?”“大厅会不会太拥挤?”“这种光线监控器能够为下面的走廊提供充足的日光吗?”只有“看到”设计，即在建成前体验设计才能圆满地回答这些常见问题。可计算的建筑信息模型平台，如 Revit 平台，可以在动工前预测建筑的性能。建筑的性能中，人对于建筑的体验是其中一个方面。准确实现设计的可视化对于预测建筑未来的效果非常重要。

建筑设计的可视化通常需要根据平面图、小型的物理模型、艺术家的素描或水彩画展开

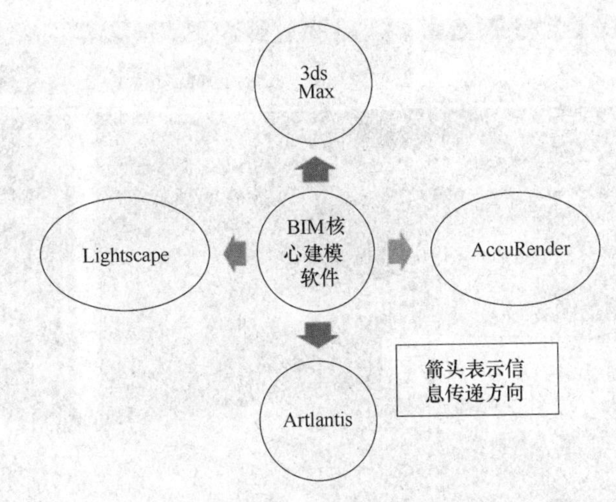

图 2.6 BIM模拟类软件的分类

丰富的想象。观众理解二维图纸的能力、呆板的媒介、制作模型的成本或艺术家渲染画作的成本，都会影响这些可视化方式的效果。CAD和三维建模技术的出现实现了基于计算机的可视化，弥补了上述传统可视化方式的不足。带阴影的三维视图、照片级真实感的渲染图、动画漫游，这些设计可视化方式可以非常有效地表现三维设计，目前已广泛用于探索、验证和表现建筑设计理念。这就是当前可视化的特点：可与美术作品相媲美的渲染图，与影片效果不相上下的漫游和飞行。对于商业项目（甚至高端的住宅项目），这些都是常用的可视化手法——扩展设计方案的视觉环境，以便进行更有效的验证和沟通。如果设计人员已经使用了BIM解决方案来设计建筑，那么最有效的可视化工作流就是重复利用这些数据，省却在可视化应用中重新创建模型的时间和成本。此外，同时保留冗余模型（建筑设计模型和可视化模型）也浪费时间和成本，增加了出错的概率。图2.7～图2.9为益埃毕公司近期BIM模型的模型截图效果。

图 2.7 BIM模型的模型截图效果1

建筑信息模型的可视化 BIM生成的建筑模型在精确度和详细程度上令人惊叹。因此人们自然而然地会期望将这些模型用于高级的可视化，如耸立在现有建筑群中的城市建筑项目的渲染图，精确显示新灯架设计在全天及四季对室内光线影响的光照分析等。Revit平台中

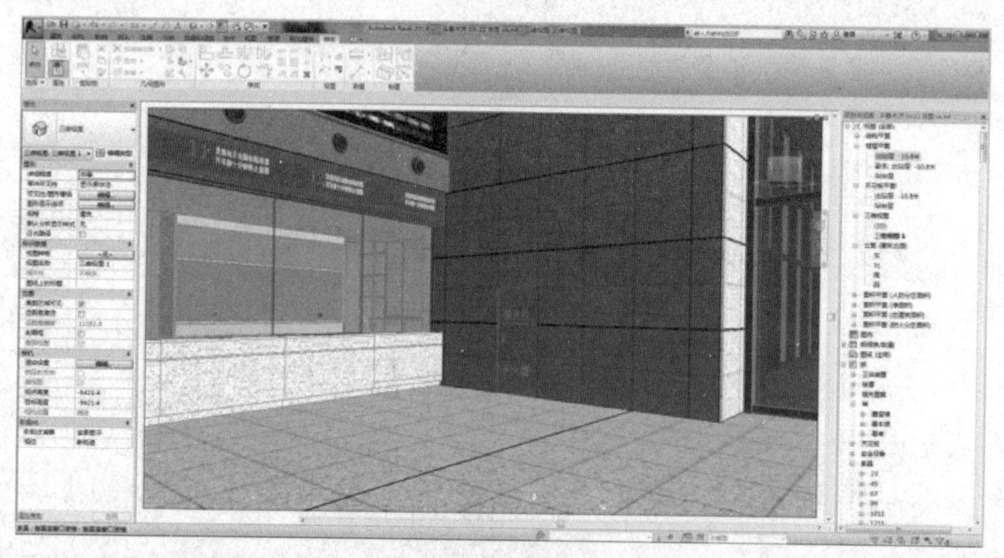

图 2.8　BIM 模型的模型截图效果 2

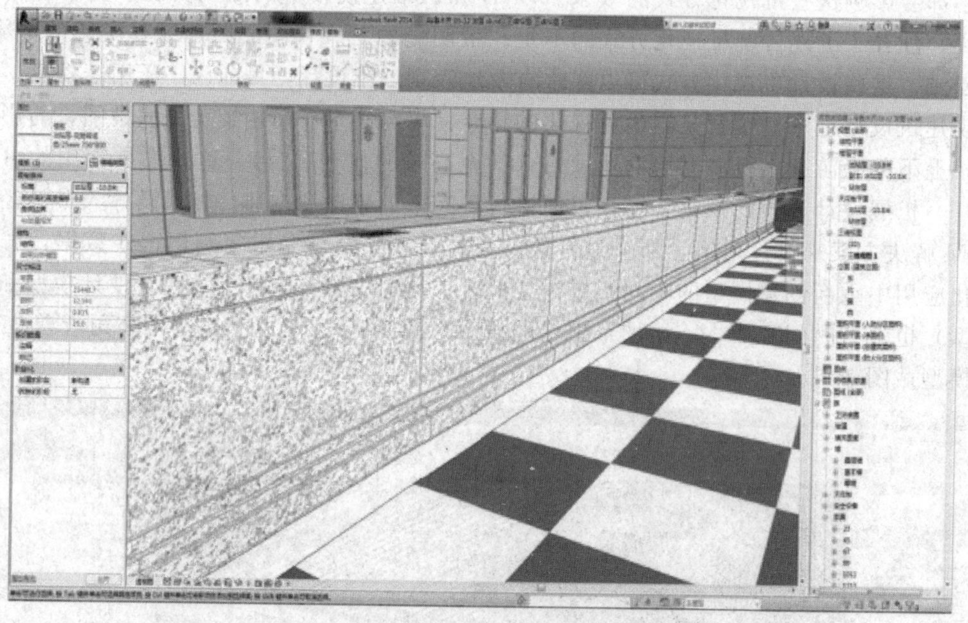

图 2.9　BIM 模型的模型截图效果 3

包含一个内部渲染器，用于快速实现可视化，如图 2.10、图 2.11 所示为益埃毕公司近期 BIM 项目模型简单的 Revit 渲染效果。

要制作更高质量的图片，Revit 平台用户可以先将建筑信息模型导入三维 DWG 格式文件中，然后传输到 3ds Max。由于无需再制作建筑模型，用户可以抽出更多时间来提高效果图的真实感。比如，用户可以仔细调整材质、纹理、灯光，添加家具和配件、周围的建筑和景观，甚至可以添加栩栩如生的三维人物和车辆。

2.1.2.1　3ds Max

3ds Max 是 Autodesk 公司开发的基于专业建模、动画和图像制作的软件，它提供了强大的基于 Windows 平台的实时三维建模、渲染和动画设计等功能，被广泛应用于建筑设

图 2.10 BIM 项目模型简单的 Revit 渲染效果 1

图 2.11 BIM 项目模型简单的 Revit 渲染效果 2

计、广告、影视、动画、工业设计、游戏设计、多媒体制作、辅助教学以及工程可视化等领域。在建筑表现和游戏模型制作方面，3ds Max 更是占有绝对优势，目前大部分的建筑效果图、建筑动画以及游戏场景都是由 3ds Max 这一功能强大的软件完成的。

(1) 3ds Max 的发展历程　3ds Max 从最初的 1.0 版本开始发展到今天，经过了多次的改进，目前在诸多领域得到了广泛应用，深受用户的喜爱。它开创了基于 Windows 操作系统的面向对象操作技术，具有直观、友好、方便的交互式界面，而且能够自由灵活地操作对象，成为 3D 图形制作领域中的首选软件。

(2) 3ds Max 的功能特点

① 友好的操作界面。3ds Max 的操作界面与 Windows 的界面风格一样，使广大用户可以快速熟悉和掌握软件功能的操作。在实际操作中，用户还可以根据自己的习惯设计个人喜欢的用户界面，以方便工作需要。

② 强大的建模功能。无论是建筑设计中的高楼大厦还是科幻电影中的人物角色设计，都是通过三维制作软件 3ds Max 来完成的；从简单的棱柱形几何体到最复杂的形状，3ds Max 通过复制、镜像和阵列等操作，可以加快设计速度，从单个模型生成无数个设计变型。

③ 完美的灯光系统。灯光在创建三维场景中是非常重要的，主要用来模拟太阳、照明灯和环境等光源，从而营造出环境氛围。3ds Max 提供两种类型的灯光系统：标准灯光和光学度灯光。当场景中没有灯光时，使用的是系统默认的照明着色或渲染场景，用户可以添加灯光使场景更加逼真，照明增强了场景的清晰度和三维效果。

④ 理想的渲染效果。创建的三维模型并为它们编辑仿真的材质，最终目的就是要创建出静态或者动态的三维动画效果，通过渲染可以达到这个目的。渲染就是给场景着色，将场景中的灯光及对象的材质处理成图像的形式。

（3）3ds Max 的工作流程

① 设置工作环境。当启动 3ds Max 时，系统会自动创建一个新的场景，也可以单击“文件”菜单，用“新建”命令创建新的场景。创建新场景后，如果需要设置系统单位，选择“自定义”菜单，点击“单位设置”，在打开的对话框中对单位进行设置。

② 建立工作目标。使用 3ds Max 进行工作，会涉及对模型、材质和其他图像的操作应用。为了在工作中方便查找和调用所需要的文件，应该以规范的名称和结构，建立好存储模型、材质和其他图像等文件的目录。

③ 收集设计素材。无论是通过扫描仪或者数码相机的拍摄，还是从互联网上获取素材，建立完工作目标，就需要根据设计要求准备相关的素材，并对相关的素材进行精心的加工、制作。

④ 进行模型创建。不管是工业中的产品造型设计，还是建筑设计中的室内外效果图或者是三维动画中的角色设计，最开始的工作都是制作三维的实体模型，也就是进行模型创建。

⑤ 进行材质编辑。材质主要用于描述物体如何反射和传播光线，包含基本材质属性和贴图，在现实中表现为对象自己独特的外观特色，它们可以是平滑的、粗糙的、有光泽的、暗淡的、发光的、反射的、折射的、透明的、半透明的等。

⑥ 开始建立灯光。3ds Max 中的灯光是模拟实际灯光的对象，添加灯光到场景中有助于增强场景的清晰度和三维效果，使场景更为真实，如果一个场景包含几何体而不包含灯光对象，则 3ds Max 会提供默认照明，但是如果为场景中添加了灯光对象，默认照明就会被禁用。不同种类的灯光对象用不同的方法投射灯光，来模拟真实世界中不同种类的光源。

⑦ 准备渲染出图。渲染就是对场景进行最终的着色，在着色过程中要加入各种光效和物理效果，并对场景进行更细致的描绘。输出是将创建的模型以设置大小和格式导出为单张图像或动画，最终呈现在用户面前。

（4）3ds Max 的应用领域

① 影视动画。在影视动画制作中，完美逼真的三维形体能给画面增色不少，而这都是使用 3ds Max 来实现的。使用 3ds Max 制作动画首先需要布置场景，3ds Max 的场景布置就如同实地拍摄一样，3ds Max 提供了相机来拍摄场景，加入光源以产生阴影及光照效果，也可以在场景中，加入大气、雾、星空和燃烧等特殊效果。

在影视动画行业，利用 3ds Max 可以为各种影视广告公司制作炫目的影视广告。在电影中，利用 3ds Max 可以完成真实世界中无法完成的特效，甚至制作大型的虚拟场景，使影片更加震撼和真实。

② 游戏行业。当前许多电脑游戏中加入了大量的场景、角色建模和动画制作，细腻的画面、宏伟的场景和逼真的造型，使游戏的欣赏性和真实性大大提高，使得三维游戏的玩家

越来越多，三维游戏的市场不断扩大。

③ 建筑园林与室内设计。绘制建筑效果图和室内设计是3ds Max系列产品最早的应用之一，以前的版本由于技术不完善，制作完成后，还经常需要用位图软件加以处理，而现在的3ds Max直接渲染输出的效果图就能够达到实际应用水平。我国园林设计行业正处于蓬勃发展的时期，城市建筑如雨后春笋般地拔地而起。随着计算机硬件、软件技术的发展，三维效果图、园林动画等方式已广泛应用于园林设计效果的展示，人们可在工程竣工之前就能预览欣赏建筑的景观效果，虚拟现实技术的加入使园林设计达到了一个更高层次的水平。

④ 在工业产品造型设计中的应用

计算机技术的发展与工业产品设计的联系十分密切。一个新产品在设计开发过程中一般都要经过概念定位、造型设计、结构设计、手板设计和产品生产等环节，而计算机的应用极大地改变了工业设计的技术手段，也改变了工业设计的程序与方法，特别是在产品造型的设计阶段，使用3ds Max强大的三维建模和材质渲染功能可以真实地表现出产品的形状、材质和颜色等要素。

⑤ 虚拟的应用。建三维模型、设置场景以及创建摄像机并调节动画，3ds Max模拟的自然界，可以做到真实、自然。比如用细胞材质和光线跟踪制作的水面，整体效果没有生硬的感觉。

（5）3ds Max的发展前景

① 从国际上看，电脑动画技术的发展正在趋向于规模化和网络化。规模化是指应用范围广和产生的效益高，在许多行业和应用领域都可以使用3ds Max软件来完成动画和效果，特别是游戏这个新兴行业，利用3ds Max来制作图形动画设计、角色动画设计、高级动漫游戏造型设计、多媒体设计等；网络化表现为网络技术和电脑动画技术间的相互促进。

② 随着新版本的不断发布，3ds Max除了帮助用户处理复杂的数据外，已经扩展到更大规模制作团队所面临的挑战，使三维艺术家摆脱行业设计复杂制作的束缚，从而得以集中精力实现其创作理念；使数字艺术大师们感受到3ds Max的核心性能、生产力以及制作流程效率等多方面的提升，并游刃有余地管理下一代游戏、电影和日渐复杂的三维数据特征，甚至还能为科技教育、军事技术和科学研究提供一个专业、全面的解决方案。

③ 三维动画作为一门科学技术，在经济建设中发挥着巨大的作用。从陌生到认识，人们学习和使用3ds Max的愿望愈来愈强。随着计算机电脑动画时代的到来，并且与其他科技领域进行了完美的融合，在建筑设计方面，三维动画已经成为建筑装饰不可缺少的表现手段，同时也是建筑设计师的语言表达，给建筑装饰行业带来较大的推动，动画和建筑效果图结合起来，通过动画来展示设计空间的各个不同部分，达到一种较为完美的立体空间效果设计，解决了过去传统的观察模式，大大提高了设计效率。

2.1.2.2 Lightscape

Lightscape是一种先进的光照模拟和可视化设计系统，用于对三维模型进行精确的光照模拟和灵活方便的可视化设计。Lightscape是世界上唯一同时拥有光影跟踪技术、光能传递技术和全息技术的渲染软件，它能精确模拟漫反射光线在环境中的传递，获得直接和间接的漫反射光线，使用者不需要积累丰富的实际经验就能得到真实自然的设计效果。Lightscape可轻松使用一系列交互工具进行光能传递处理、光影跟踪和结果处理。Lightscape 3.2是Lightscape公司被Autodesk公司收购之后推出的第一个更新版本。

2.1.2.3 Artlantis

Artlantis是法国Abvent公司的重量级渲染引擎，也是SketchUp的一个天然渲染伴侣，它是用于建筑室内和室外场景的专业渲染软件，其超凡的渲染速度与质量，无比友好和简洁的用户界面令人耳目一新，被誉为建筑绘图场景、建筑效果图画和多媒体制作领域的一场革命，其渲染速度极快，Artlantis与SketchUp、3ds Max、ArchiCAD等建筑建模软件可以无缝链接，渲染后所有的绘图与动画影像呈现让人印象深刻。Artlantis的渲染效果见图2.12。

图2.12 Artlantis的渲染效果

(1) Artlantis是什么 Artlantis中许多高级的专有功能为任意的三维空间工程提供真实的硬件和灯光现实仿真技术。对于许多主流的建筑CAD软件，如ArchiCAD、Vectorworks、SketchUp、AutoCAD、Arc+等，Artlantis可以很好地支持输入通用的CAD文件格式：dxf、dwg、3ds等。

Artlantis家族共包括以下两个版本。

① Artlantis R，非常独特、完美地用计算渲染的方法表现现实的场景。另一个新的特性就是使用简单的拖拽就能把3D对象和植被直接放在预演窗口（preview window）中，来快速地模拟真实的环境。

② Artlantis Studio（高级版），具备完美、专业的图像、动画、QuickTime VR虚拟物体等功能，并采用了全新的FastRadiosity（快速辐射）引擎，企业版提供了场景动画、对象动画，及许多使相机平移、视点、目标点的操作更简单、更直觉的新功能。

三维空间理念的诞生造就了Artlantis渲染软件的成功，拥有80多个国家超过65000之多的用户群。虽然在国内，还没有更多的人接触它、使用它，但是其操作理念、超凡的速度及相当好的质量证明它是一个难得的渲染软件。

(2) Artlantis的使用编辑

① 只需点击。Artlantis综合了先进和有效的功能来模拟真实的灯光，并且可以直接与其他的CAD类软件互相导入导出（例如ArchiCAD、Vectorworks、SketchUp、AutoCAD、Arc++等），支持的导入格式包括dxf、dwg、3ds等。

图 2.13 Artlantis 的渲染效果

Artlantis 渲染器的成功来源于 Artlantis 友好简洁的界面和工作流程，还有高质量的渲染效果和难以置信的计算速度。

可以直接通过目录拖放，为任何物体、表面和 3D 场景的任何细节指定材质。Artlantis 的另一个特点就是自带有大量的附加材质库，并可以随时扩展。

Artlantis 自带的功能，可以虚拟现实中的灯光。Artlantis 能够表现所有光线类型的光源（点光源、灯泡、阳光等）和空气的光效果（大气散射、光线追踪、扰动、散射、光斑等）。

② 物件。Artlantis 的物件管理器极为优秀，使用者可以轻松地控制整个场景。无论是植被、人物、家具，还是一些小装饰物，都可以在 2D 或 3D 视图中清楚地被识别，从而方便地进行操作。甚至使用者可以将物件与场景中的参数联系起来，例如树木的枝叶可以随场景的时间调节而变化，更加生动、方便地表现渲染场景。

③ 透视图和投影图。每个投影图和 3D 视图都可以被独立存储于用户自定义的列表中，当需要时可以从列表中再次打开其中保存的参数（例如物体位置、相机位置、光源、日期与时间、前景背景等）。Artlantis 的批处理渲染功能，只需要点击一次鼠标，就可以同时计算所有视图。

Artlantis 的本质就是创造性和效率，因而其显示速度、空间布置和先进的计算性都异常优秀。Artlantis 可以用难以置信的方式快速管理数据量巨大的场景，交互式的投影图功能使得 Artlantis 使用者可以轻松地控制物件在 3D 空间的位置。

④ 技术。通过对先进技术的大量运用（例如多处理器管理、OpenGL 导航等），Artlantis 带来了图像渲染领域革命性的概念与应用。一直以界面友好著称的 Artlantis 渲染器，在之前成功版本的基础上，通过整合创新的科技发明，必会成为图形图像设计师的最佳伙伴。

2.1.3 BIM 分析类软件

2.1.3.1 BIM 可持续（绿色）分析软件

可持续或者绿色分析软件可以使用 BIM 模型的信息对项目进行日照、风环境、热工、

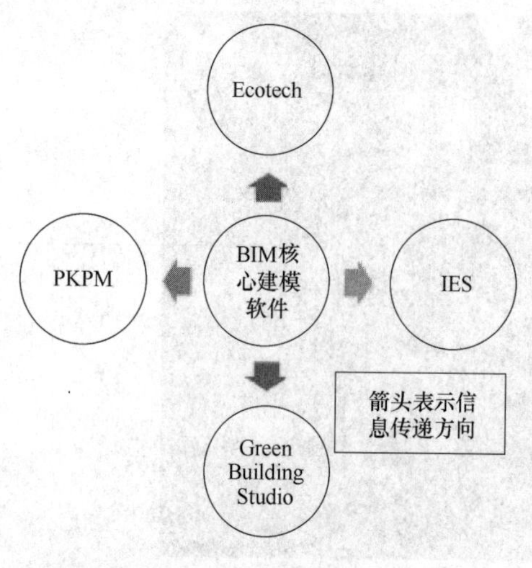

图 2.14　BIM可持续（绿色）分析软件

景观可视度、噪声等方面的分析，主要软件有国外的 Ecotect、IES、Green Building Studio 以及国内的 PKPM 等，如图 2.14 所示。

PKPM 是中国建筑科学研究院建筑工程软件研究所研发的工程管理软件。中国建筑科学研究院建筑工程软件研究所是我国建筑行业计算机技术开发应用的最早单位之一。它以国家级行业研发中心、规范主编单位、工程质检中心为依托，技术力量雄厚。软件所的主要研发领域集中在建筑设计 CAD 软件、绿色建筑和节能设计软件、工程造价分析软件、施工技术和施工项目管理系统、图形支撑平台、企业和项目信息化管理系统等方面，并创造了 PKPM、ABD 等全国知名的软件品牌。

PKPM 没有明确的中文名称，一般就直接读 PKPM 的英文字母。最早这个软件只有两个模块——PK（排架框架设计）、PMCAD（平面辅助设计），因此合称 PKPM。现在这两个模块依然还在，功能大大加强，更加入了大量功能更强大的模块。

PKPM 是一个系列，除了集建筑、结构、设备（给排水、采暖、通风空调、电气）设计于一体的集成化 CAD 系统以外，目前 PKPM 还有建筑概预算系列软件（钢筋计算、工程量计算、工程计价）、施工系列软件（投标系列、安全计算系列、施工技术系列）、施工企业信息化软件（目前全国很多特级资质的企业都在用 PKPM 的信息化系统）。

PKPM 在国内设计行业占有绝对优势，拥有用户上万家，市场占有率达 90%以上，现已成为国内应用最为普遍的 CAD 系统。它紧跟行业需求和规范更新，不断推陈出新开发出对行业产生巨大影响的软件产品，使国产自主知识产权的软件十几年来一直占据我国结构设计行业应用和技术的主导地位。及时满足了我国建筑行业快速发展的需要，显著提高了设计效率和质量，为实现住建部提出的“甩图板”目标做出了重要贡献。

PKPM 系统在提供专业软件的同时，提供二维、三维图形平台的支持，从而使全部软件具有自主知识版权，为用户节省购买国外图形平台的巨大开销。跟踪 AutoCAD 等国外图形软件先进技术，并利用 PKPM 广泛的用户群实际应用，在专业软件发展的同时，带动了图形平台的发展，成为国内为数不多的成熟图形平台之一。

软件所在立足国内市场的同时，积极开拓海外市场。目前已开发出英国规范、美国规范版本，并进入了新加坡、马来西亚、韩国、越南等国家和中国的香港、台湾地区市场，使 PKPM 软件成为国际化产品，提高了国产软件在国际竞争中的地位和竞争力。

现在，PKPM 已经成为面向建筑工程全生命周期的集建筑、结构、设备、节能、概预算、施工技术、施工管理、企业信息化于一体的大型建筑工程软件系统，以其全方位发展的技术领域确立了在业界独一无二的领先地位。

2.1.3.2　BIM 机电分析软件

水暖电等设备和电气分析软件国内产品有鸿业、博超等，国外产品有 Design Master、IES Virtual Environment、Trane Trace 等，如图 2.15 所示。

我们以博超为例，对其下属的大型电力电气工程设计软件 EAP 进行简单介绍。

① 统一配置。采用网络数据库后，配置信息不再独立于每台计算机（图 2.16）。所有用户在设计过程中都使用网络服务器上的配置，保证了全院标准的统一。配置有专门权限的人员进行维护，保证了配置的唯一性、规范性，同时实现了一人扩充，全院共享。

② 主接线设计。软件提供了丰富的主接线典型设计库，可以直接检索、预览、调用通用主接线方案，并且提供了开放的图库扩充接口，用户可自由扩充常用的主接线方案。可以按照电压等级灵活组合主接线典型方案，回路、元件混合编辑，完全模糊操作，无需精确定位，插入、删除、替换回路完全自动处理，自动进行设备标注，自动生成设备表。主接线设计图见图 2.17、图 2.18。

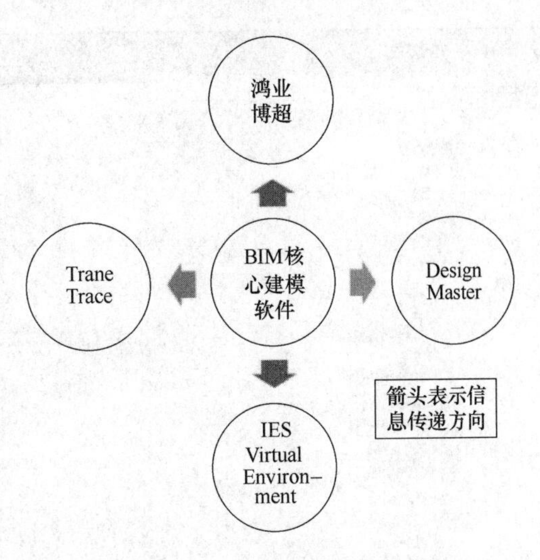

图 2.15　BIM 机电分析软件

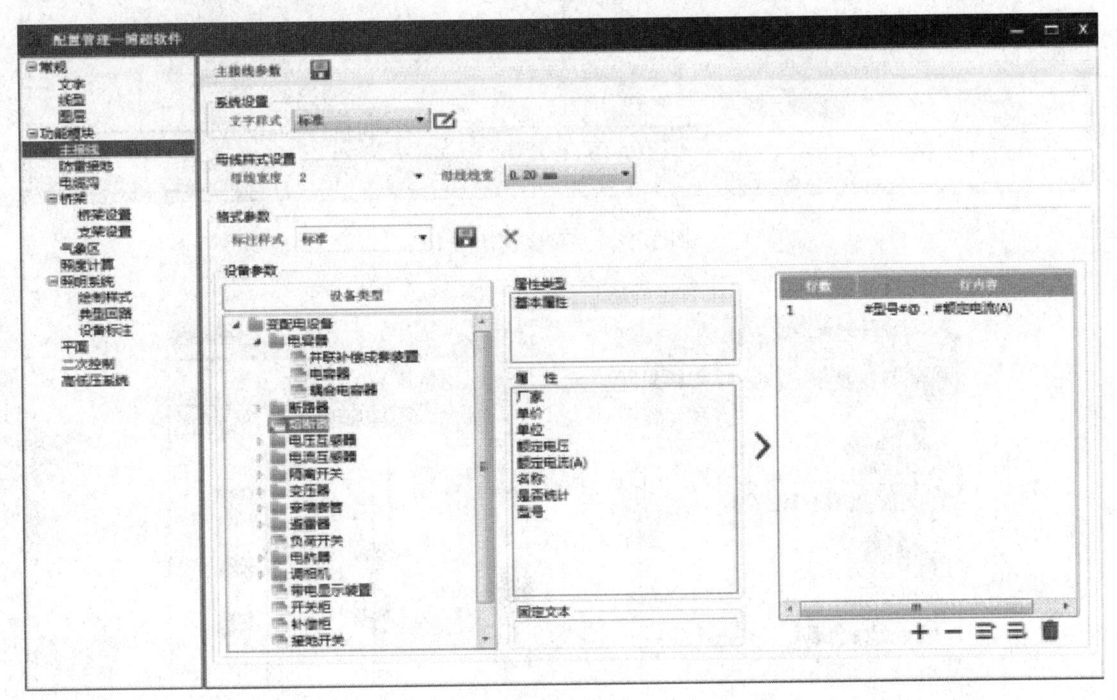

图 2.16　统一配置图

③ 中低压供配电系统设计。典型方案调用将常用系统方案及个人积累的典型设计管理起来，随手可查，动态预览、直接调用。提供上千种定型配电柜方案，系统图表达方式灵活多样，可适应不同单位的个性化需求。自由定义功能以模型化方式自动生成任意配电系统，彻底解决了绘制非标准配电系统的难题。能够识别用户以前绘制的老图，无论是用 CAD 绘制还是其他软件绘制，都可用博超软件方便的编辑功能进行修改。对已绘制的图纸可以直接进行柜子和回路间的插入、替换、删除操作，可以套用不同的表格样式，原有的表格内容可以自动填写在新表格中。中低压供配电系统设计图见图 2.19。

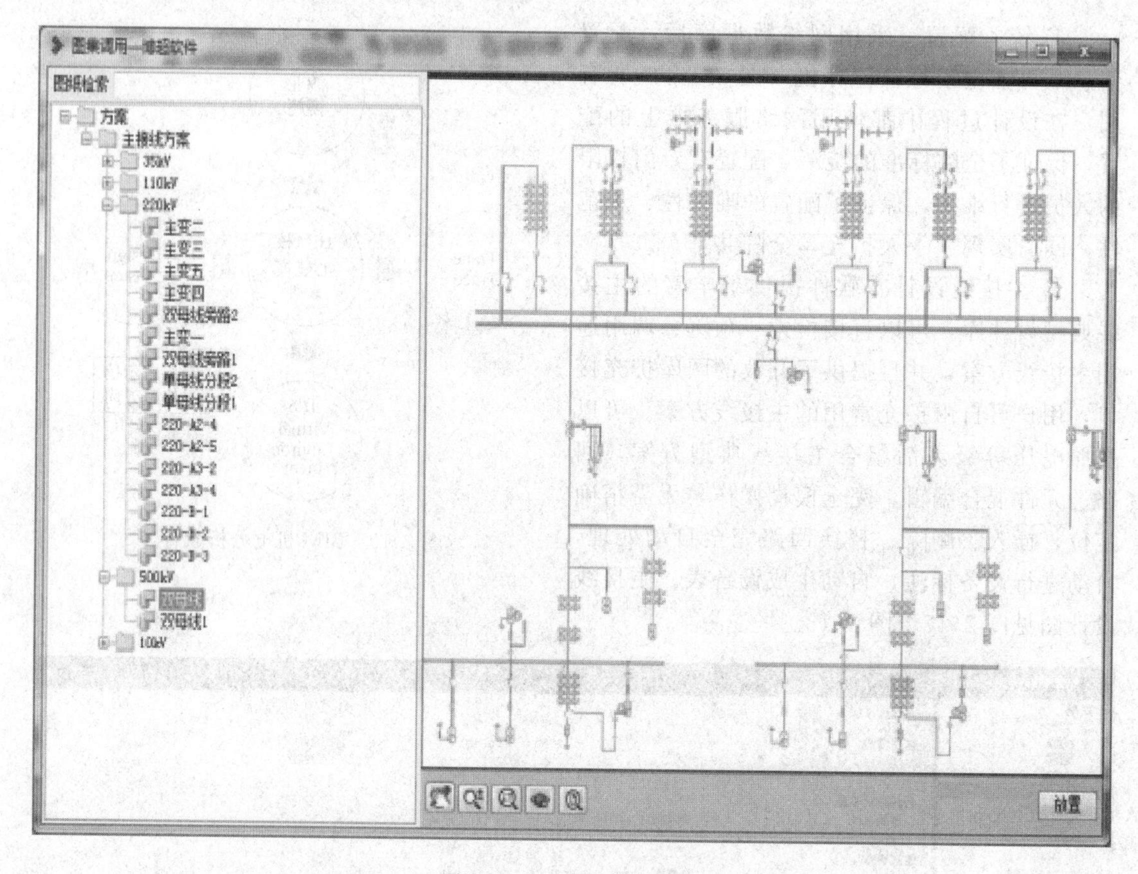

图 2.17　主接线设计图 1

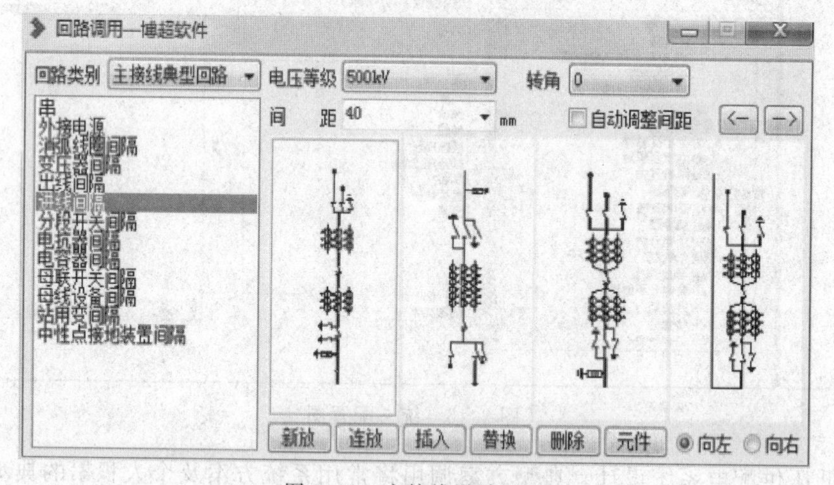

图 2.18　主接线设计图 2

低压配电设计系统根据回路负荷自动整定配电元件及线路、保护管规格，并进行短路、压降及电机启动校验。设计结果不但满足系统正常运行，而且满足上下级保护元件配合，保证最大短路可靠分断、最小短路分断灵敏度，保证电机启动母线电压水平和电机端电压和启动能力，并自动填写设计结果。自动生成订货设备表，可以从系统图直接生成电缆导线表（图 2.20）。

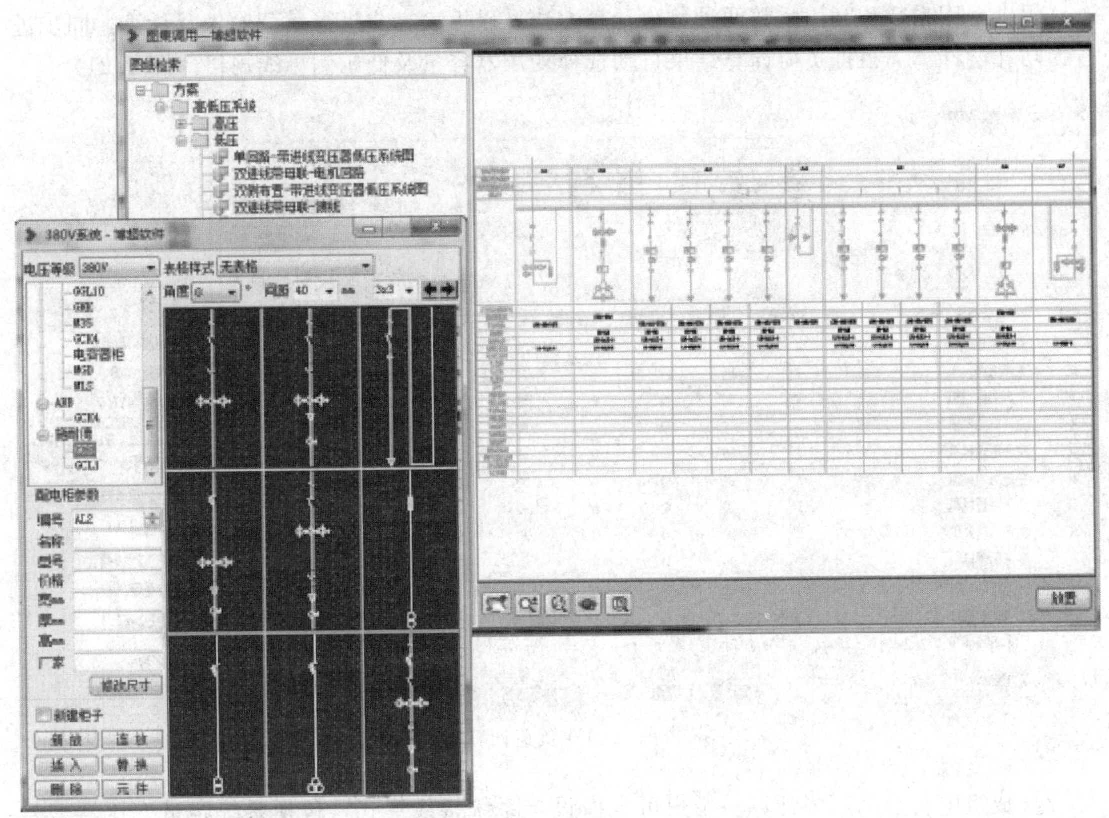

图 2.19　中低压供配电系统设计图

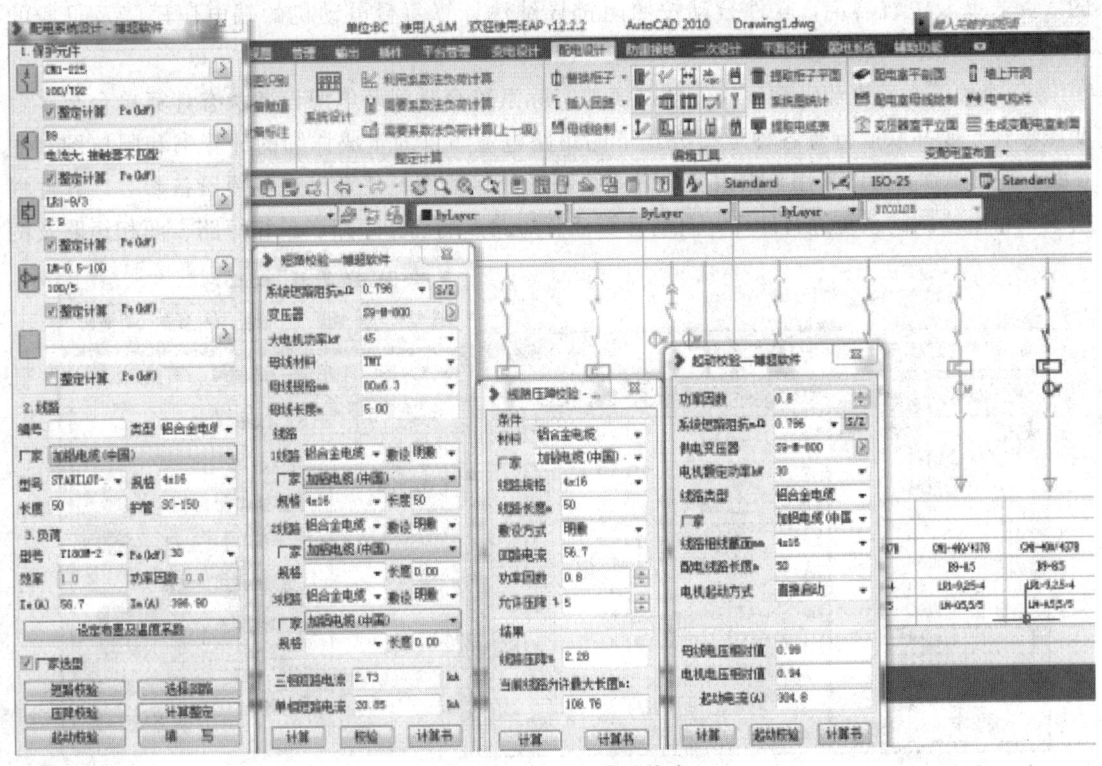

图 2.20　生成电缆导线表

提供需用系数和利用系数两种负荷计算方法，以填表方式进行负荷输入及计算，同步进行无功补偿计算。根据负荷计算结果自动选择变压器容量及低压侧母线规格（图 2.21）。

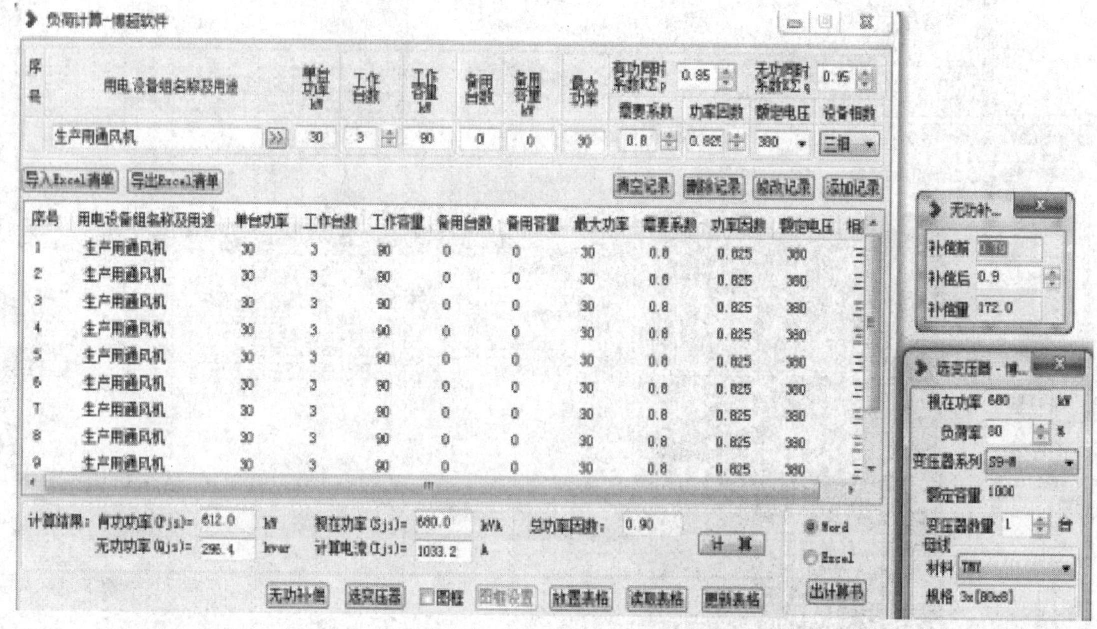

图 2.21　负荷计算

④ 成组电机启动压降计算。用户可自由设定系统接线形式，包括系统容量变压器型号容量、线路规格等，可以灵活设定电动机的台数及每台电动机的型号参数，包括电动机回路的线路长度及电抗器定，软件自动按照阻抗导纳法计算每台电动机的端电压压降及母线的压降。

⑤ 高中压短路电流计算。软件可以模拟实际系统合跳闸及电源设备状态计算单台至多台变压器独立或并联运行等各种运行方式下的短路电流，自动生成详细的计算书和阻抗图（图 2.22、图 2.23）。可以采用自由组合的方式绘制系统接线图，任意设定各项设备参数，软件根据用户自由绘制的系统进行计算，自动计算任意短路点的三相短路、单相短路、两相短路及两

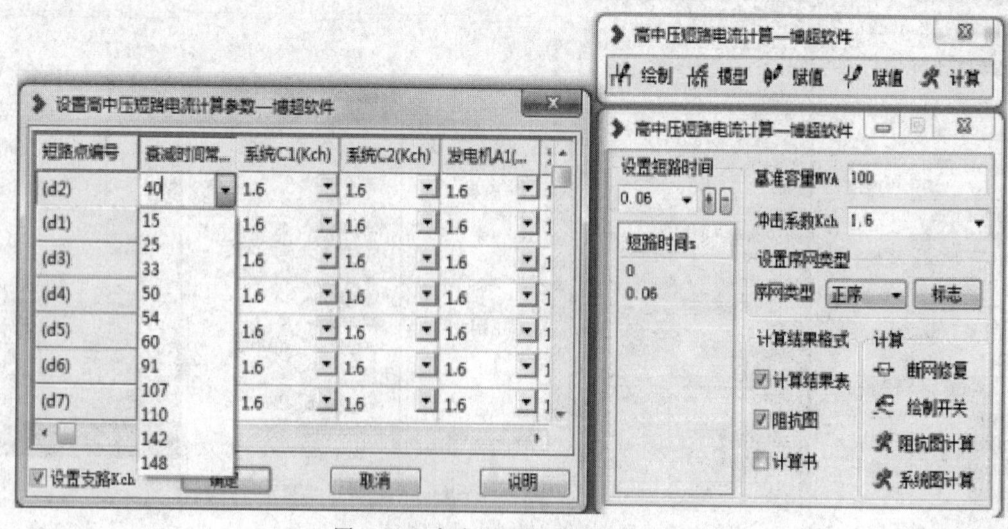

图 2.22　高中压短路电流计算图 1

相对地等短路电流，自动计算水轮、汽轮及柴油发电机、同步电动机、异步电动机的反馈电流，可以任意设定短路时间，自动生成正序、负序、零序阻抗图及短路电流计算结果表。

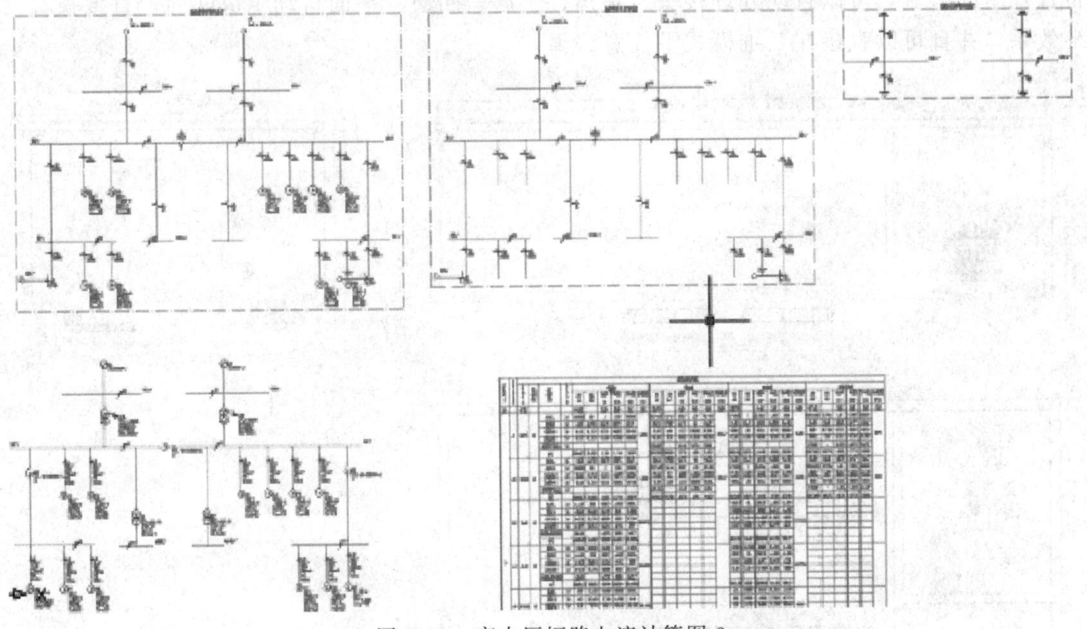

图 2.23 高中压短路电流计算图 2

⑥ 高压短路电流计算及设备选型校验。根据短路计算结果进行高压设备选型校验，可完成各类高压设备的自动选型，并对选型结果进行分断能力、动热稳定等校验。选型结果可生成计算书及CAD格式的选型结果表。

⑦ 导线张力弧垂计算（图 2.24）。可以从图面上框选导线自动提取计算条件进行计算，也可以根据设定的导线和现场参数进行拉力计算。可以进行带跳线、带多根引下线、组合或分裂导线在各种工况下的导线力学计算。计算结果能够以安装曲线图、安装曲线表和 Word 格式计算书三种形式输出。

⑧ 变配电室、控制室设计（图 2.25）。由系统图自动生成配电室开关柜布置图，根据开关柜类型自动确定柜体及埋件形式，可以灵活设定开关柜的编号及布置形式，包括单、双列

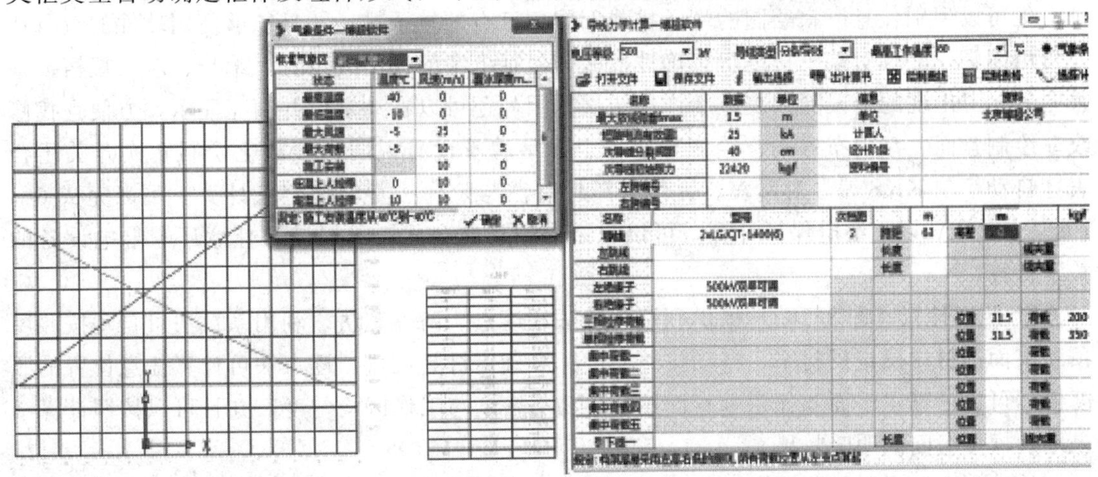

图 2.24 导线张力弧垂计算

布置及柜间通道设置，同步绘制柜下沟、柜后沟及沟间开洞和尺寸标注。由变压器规格自动确定变压器尺寸及外形，可生成变压器平面、立面、侧面图。参数化绘制电缆沟、桥架平面布置及断面布置，可以自动处理接头、拐角、三通、四通。平面自动生成断面，直接查看三维效果，并且可以直接在三维模式下任意编辑。

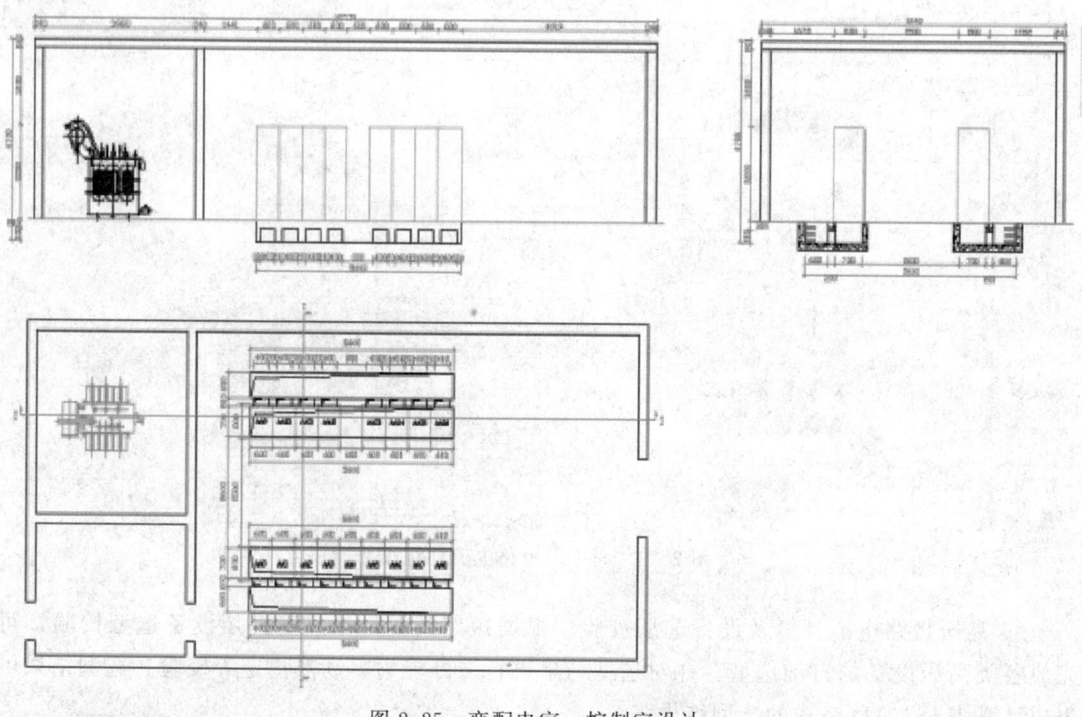

图 2.25　变配电室、控制室设计

⑨ 全套弱电及综合布线系统设计。能够进行综合布线、火灾自动报警及消防联动系统、通信及信息网络系统、建筑设备监控系统、安全防范系统、住宅小区智能化等所有弱电系统的设计。

⑩ 二次设计。自动化绘制电气控制原理图并标注设备代号和端子号，自动分配和标注节点编号。从原理图自动生成端子排接线、材料表和控制电缆清册。可手动设定、生成端子排，也可以识别任意厂家绘制的端子排或旧图中已有的端子排，并且能够使用软件的编辑功能自由编辑。能够对端子排进行正确性校验，包括电缆的进出线位置、编号、芯数规格及来去向等，对出现的错误除列表显示详细错误原因外还可以自动定位并高亮显示，方便查找修改。绘制盘面、盘内布置图，绘制标字框、光字牌及代号说明，参数化绘制转换开关闭合表，自动绘制 KKS 编号对照表。提供电压控制法与阶梯法蓄电池容量计算。可以完成 6～10kV 及 35kV 以上继电保护计算，可以自由编辑计算公式，可以满足任意厂家继电设备的整定计算。

⑪ 照度计算（图 2.26）。提供利用系数法和逐点法两种算法。利用系数法可自动按照屋顶和墙面的材质确定反射率，自动按照照度标准确定灯具数量。逐点法可计算任意位置的照度值，可以计算水平面和任意垂直面照度、功率密度与工作区均匀度，并且可以按照计算结果准确模拟房间的明暗效果。

软件包含了最新规范要求，可以在线查询最新规范内容，并且能够自动计算并校验功率密度、工作区均匀度和眩光，包括混光灯在内的各种灯具的照度计算。软件内置了照明设计手册中所有的灯具参数，并且提供了雷士、飞利浦等常用厂家灯具参数库。灯具库完全开放，可以根据厂家样本直接扩充灯具参数。

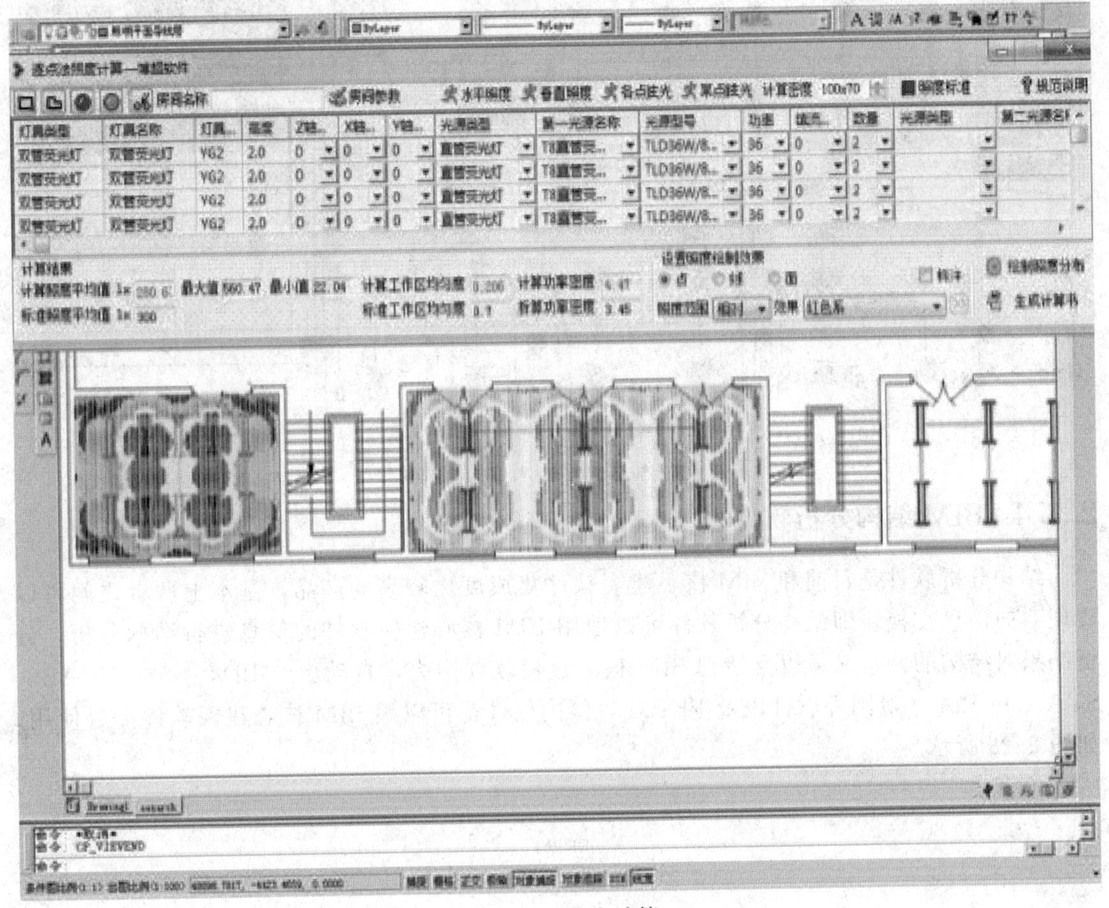

图 2.26　照度计算

⑫ 平面设计（图 2.27）。智能化平面专家设计体系用于动力、照明、弱电平面的设计，具有自由、靠墙、动态、矩阵、穿墙、弧形、环形、沿线、房间复制等多种设备放置方式。动态可视化设备布置功能使用户在设计时同步看到灯具的布置过程和效果。对已绘制的设备可以直接进行替换、移动、镜像以及设备上的导线联动修改。设备布置时可记忆默认参数，布置完成后可直接统计，无需另外赋值。提供全套新国标图库及新国标符号解决方案，完全符合新国标。自动及模糊接线使线路布置变得极为简单，并可直接绘制各种专业线型。提供开关和灯具自动接线工具，绘制中交叉导线可自动打断，打断的导线可以还原。据设计经验和本人习惯自动完成设备及线路选型，进行相应标注，可以自由设定各种标注样式。提供详细的初始设定工具，所有细节均可自由设定。自动生成单张或多张图纸的材料表。

按设计者意图和习惯分配照明箱和照明回路，自动进行照明系统负荷计算，并生成照明系统图。系统图形式可任意设定。按照规范检验回路设备数量、检验相序分配和负荷平衡，以闪烁方式验证调整照明箱、线路及设备连接状态，保证照明系统的合理性。平面与系统互动调整，构成完善的智能化平面设计体系。

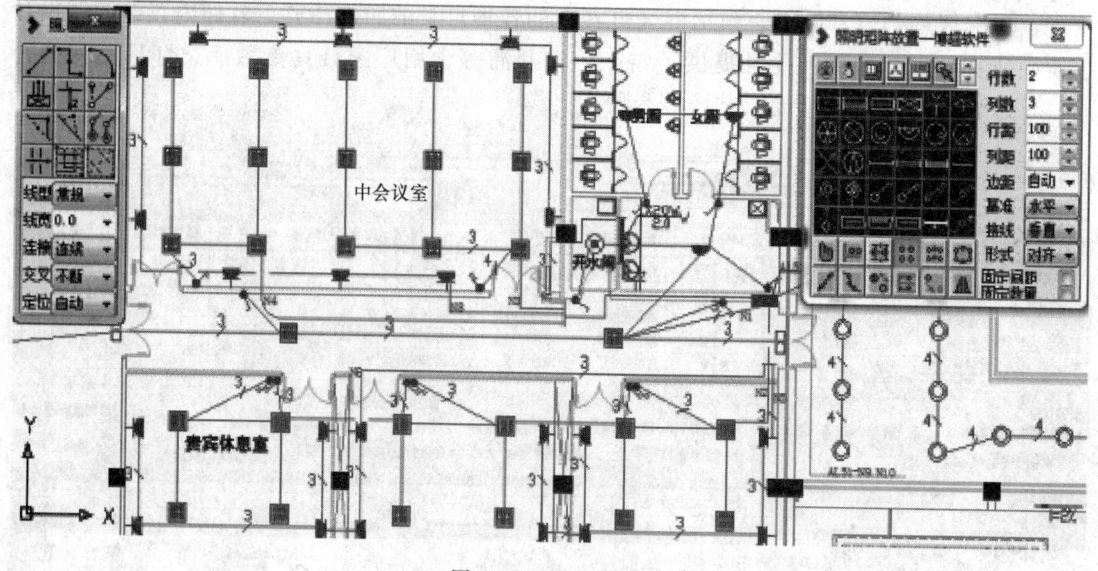

图 2.27 平面设计

2.1.4 BIM结构分析软件

结构分析软件是目前和BIM核心建模软件集成度比较高的产品，基本上两者之间可以实现双向信息交换，即结构分析软件可以使用BIM核心建模软件的信息进行结构分析，分析结果对结构的调整又可以反馈到BIM核心建模软件中去，自动更新BIM模型。ETABS、STAAD、Robot等国外软件以及PKPM等国内软件都可以跟BIM核心建模软件配合使用，如图2.28所示。

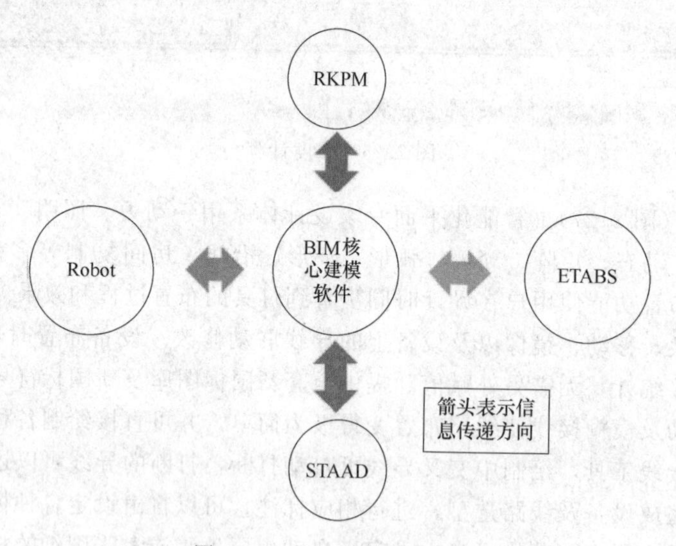

图 2.28 BIM结构分析软件

(1) ETABS ETABS是由美国CSI公司开发研制的房屋建筑结构分析与设计软件，ETABS涵括美国、中国、英国、加拿大、新西兰以及其他国家和地区的最新结构规范，可以完成绝大部分国家和地区的结构工程设计工作。ETABS在全世界100多个国家和地区销售，超过10万的工程师在用它来进行结构分析和设计工作。中国建筑标准设计研究所同美国 CSI 公司展开全面合作，已将中国设计规范全面地贯入到 ETABS 中，现已推出完全符合中国规范的 ETABS 中文版软件。除了 ETABS，他们还正在共同开发和推广 SAP2000（通用有限元分析软件）、SAFE（基础和楼板设计软件）等业界公认的技术领先软件的中英文版本，并进行相应的规范贯入工作。此举将为中国的工程设计人员提供优质服务，提高我国的工程设计整体水平，同时也引入国外的设计规范供我国的设计和科研人员使用和参考研究，在工程设计领域逐步与发达国家接轨，具有战略性的意义。

目前，ETABS 已经发展成为一个完善且易于使用的面向对象的分析、设计、优化、制图和加工数字环境、建筑结构分析与设计的集成化环境：具有直观、强大的图形界面功能，以及一流的建模、分析和设计功能。

ETABS 采用独特的图形操作界面系统（GUI），利用面向对象的操作方法来建模，编辑方式与 AutoCAD 类似，可以方便地建立各种复杂的结构模型，同时辅以大量的工程模板，大大提高了用户建模的效率，并且可以导入导出包括 AutoCAD 在内的常用格式的数据文件，极大地方便了用户的使用。当更新模型时，结构的一部分变化导致另一部分的影响都是同时和自动的。在 ETABS 集成环境中，所有的工作都源自一个集成数据库进行操作。基本的概念是用户只需创建一个包括垂直及水平的结构系统，就可以进行分析和设计整个建筑物。通过先进的有限元模型和自定义标准规范接口技术来进行结构分析与设计，实现了精确的计算分析过程和用户可自定义的（选择不同国家和地区）设计规范来进行结构设计工作。除了能够快速而方便地应付简单结构，ETABS 也能很好地处理包括各种非线性行为特性的巨大且极其复杂的建筑结构模型，因此成为建筑行业里结构工程师的首选工具。ETABS 允许基于对象模型的钢结构和混凝土结构系统建模和设计，复杂楼板和墙的自动有限单元网格划分，在墙和楼板之间节点不匹配的网格进行自动位移插值，外加 Ritz 法进行动力分析，包含膜的弹性效应在分析中很有效。

ETABS 集成了荷载计算、静动力分析、线性和非线性计算等所有计算分析为一体，容纳了最新的静力、动力、线性和非线性分析技术，计算快捷，分析结果合理可靠，其权威性和可靠性得到了国际上业界的一致肯定。ETABS 除一般高层结构计算功能外，还可计算钢结构、钩、顶、弹簧、结构阻尼运动、斜板、变截面梁或腋梁等特殊构件和结构非线性计算（Pushover、Buckling、施工顺序加载等），甚至可以计算结构基础隔震问题，功能非常强大。代表当今科技发展水平的集成建筑设计系统 ETABS，被美国钢结构协会（AISC）授予 2002 年现代钢结构建筑荣誉产品奖（Hot Products Honor Award）。

在未来的二十几年中，ETABS 将要重新确立数字技术及其生产力的标准，并且引领一个新的数字技术时代。直观的、功能强大的、基于数字技术的图形用户界面使得工程师能够在几个小时内进行完全的设计，组织平面和确定用钢量，不需要烦琐的循环手工确定构件尺寸来满足强度和位移要求。ETABS 新的复杂分析方法解决了结构工程师努力了几十年的建筑设计的许多难点，如计算楼板作为传递剪力的隔板的剪应力和隔板 Chord & Collector 力，泊车结构、直线和曲线斜坡的建模，节点板区变形效果建模，施工过程加载效应等。2001 年，由于 GUI 的潜力和 ETABS 技术上的领先，AISC（美国钢结构协会）委托 CSI 建立一个特殊模板支持交错桁架设计。AISC 与 CSI 合作开展了一系列国际研讨会来探讨交错桁架结构体系的设计方法，ETABS 已经实现了解决交错桁架设计中复杂问题的功能。

① ETABS 的分析功能。ETABS 的分析计算功能十分强大，这是国际上业界的公认事实，可以这样讲，ETABS 是高层建筑分析计算的标尺性程序。它囊括几乎所有结构工程领

域内的最新结构分析功能，二十多年的发展，使得ETABS积累了丰富的结构计算分析经验，从静力、动力计算，到线性、非线性分析，从P-Delta效应到施工顺序加载，从结构阻尼器到基础隔震，都能运用自如，为工程师提供经过大量的结构工程检验的最可靠的分析计算结果。

ETABS包含了强大的塑性分析功能，既能满足结构弹性分析的功能，也能满足塑性分析的需求，如材料非线性、大变形、FNA（Fast Nonlinear Analysis）方法等选项。在Pushover分析中包含FEMA 273、ATC-40规范、塑性单元进行非线性分析。更高级的计算方法包括非线性阻尼、推倒分析、基础隔震、施工分阶段加载、结构撞击和抬举、侧向位移和垂直动力的能量算法、容许垂直楼板震动问题等。

② ETABS的设计功能。ETABS采用完全交互式图形方式进行结构设计，可以同时设计钢筋混凝土结构、钢结构和混合结构，运用多种国际结构设计规范，使得ETABS的结构设计功能更加强大和有效，同时可以进行多个国家和地区的设计规范设计结果的对比。

针对结构设计中烦琐的反复修改截面、计算、验算过程，ETABS采用结构优化设计理论可以对结构进行优化设计，针对实际结构只需确定预选截面组和迭代规则，就可以进行自动计算选择截面、校核、修改的优化设计。同时，ETABS内置了Section Designer截面设计工具，可以对任意截面确定截面特性。ETABS适用于任何结构工程任务的一站式解决方案。

（2）STAAD. Pro　STAAD. Pro是结构工程专业人员的最佳选择，可通过其灵活的建模环境、高级的功能和流畅的数据协同进行涵洞、石化工厂、隧道、桥梁、桥墩等几乎任何设施的钢结构、混凝土结构、木结构、铝结构和冷弯型钢结构设计。图2.29、图2.30为STAAD模型图例。

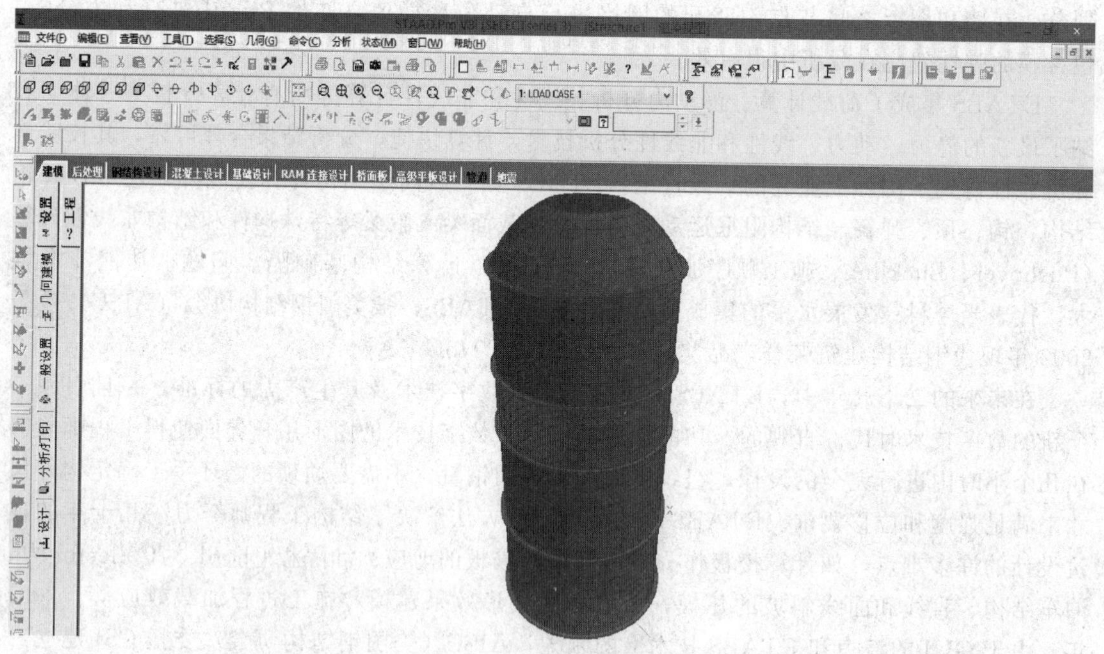

图2.29　STAAD模型图例1

STAAD. Pro助力结构工程师可通过其灵活的建模环境、高级的功能及流畅的数据协同分析设计几乎所有类型的结构。

① 灵活的建模通过一流的图形环境来实现，并支持7种语言及70多种国际设计规范和

20多种美国设计规范。

② 包括一系列先进的结构分析和设计功能，如符合10CFR Part 50、10CFR21、ASME NQA-1-2000标准的核工业认证、时间历史推覆分析和电缆（线性和非线性）分析。

③ 通过流畅的数据协同来维护和简化目前的工作流程，从而实现效率提升。

使用STAAD. Pro为大量结构设计项目和全球市场提供服务，可扩大客户群，从而实现业务增长。

图2.30 STAAD模型图例2

STAAD/CHINA主要具有以下功能。

① 强大的三维图形建模与可视化前后处理功能。STAAD. Pro本身具有强大的三维建模系统及丰富的结构模板，用户可方便快捷地直接建立各种复杂三维模型。用户亦可通过导入其他软件（例如AutoCAD）生成的标准DXF文件在STAAD中生成模型。对各种异形空间曲线、二次曲面，用户可借助Excel电子表格生成模型数据后直接导入到STAAD中建模。最新版本STAAD允许用户通过STAAD的数据接口运行用户自编宏建模。用户可用各种方式编辑STAAD的核心的STD文件（纯文本文件）建模。用户可在设计的任何阶段对模型的部分或整体进行任意的移动、旋转、复制、镜像、阵列等操作。

② 超强的有限元分析能力，可对钢、木、铝、混凝土等各种材料构成的框架、塔架、桁架、网架（壳）、悬索等各类结构进行线性、非线性静力、反应谱及时程反应分析。

③ 国际化的通用结构设计软件，程序中内置了世界20多个国家的标准型钢库供用户直接选用，也可由用户自定义截面库，并可按照美国、日本、欧洲各国等国家和地区的结构设计规范进行设计。

④ 可按中国现行的结构设计规范，如《建筑抗震设计规范》(GB 50011—2001)、《建筑结构荷载规范》(GB 50009—2001)、《钢结构设计规范》(GB 50017—2003)、《门式刚架轻型房屋钢结构技术规程》(CECS 102：2002）等进行设计。

⑤ 普通钢结构连接节点的设计与优化。

⑥ 完善的工程文档管理系统。

⑦ 结构荷载向导自动生成风荷载、地震作用和吊车荷载。

⑧ 方便灵活的自动荷载组合功能。

⑨ 增强的普通钢结构构件设计优化。

⑩ 组合梁设计模块。

⑪ 带夹层与吊车的门式刚架建模、设计与绘图。

⑫ 可与Xsteel和StruCAD等国际通用的详图绘制软件数据接口、与CIS/2、Intergraph PDS等三维工厂设计软件有接口。

2.2 国外BIM软件的介绍

任何技术和理念的实现都需要借助一定的工具，BIM软件是保证BIM技术在建设领域应用的不可缺少的工具。通过总结现有的基于BIM的软件，并将其分为两大类：创建BIM模型的软件和利用BIM模型的软件。BIM软件主要以国外开发的软件为主，国产的BIM软件相当匮乏。虽然国外的BIM软件在国内得到一定的应用，但是国外的BIM软件往往不符合我国的国情和规范要求。从国外引进的BIM软件往往只能应用于建筑生命周期的某个阶段，甚至不适用。近几年，一些高校、研究机构以及大型软件开发商已经开展了适合我国的BIM软件的研究开发工作，并已取得显著成果。如“十一五”国家科技支撑计划重点项目《建筑业信息化关键技术研究与应用》子课题“基于BIM国外的Revit技术的下一代建筑工程应用软件研究”开始了我国的BIM软件研究与开发。

首先我们对国外的BIM软件进行分类。目前国外的BIM软件中有应用于核心建模的软件Architecture/Structural/MEP、Bentley Architecture/Structural/Mechanical、ArchiCAD以及Digital Project，有应用于方案设计类的软件Onuma、Affinity，有应用于几何造型类的软件Rhino、SketchUp、Form Z，有应用于可持续分析类的软件Ecotect、IES、PKPM、Green Building Studio，有应用于机电分析类的软件Trane Trace、Design Master、IES Virtual Environment，有应用于结构分析类的软件Etabs、STAAD、Robot，有应用于可视化的软件3ds Max、Lightscape、AccuRender、Artlantis，有应用于型检查类的软件Solibri，有应用于深化设计类的软件Tekla Structure（Xsteel)，有应用于碰撞检查类的软件Navisworks、Projectwise Navigator、Solibri，有应用于造价的软件Innovaya、Solibri，有应用于运营管理类的软件Archibus、Navisworks，有应用于发布审核类的软件PDF、3D PDF、Design Revie。

下面我们对国外的BIM软件Navisworks进行一个简单的介绍。

Navisworks软件是由英国Navisworks公司研发并出品，2007年该公司由美国Autodesk公司收购。Navisworks是一款3D/4D协助设计检视软件，针对建筑、工厂和航运业中的项目生命周期，能提高质量，提高生产力。使用Navisworks软件，能提高工作效率、减少在工程设计中出现的问题，是项目工程流线型发展的稳固平台。Navisworks支持市场上主流CAD制图软件所有的数据格式，拥有可升级的、灵活的和可设计编程的用户界面。

Navisworks的主要功能如下。

① 三维模型的实时漫游。目前大量的3D软件实现的是路径漫游，无法实现实时漫游，它可以轻松地对一个超大模型进行平滑的漫游，为三维校审提供了最佳支持。

② 模型整合。可以将多种三维的3D模型合并到一个模型中，综合各个专业的模型到一个模型后可以进行不同专业间的碰撞校审、渲染……

③ 碰撞校审。不仅支持硬碰撞（物理意义上的碰撞）还可以做软碰撞校审（时间上的碰撞校审、间隙碰撞校审、空间碰撞校审等)。可以定义复杂的碰撞规则，提高碰撞校审的准确性。

④ 模型渲染。软件内储存了丰富的材料用来做渲染，操作简单。丰富的渲染功能满足各个场景的输出需要。

⑤ 4D 模拟。软件可以导入目前项目上应用的进度软件（P3、Project 等）的进度计划，和模型直接关联，通过 3D 模型和动画能力直观演示出建筑和施工的步骤。

⑥ 支持 PDMS 和 PDS 模型。能够直接读取类似软件的模型，并可以直接进行漫游、渲染和校核等功能，比这些软件的漫游渲染功能简便易学，效果和性能更好。

⑦ 模型发布。支持将模型发布成一个.nwd 的文件，利于模型的完整和保密性，并且可以用一个免费的浏览软件进行查看。

2.3　国内软件的介绍

2.3.1　鲁班

下面以鲁班为例进行简单的介绍。

鲁班软件是国内领先的 BIM 软件厂商和解决方案供应商，从个人岗位级应用，到项目级应用及企业级应用，形成了一套完整的基于 BIM 技术的软件系统和解决方案，并且实现了与上下游的开放共享。

鲁班 BIM 解决方案，首先通过鲁班 BIM 建模软件高效、准确地创建 7D 结构化 BIM 模型，即 3D 实体、1D 时间、1D・BBS（投标工序）、1D・EDS（企业定额工序）、1D・WBS（进度工序）。创建完成的各专业 BIM 模型，进入基于互联网的鲁班 BIM 管理协同系统，形成 BIM 数据库。经过授权，可通过鲁班 BIM 各应用客户端实现模型、数据的按需共享，提高协同效率，轻松实现 BIM 从岗位级到项目级及企业级的应用。

鲁班 BIM 技术的特点和优势可以更快捷、更方便地帮助项目参与方进行协调管理应用 BIM 技术的项目将收获巨大价值。具体实现可以分为创建、管理和应用协同共享三个阶段。鲁班软件 BIM 解决方案架构如图 2.31 所示。

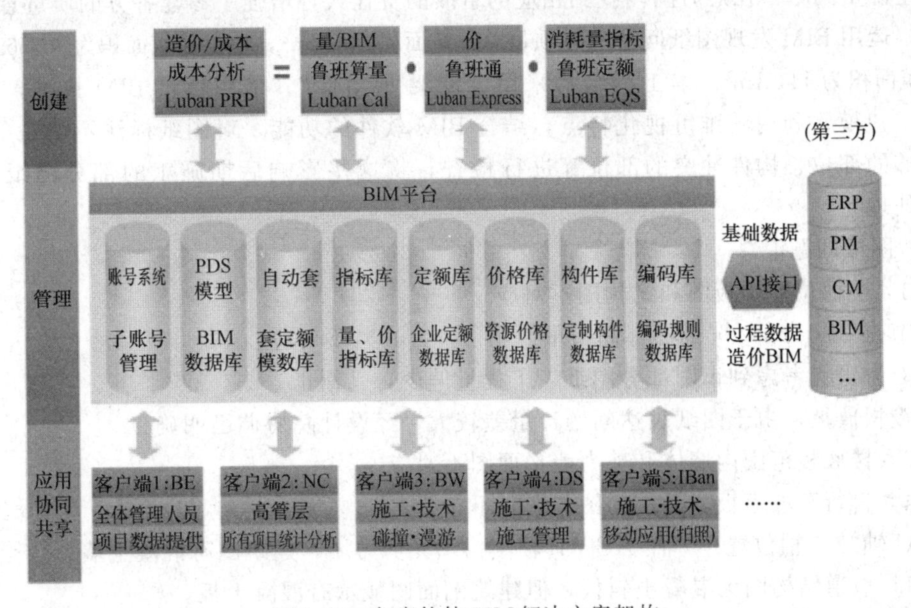

图 2.31　鲁班软件 BIM 解决方案架构

鲁班的BIM系统实现了施工项目管理的协同，实现了模型信息的集成，同时授权机制实现了企业级的管控、项目级管理协同。它运用组件集成的先进开发思想，集成了CAD引擎、云技术、数据库等先进计算机技术平台，新功能开发速度快且稳定。此外，鲁班软件坚持聚焦定位、开放数据、广泛联盟。

下面我们以江苏某苑二期为例，进行简单的介绍。

该工程新颖、独特的造型对构件施工定位要求极高，地下室及各楼层吊顶内管线纵横交错、错综复杂，专业设计及施工配合难度大、协调工作量大、成品保护难度大，且系统工程智能化程度高，涉及专业众多。基于BIM的虚拟施工技术是解决上述施工难点的有效工具。图2.32所示为项目效果图。

图2.32　项目效果图

工程设计标准高，参建单位多，按传统的施工管理方法，势必易发生因协调、配合不到位延误工期，而且一旦出现问题，因缺乏完整的记录备案，各参建单位多方扯皮，难以找到责任主体。在BIM数字化施工系统下，所有的进场材料、施工过程均被详尽地记录在案，一旦发生质量问题，在短时间内找到相应的事故的责任人，增强了参建各方的质量意识。

(1) 运用BIM发现图纸问题　本项目总建筑面积61422m^2，地上建筑面积为103569.60m^2，地下建筑面积为14431m^2。本工程结构采用“框架-剪力墙”。采用鲁班BIM技术，对结构进行三维建模，利用三维可视化特点，结合BIM软件的功能，对图纸标注不清楚的部位、净高不够的部位、构件冲突的部位等进行检查，将这些影响后期施工的部分图纸问题早发现早处理。

(2) 图纸问题汇总

① 3#楼梯位置梁板图和结构图不对应。

② 节点16-1/2/3/3a剖面标高与平面图（−1.45）不对应。

③ 对方没有考虑到审图部分图纸，工程量偏少，已纠正。

④ 筏板放坡，由于图纸表达问题，量差较大，经设计院协调已明确。

⑤ 3#楼底板范围内墙体和剪力墙平面图不对应。

⑥ 4#自行车坡道板（无结构图）暂时不布置。

⑦ U轴/3-5轴位置、5轴/AC-AB轴结构图无剪力墙，建筑图有混凝土墙。

⑧ 1#坡道结构图无混凝土斜板，但建筑剖面图显示有混凝土板。

⑨ 建筑和结构图二次结构有矛盾，按工程所在地强制性规范计算。

⑩ 地下室楼梯位置板图和梁图中梁的位置不对应。

⑪ 4＃坡道无结构详图，板厚暂按150mm。暂时不布置。

⑫ 1＃、2＃坡道入口位置无结构图。

⑬ 4＃自行车坡道无结构图（4-A～4-F/4-1～4-5）。

2.3.2 探索者

探索者有很多不同功能的软件，如结构工程CAD软件TSSD、结构后处理软件TSPT以及探索者水工结构设计软件等，下面我们就结构工程CAD软件TSSD进行一个简单的介绍。

2.3.2.1 功能简介

TSSD的功能共分为四列菜单：平面、构件、计算、工具。

（1）平面　主要功能是画结构平面布置图，其中有梁、柱、墙、基础的平面布置，大型集成类工具板设计，与其他结构类软件图形的接口。平面布置图不但可以绘制，更可以方便地编辑修改。每种构件均配有复制、移动、修改、删除的功能。这些功能不是简单的CAD功能，而是再深入开发的专项功能。与其他结构类软件图形的接口主要有天正建筑（天正7以下的所有版本）、PKPM系列施工图、广厦CAD，转化完成的图形可以使用TSSD的所有工具再编辑。

（2）构件　主要功能是结构中常用构件的详图绘制，有梁、柱、墙、楼梯、雨篷阳台、承台、基础。只要输入几个参数，就可以轻松地完成各详图节点的绘制。

（3）计算　主要功能是结构中常用构件的边算边画，既可以对整个工程系统进行计算，也可以分别计算。可以计算的构件主要有板、梁、柱、基础、承台、楼梯等，这些计算均可以实现透明计算过程，生成Word计算书。

（4）工具　主要是结构绘图中常用的图面标注编辑工具，包括尺寸、文字、钢筋、表格、符号、比例变换、参照助手、图形比对等共200多个工具，囊括了所有在图中可能遇到的问题解决方案，可以大幅度提高工程师的绘图速度。

2.3.2.2 功能优势

（1）专业化的多比例绘图功能，满足不同绘图习惯方式　在使用CAD绘制施工图过程中，比例的设置和变化一直是让设计人员很头痛的工作，一张图纸中经常需要绘制不同比例的图形以满足布图的需求，设计人员多使用插入图块的方式来解决此类问题，随着CAD技术的不断成熟，近年来有了外部引用等方式，但目前现行的各种绘图手段都不能真正实现在一张图中实时多比例绘图，更不能满足很多设计人员所希望的真正1∶1绘制施工图的需求。

探索者TSSD软件以设计人员的需求为出发点，想设计人员所想，为用户提供了功能强大、操作使用方便的多比例绘图方式，能按照设计人员不同的绘图需求定制完全符合自己绘图习惯的比例设置模式，能充分满足个性化绘图需求。

① 使用1∶1绘图法

在TSSD的系统设置中首先需要用户确认一下当前绘图的比例状况，是使用1∶1绘图还是绘图比例和出图比例分开设置（图2.33）。1∶1绘图是指在绘图时用户只需要修改绘图比例即可，出图比例跟随绘图比例自动变换，其绘制效果如图2.34所示。

图2.34是1∶100和1∶50的图形放在一起比较，可以看到无论何种比例在出图和绘图

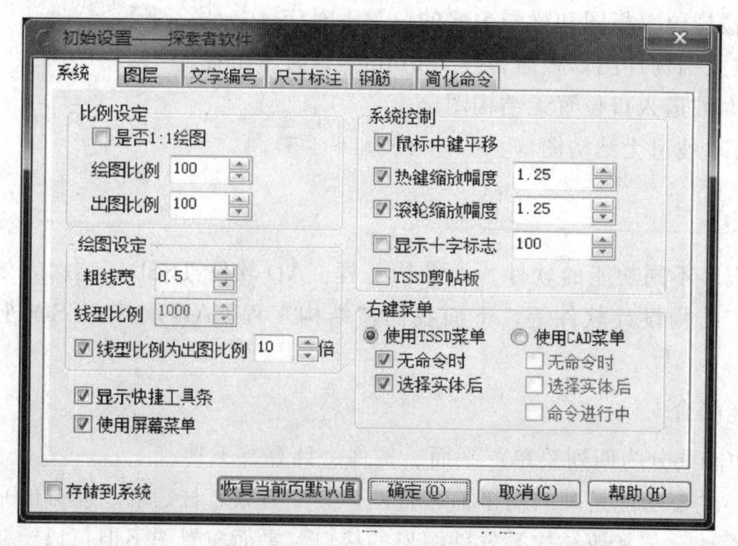

图 2.33　1∶1 绘图

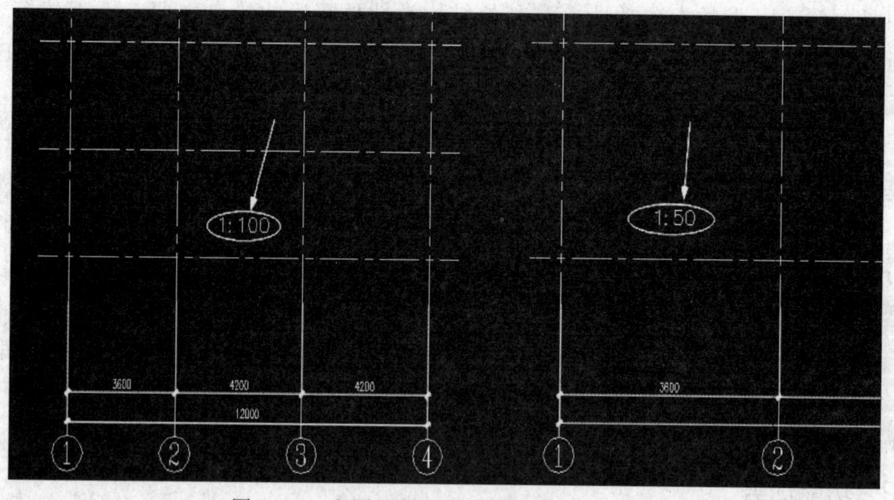

图 2.34　出图比例跟随绘图比例自动变换

的时候程序都会自动进行比例变换，以保证时时正确，用户在绘图时只要按需要标注的值输入就可以了。

② 使用比例变换。图 2.35 是典型结构多比例图形，在绘制时程序会自动提供多比例图形，在 TSSD 中的详图绘制功能提供的图形在界面上都可以填写绘制比例 比例1: 30，如图 2.36 所示。当用户已绘制完成后再要改变比例，可以使用变比例功能变换图中实体的比例。例如基础详图可以把比例变换为 1∶50，变换完后的效果如图 2.37 所示。

③ 命令行输入时使用【Ctrl＋Enter】。TSSD 的工具虽然很全，但仍不能把所有的图形全部自动绘制完成，考虑到用户总有手工绘制换比例的图形，所以在命令行输入时为用户添

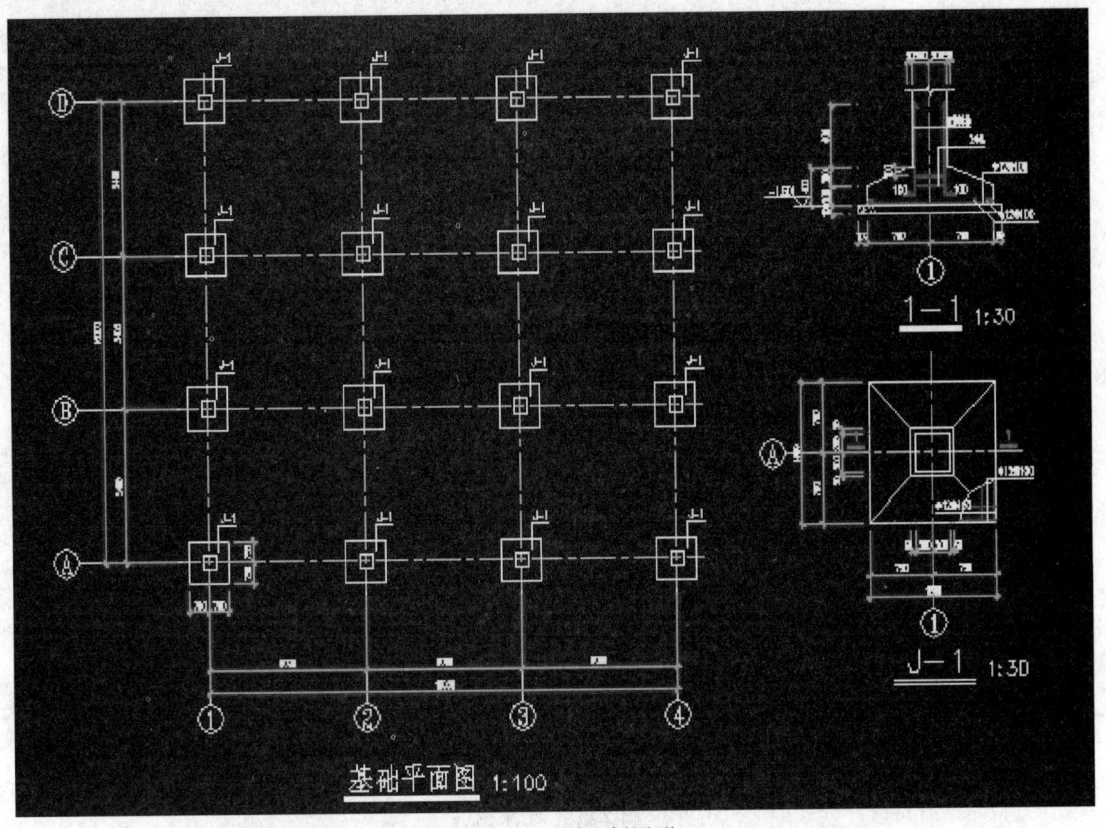

图 2.35 不同比例图形

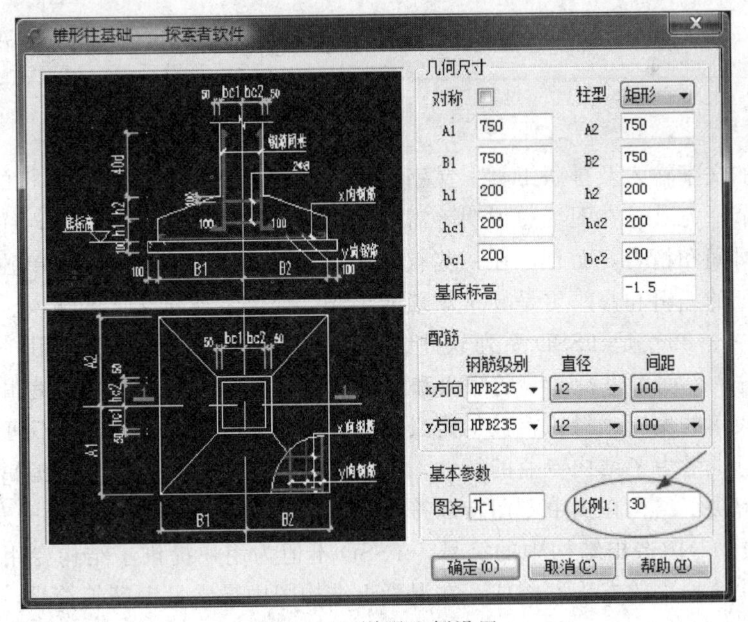

图 2.36 详图比例设置

加了热键【Ctrl+Enter】。在所有命令行输入数值时均可使用这个热键，程序会自动进行比例变换。例如，在图 2.38 的状态下，比例可变换。

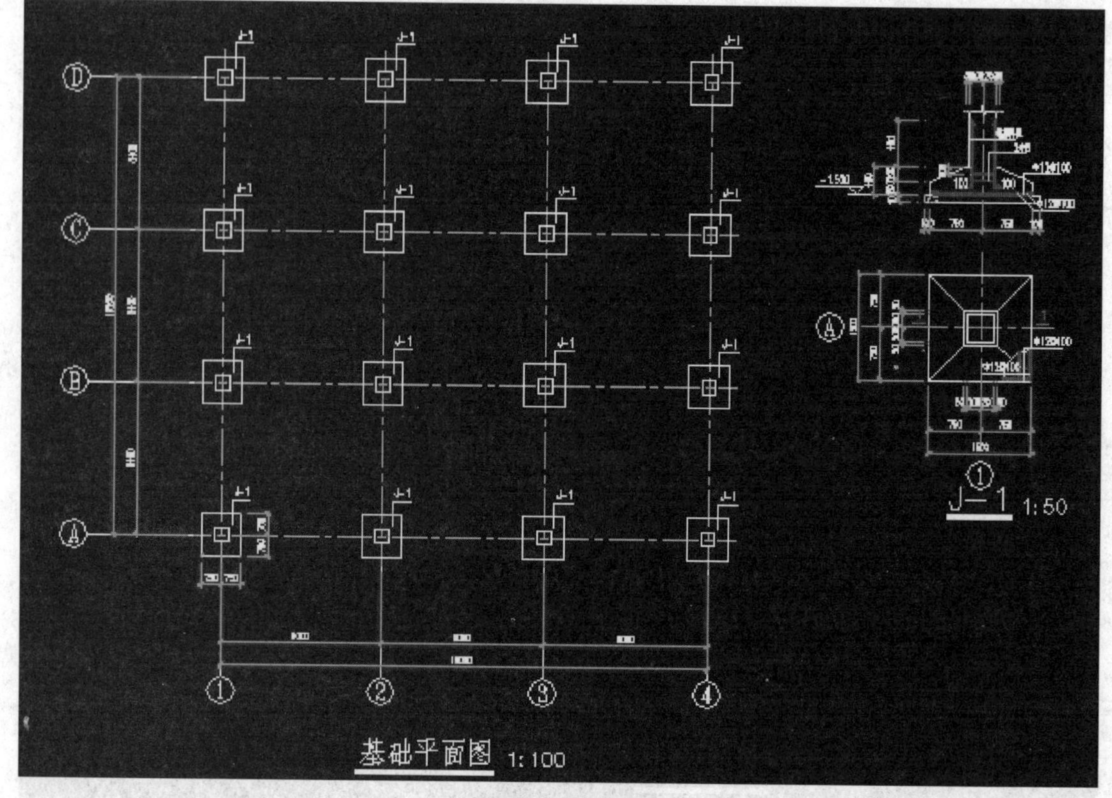

图 2.37　结果图

图 2.38　比例变换

（2）强大的文字输入及排版工具　文字的输入、编辑和排版是目前流行的 CAD 平台软件中的薄弱环节，尤其是在图纸总说明等需要大量输入编辑文字的图纸中，往往需要设计人员投入大量的时间和精力，而且，在一些软件内部设置的原因造成文字以单独文字形式存在的情况下，图纸的编辑和修改更是异常烦琐的工作，提供专业化文字的输入、编辑和处理的“多行编辑”（图 2.39）是 TSSD 系列软件给设计人员带来的强大功能，用户可以在熟悉的类似 Word 的输入界面中进行文字的输入和编辑，而且提供了准专业化的编辑模式，用户可以按需求进行段落的编辑、每行字数的定义、行距的设定等 CAD 平台下不可能方便实现的诸多功能，而且，考虑了结构专业的特性，提供了专业常用符号的输入、编辑和修改功能。

（3）有效解决了结构在图中专用特殊符号图例较多的问题　结构图纸中专用符号较多，在 CAD 中必须要专门造出结构中的符号，TSSD 不但为用户提供了结构专用的字符库，还为用户提供了快速输入的方法。例如：在混凝土结构图中最常见钢筋等符号，在 TSSD 中用户可以 DdFf 来进行简化输入，这大大提高了用户的输入编辑速度。用户在使用时只要把图 2.40 所示选项选中就可以了。

在文字编辑功能方面，TSSD 系列软件除提供上面多行编辑工具以外，还提供了一些简单实用的针对局部文字修改的工具，如中英互译、文字打断、合并、横排竖排转换、文字按

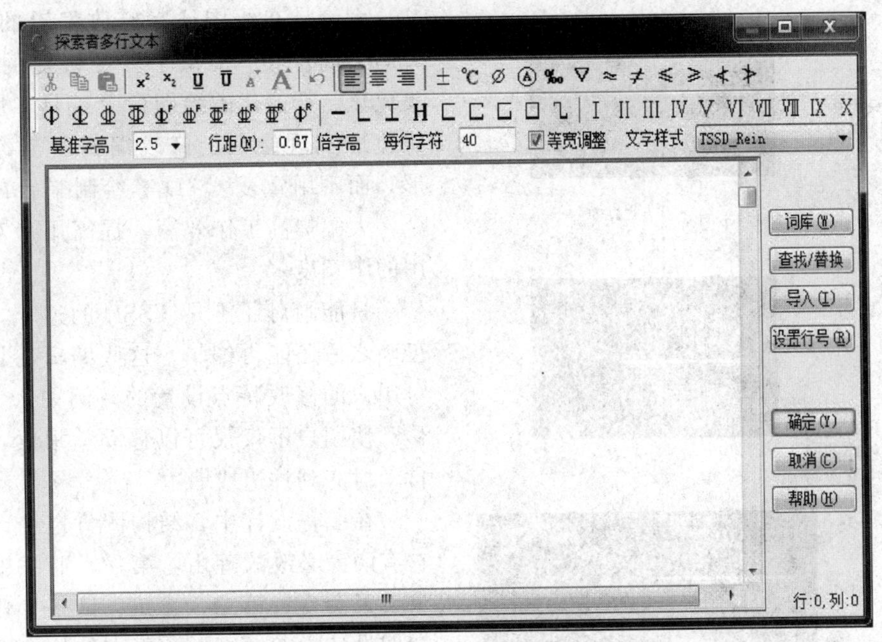

图 2.39　多行编辑

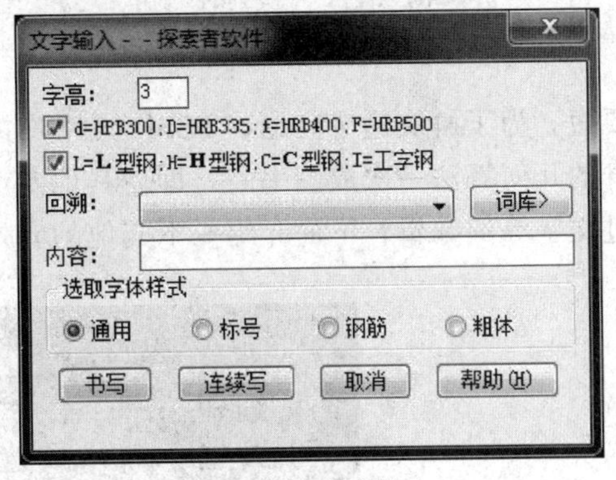

图 2.40　文字输入

指定路径排列等。例如：当所设计的工程为涉外工程时，往往需要图中所标注的文字均为双语，即英文和中文在一起表示，TSSD 为用户提供了中英对译的功能。这个功能主要是在图中原位进行中英文互译标注，如图 2.41 所示。

在日常绘图工作中，图形中经常需要进行一些表格的绘制和编辑，这也是一项非常烦琐的工作，TSSD 系列软件中提供的“表格”工具，让用户体验到类似 Excel 的专业化表格编辑功能，实现在 CAD 平台下的常用表格编辑功能，如常用表格计算、单元格的合并和拆分、表格文字的对齐方式等，已经能满足日常绘图工作的基本需要。

（4）专为平法绘图提供的专用工具　以绘制梁平法施工图为例，在图中梁上标注的文字位置不同所代表的含义不同，在绘制时要自动能标注还要标注得准确才可以，TSSD 的“梁集中标”功能为了保证可以自动准确绘制，在文字标注时使用了先进的搜索算法，以便于模糊地找到梁线，并按规范制图要求把文字标注到图上。另外，在平法上还有竖向构件可以在原位放大绘制的方法，这不但要在同一平面内做到可以自动绘制多比例图形，而且还可以再编辑。TSSD 的“柱原位放大”、“柱复合筋”、“墙柱节点”就可以很好地解决墙、柱等竖向构件平法图的绘制。

（5）平面绘制修改量极少，算法先进　TSSD 在墙、梁、柱平面图绘制中针对结构图的特点均提供了轴网绘制的功能。在图形的几何算法上是目前国内最先进的，保证了一次成图的正确性。如图 2.42 所示节点，TSSD 可以自动一次画对。

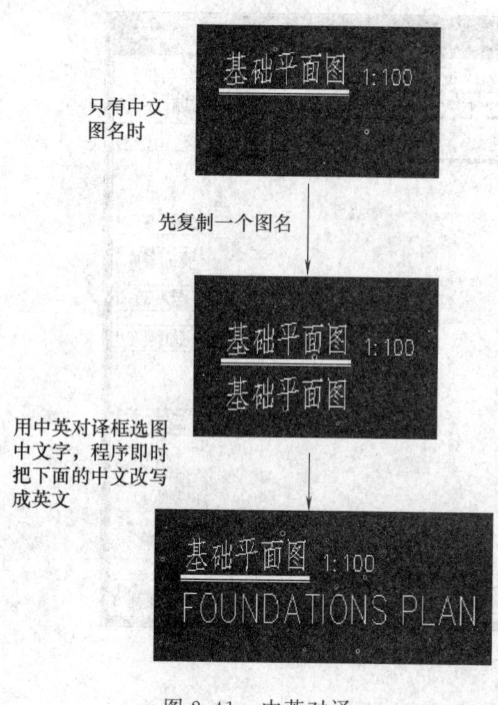

图 2.41　中英对译

无论是在绘图还是修改编辑的过程中，TSSD都给用户提供了方便快捷的专业化、集成化、智能化的绘图命令工具，用户可以快速地实现绘制、修改编辑所需绘制的图形，而不用重复CAD等绘制平台的基本命令，大幅提高工作效率，提高用户对软件使用的满意度。

只能画对还不是TSSD的追求，要在画正确之后还能再编辑，这些编辑工具都是针对用户的修改特点设置的。例如，“梁线偏移”使用户不仅仅可以移动整根梁，还可以自动对齐到柱边或墙边。

在工程设计中，结构图肯定会改，因为它有两大必改的理由：第一，业主甲方的要求天天会变；第二，建筑、设备专业总是在初期设计中考虑不周，要求结构专业改。由于结构专业是接受条件的一方，往往是别的专业要出图了，告诉结构专业“按照我的要求改”，所以结构专业的工期永远比其他专业要短。为了解决这个问题，TSSD为用户提供了大量快捷有效的编辑工具。另外，TSSD本身的几何算法一次成图率高，即使其他专业都要收工了结构专业也赶得上。在前面已经介绍过文字等的编辑，下面介绍一下其他的有效方法。

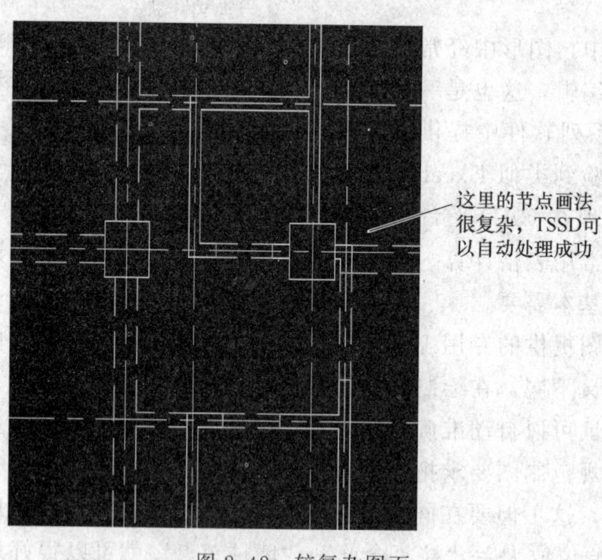

图 2.42　较复杂图面

由于现在施工图大多用平面图表示了，所以梁、柱、墙线的编辑占用工作量的比例大大提高了。TSSD在梁、柱、墙线的编辑上为用户提供了各种各样的工具，其中包括五大类：复制类、偏移类、删除类、修补类、改大小类。复制类最主要的功能是用户可以复制所选对象的全部，也可以复制其中一段，这里的复制不是简单的拷贝，而是把所选对象从图中识别出来并对其进行分析过滤。例如图 2.43～图 2.45 的梁线复制。

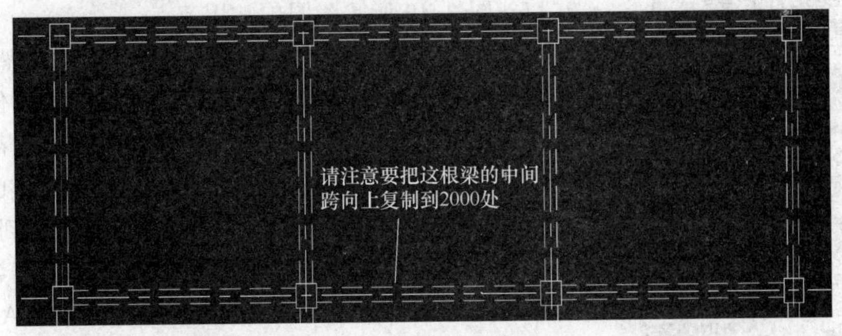

图 2.43　复制梁线 1

图 2.44　复制梁线 2

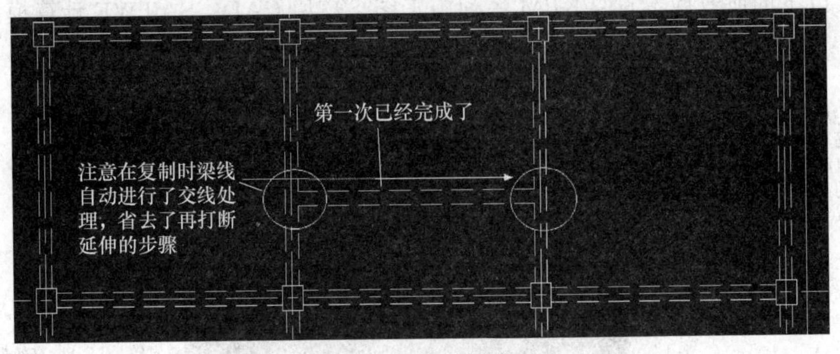

图 2.45　复制梁线 3

从以上梁线复制的举例可以看出，TSSD 的复制不是简单的拷贝，而是有分析有判断地复制，是智能化的构件的复制。其他类型就不再详述了，总之可以大大简化操作步骤，以达到加速的目的。

（6）极为完备的钢筋工具　有一套功能完善、使用方便的钢筋绘制和编辑工具才能说是一套好的结构设计软件，TSSD 系列软件在专业化钢筋工具上做了很多出色的工作，可以让烦琐复杂的工作简单快速实现，使设计人员从大量的重复工作中解放出来。

TSSD 系列软件绘制的图形中，无论钢筋是以何种形式出现，都是作为一个可以方便地进行各种编辑修改的实体元素出现，用户可以使用软件提供的专业化绘制、修改编辑命令快速完成所需工作。TSSD 系列软件提供的钢筋工具可以绘制包含结构专业几乎全部类型的钢筋形式。

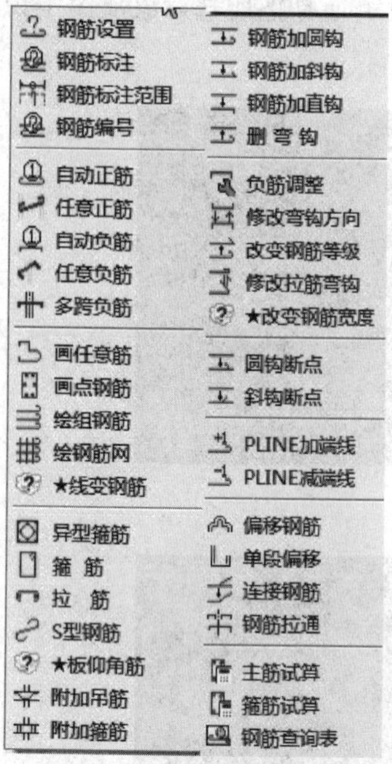

钢筋设置
钢筋标注
钢筋标注范围
钢筋编号
自动正筋
任意正筋
自动负筋
任意负筋
多跨负筋
画任意筋
画点钢筋
绘组钢筋
绘钢筋网
★线变钢筋
异型箍筋
箍 筋
拉 筋
S型钢筋
★板仰角筋
附加吊筋
附加箍筋
钢筋加圆钩
钢筋加斜钩
钢筋加直钩
删 弯 钩
负筋调整
修改弯钩方向
改变钢筋等级
修改拉筋弯钩
★改变钢筋宽度
圆钩断点
斜钩断点
PLINE加端线
PLINE减端线
偏移钢筋
单段偏移
连接钢筋
钢筋拉通
主筋试算
箍筋试算
钢筋查询表

图 2.46　TSSD钢筋工具列表

图 2.46 是 TSSD 为用户提供的钢筋工具的列表，这些功能可以满足所有在图中绘制和编辑钢筋线的要求，图 2.47～图 2.49 所示为图中常用节点。

(7) 与其他软件建立有效的图形接口　虽然 AutoCAD 在结构绘图软件上是被绝大多数用户接受的，但结构计算软件大多带有自己的自动绘图功能，而且它们都有自主平台，生成的图形可以在它们的平台上再修改，也可以导出到 AutoCAD 中修改。在这个过程中用户常遇到的问题是：AutoCAD 可以显示其他软件的实体，但是由于各软件对于实体的定义有区别，有的实体不能在 AutoCAD 中编辑。如何能够实现 CAD 平台下让各种现有软件生成的图形在结构专业绘图过程中做到无缝衔接呢？

结构施工图的绘制过程中，使用其他相关软件的图形也是经常性的工作，但由于各个软件内部定义的不同，比如图层的设置、线性的定义、尺寸标注的定义等，都会给使用带来很多不便。在整个建筑结构设计过程中，在使用相关专业提供的条件图时，由于专业上的差异，图形的使用也就更为烦琐。

探索者 TSSD 从用户的基本需求出发，研制开发了通用的图形转换工具，解决把非 TSSD 生成的图形导入到 AutoCAD 后不能正常使用的问题。目前可以衔接的软件有天正建筑（天正 7 以下的所有版本）、PKPM 系列施工图、广厦 CAD、SATWE 计算模型等。

钢筋点可以自动找到切角的位置
点钢筋绘制
布置方式
直线布置
弧线布置
单点钢筋
多点钢筋
单段多点
根数 2 根
间距 200 mm
[符号]→[剖断线]
[对齐标注]
300
墙体钢筋
-1.300
[符号]→[标高绘制]
[钢筋标注]
180
2Φ10
100
100
380
250
[画双线墙]
[徒手画筋]
1-1 1:30
[写图名]

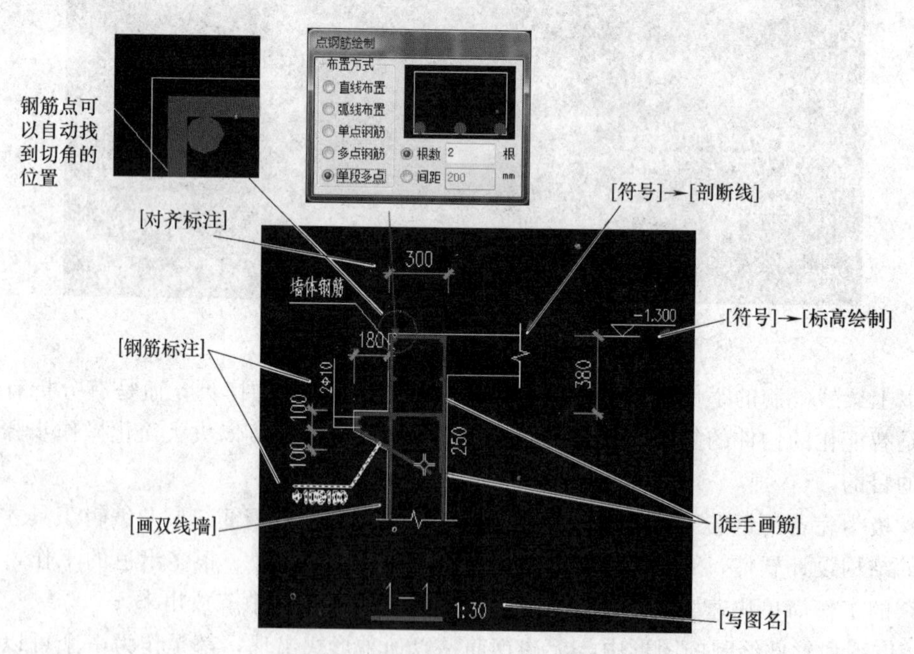

图 2.47　钢筋工具画详图

① 天正建筑接口。天正建筑是在 AutoCAD 里绘制的，但是由于建筑图只是结构图的条件图，所以第一要求是要把建筑图中的结构图不需要的实体全部清理掉，还要把结构图需要

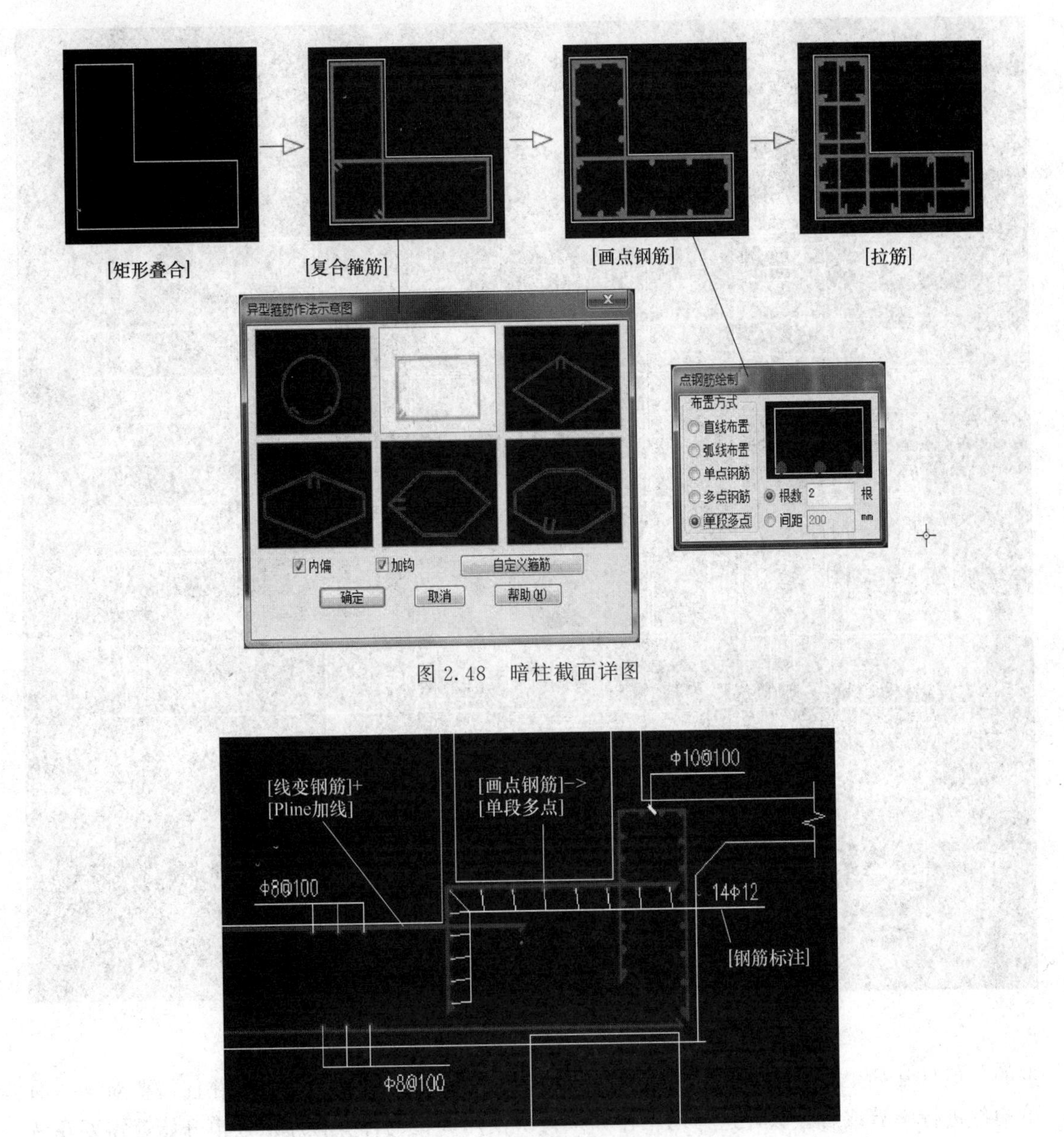

图 2.48 暗柱截面详图

图 2.49 设备基础详图

但与建筑图绘制不符的实体转化成结构实体。

从图 2.50、图 2.51 中可以看到，建筑的门窗已转化为结构的洞口，在柱中间按用户要求添加了梁线，原来建筑条件图中的多余实体都被清理了。

② PKPM 系列施工图。PKPM 系列施工图的生成都是在它的自主平台上，虽然它为用户提供了转成 DWG 图的功能，但是 PKPM 图钢筋点是断的、尺寸是散的、钢筋文字是不对应的等，都影响用户在 AutoCAD 中再编辑这些图纸。TSSD 的接口就是转化合并不能编辑的实体，让用户使用更方便。转化前、后的 PM 板配筋图见图 2.52、图 2.53。

③ 广厦 CAD。广厦 CAD 图和 PKPM 图类似，都需要处理一下才可以在 AutoCAD 中再编辑，TSSD 对其处理方法也与上相仿。

（8）边算边画是结构设计的理想工作环境　结构设计过程中，大型的计算软件是必不可

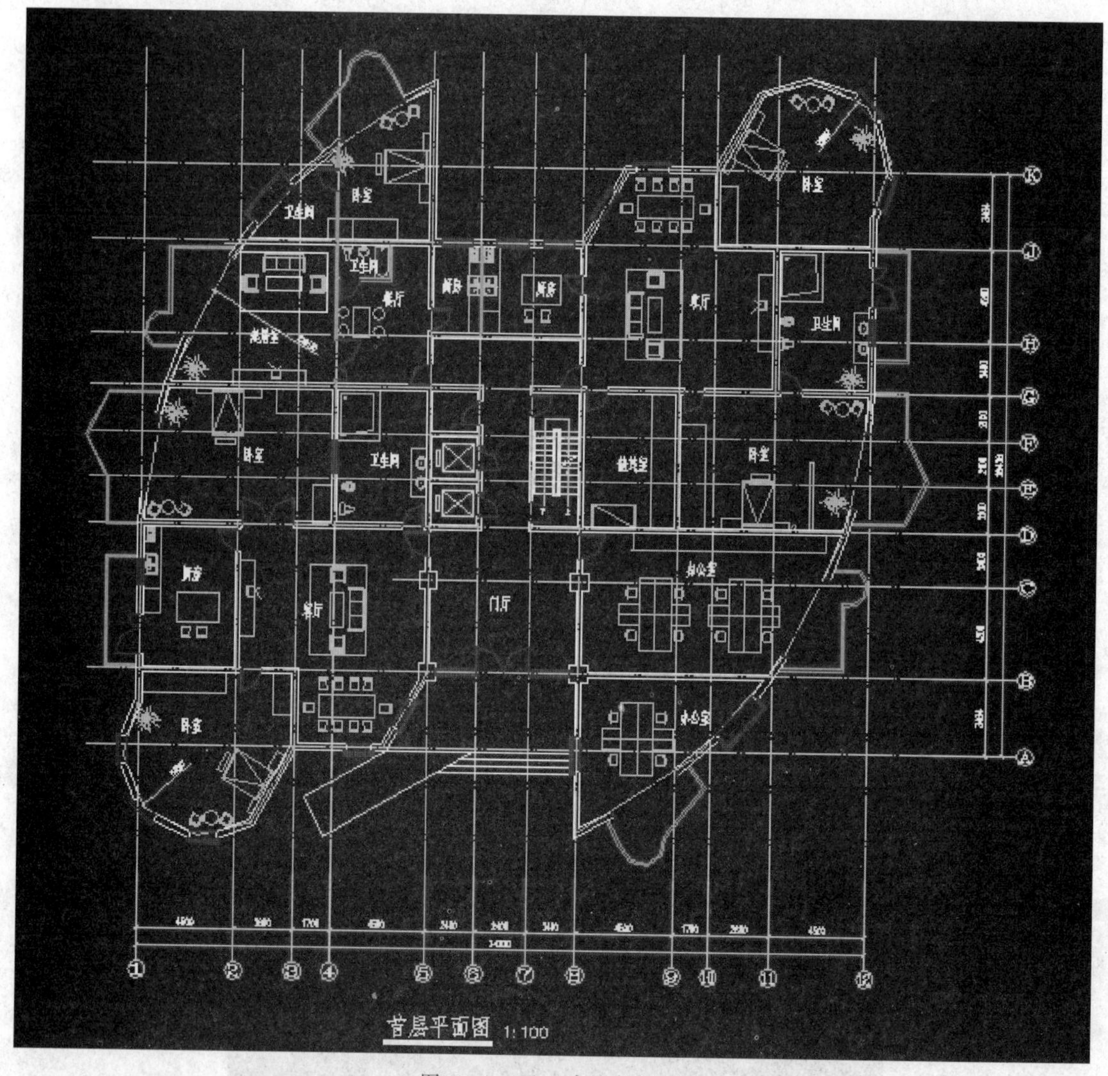

图 2.50　天正建筑条件图

少的，但日常的工作中，查表手算也是家常便饭，由于建筑方案的调整，往往需要对某一简单构件进行验算或者校核，这样的工作如果再次使用大型的计算程序从建模开始就需要花费大量的时间，怎样才能解决这类设计工作中的实际问题呢？怎样可以做到快速计算、快速出图、快速生成计算书呢？

无论是边设计边绘图，还是边绘图边计算，都说明设计中计算工作的重要性和必要性，随着大型计算软件功能的不断提高，已经大幅度解放设计人员的生产力，但日常的设计工作中，由于方案的简单修改或者补充，还有很大一部分计算工作是做一些单独构件的验算和校核，这类计算工作量不小，如果使用大型计算软件从建模到导荷载再进行整体计算输出计算书的话，无异于对这个设计做了重新计算，既花费了大量的时间，又浪费了生产力，所以，一些小的构件计算工具是必需的，探索者 TSSD 系列软件在小构件计算部分做了大量的工作，提供了多种构建计算工具供用户选择，计算结果符合规范要求，满足设计需要，操作简单方便，能够按设计要求进行构件分类计算汇总，可以提供满足不同繁简要求的计算书，便于存档和查验。

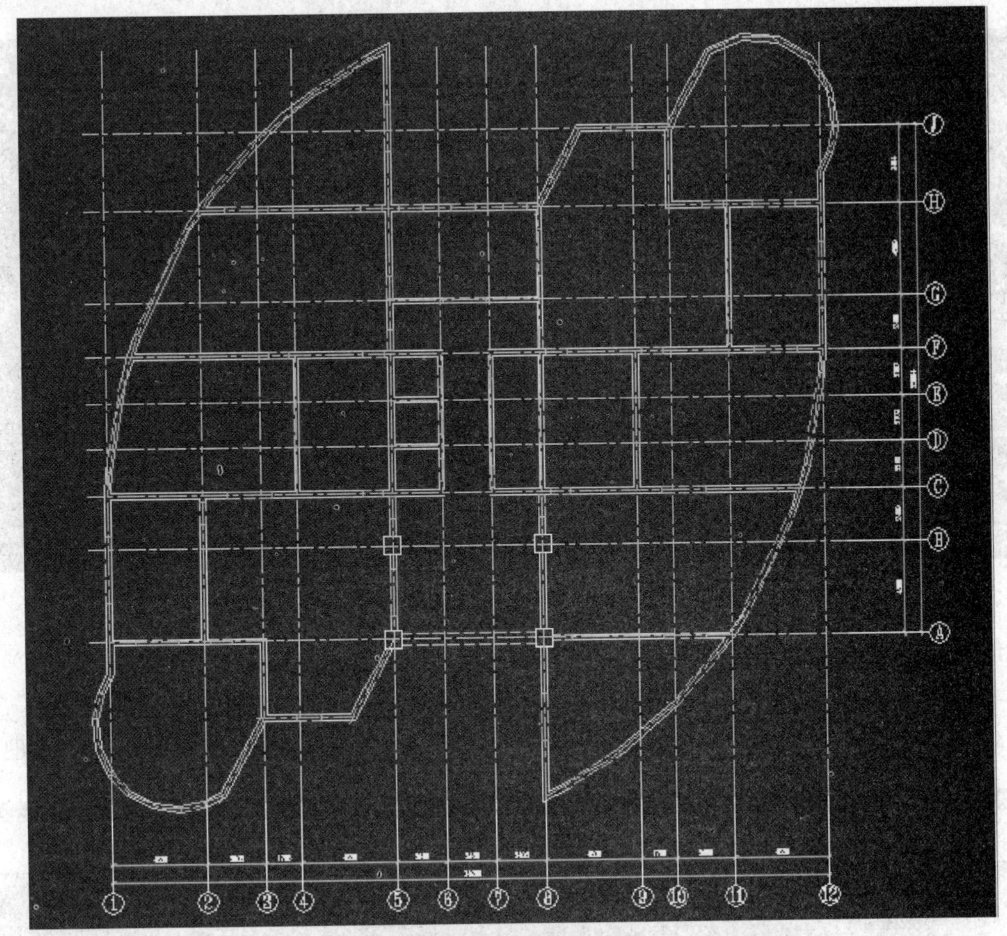

图 2.51　转化后的结构图

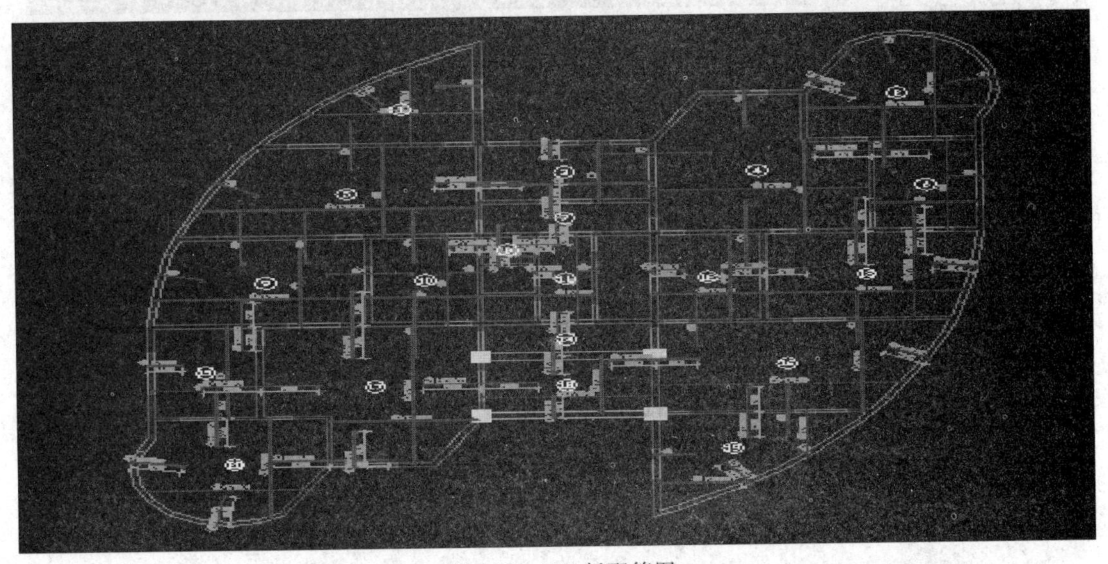

图 2.52　PM 板配筋图

① 构件计算绘图。在实际工作中有好多像楼梯、浅基础、预埋件等都是边算边画的，TSSD 的构件计算功能就为用户提供了这样的工具，用户不但可以边算边画，还可以使用

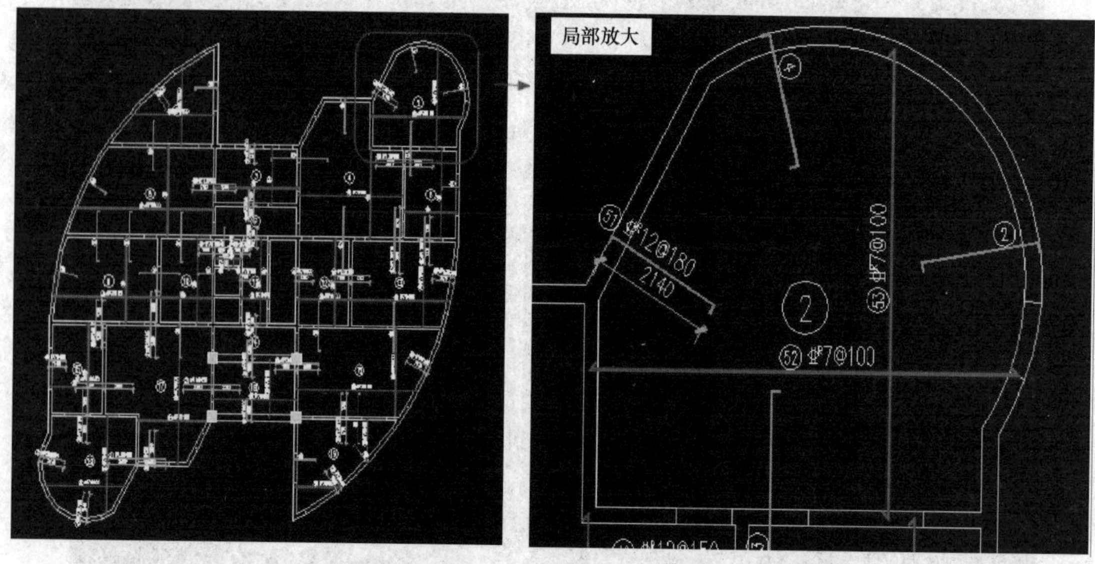

图 2.53　转化后 PM 板配筋图

TSSD 自备的文档管理器把计算书自动整理好，一次全部排序打印，如图 2.54、图 2.55 所示。

② 板的快速计算和绘图。楼板设计不但可以边算边画，还可以把计算结果埋入到图中，

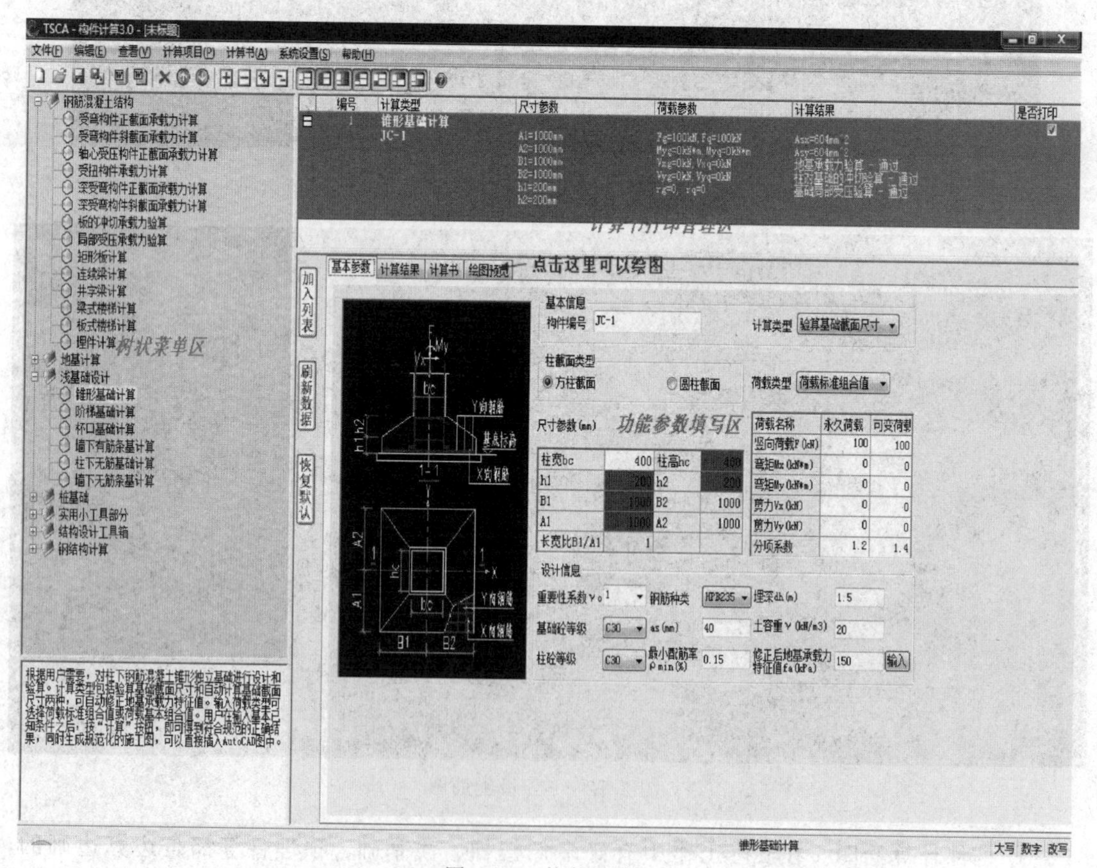

图 2.54　构件计算

=(0.400+0.100)*(0.400+0.100)

=0.250m^2

3. 计算混凝土局部受压时的强度提高系数 【②7.8.1-2】

β1=sqrt(Ab/Al)=sqrt(0.250/0.160)=1.250

4. 因 γo*Fl=1.0*270.000=270.00kN

γo*Fl≤ω*β1*fcc*Al

=1.000*1.250*12.155*160000/1000

=2431.00kN

柱下基础局部受压承载力满足规范要求

九、基础受弯计算

因Mdx=0 Mdy=0 基础轴心受压，根据公式【①8.2.7-4】【①8.2.7-5】推导：

MI=1/24*(Bx-bc)^2*(2*By+hc)*Pjmax

=1/24*(2.000-0.400)^2*(2*2.000+0.400)*67.500

=31.68kN*m

MII=1/24*(By-hc)^2*(2*Bx+bc)*Pjmax

=1/24*(2.000-0.400)^2*(2*2.000+0.400)*67.500

=31.68kN*m

十、计算配筋

1. 计算基础底板x方向钢筋

Asx=γo*MI/(0.9*ho*fy)

=1.0*31.68*10^6/(0.9*360.000*210)

=465.6mm^2

Asx1=Asx/By=465.6/2.000=233mm^2/m

Asx1=max(Asx1, ρmin*H*1000)

=max(233, 0.150%*400*1000)

=600mm^2/m

选择钢筋d10@130，实配面积为604mm^2/m。

2. 计算基础底板y方向钢筋

Asy=γo*MII/(0.9*ho*fy)

=1.0*31.68*10^6/(0.9*360.000*210)

=465.6mm^2

Asy1=Asy/Bx=465.6/2.000=233mm^2/m

Asy1=max(Asy1, ρmin*H*1000)

=max(233, 0.150%*400*1000)

=600mm^2/m

选择钢筋d10@130，实配面积为604mm^2/m。

图 2.55 计算书样例

在画钢筋时自动读取计算结果。当然用户在画完图后可以随时查看计算结果和图中所标注钢筋是否相符。

从图 2.56 中可以看出，当模板双线图画完后，用户就可以在图上计算板钢筋了，点击命令后就会弹出左上角的对话框，让用户选要计算的板→再计算→画配筋，整个过程迅速流畅。也可以只计算，再用其他画钢筋的工具画钢筋，在画钢筋时由于图中已埋有计算结果了，画的时候就可以按最大值进行归并读取。

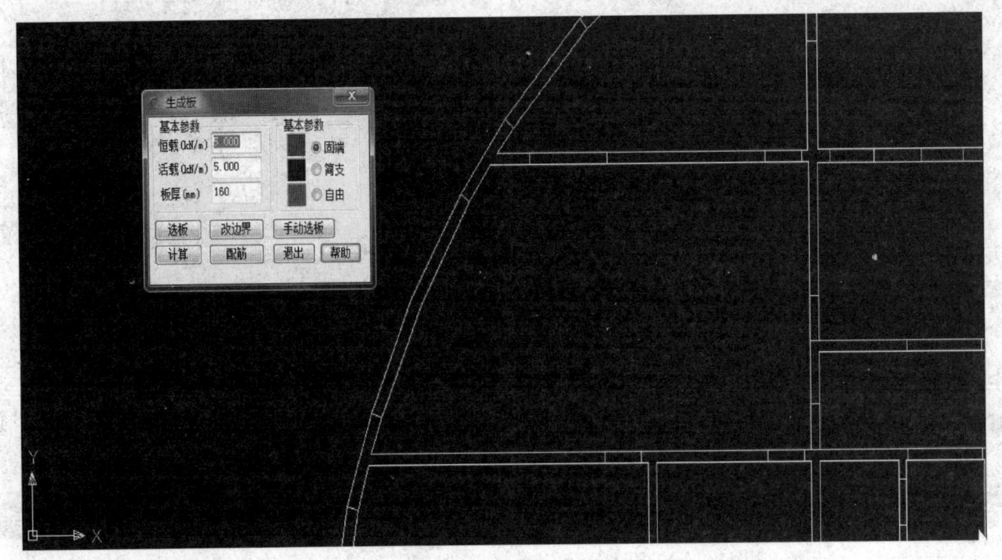

图 2.56 楼板设计

（9）一些大的集成工具　一张图从开始绘制到最终出图，可能要经历多次修改，每次修改都是一个痛苦的过程，而且不是每一次的修改都能够记得十分清楚，图纸中元素很多，要想查找不同版本的修改情况，往往需要花费大量的时间，而且不能保证百分之百准确，是否能有一套智能的图纸修改比对工具呢？

为了完成这样的要求，TSSD的图形对比不是简单的两张图的实体对比，而是智能化的分析对比。例如，同层建筑条件图和结构平面布置图的对比，上下层结构平面的对比，等等。这些对比可以查错，可以记录变化。对于工程师的帮助非常大。在这个功能中同样进行了构件的过滤分析，只是把它更加强了，此功能目前处于国内领先地位。

图形对比操作界面如图2.57所示。由图2.58中可以看到两张结构布置图的变化的对比，用户可以快速地找到两个平面图的不同，比较完成之后还可以帮助用户进行左右同步。

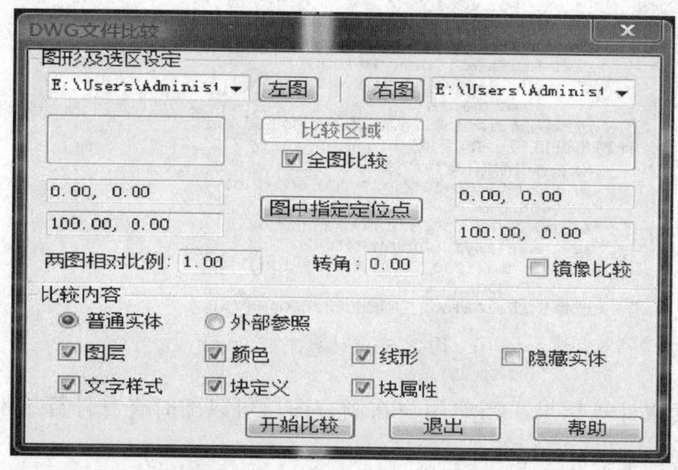

图2.57　图形对比操作界面

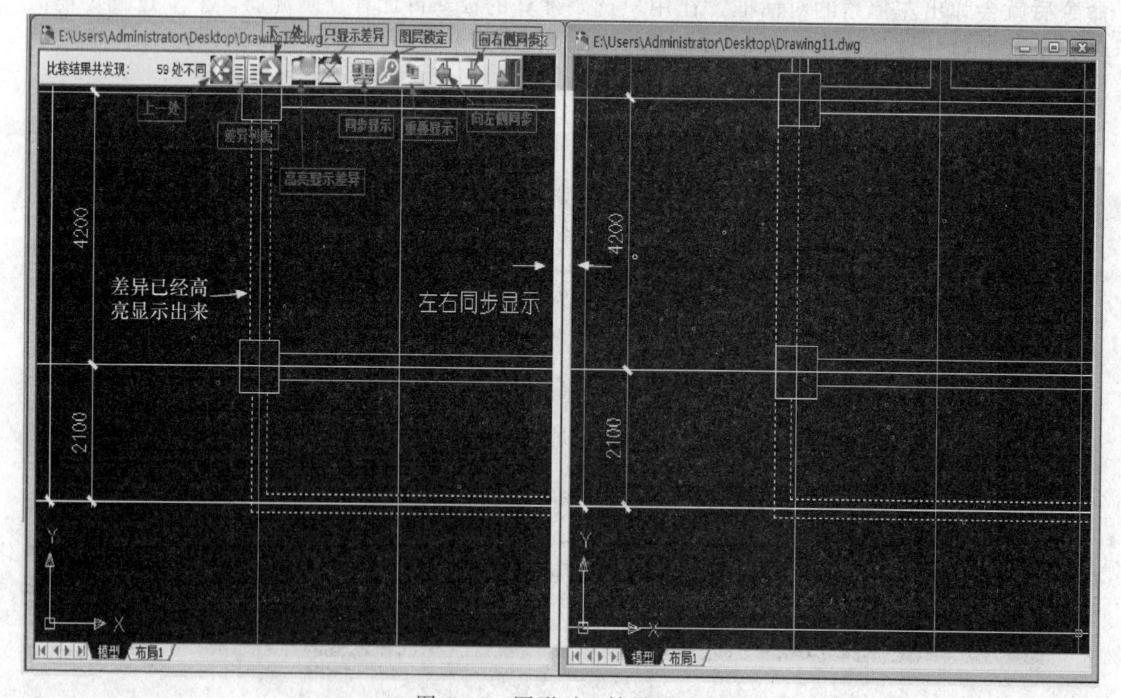

图2.58　图形对比结果界面

这样的功能同样还可以用于条件图修改后同步到结构图中。两张图没有必要是同量级的，可以局部进行比较，也就是可以左边选一块右边选一块把两块局部区域进行比较。

① 快速稳定的比对算法使大幅图纸的全图比对真正成为可能。

② 高亮显示、只显示差异实体、差异实体列表、重叠显示等多种查看比对结果方式可供用户灵活使用。

③ 实时同步平移和缩放功能更使用户轻松把握比对结果。

④ 实体同步功能可方便快捷地同步两图之间的差异。

⑤ 友好的交互界面可使用户快速掌握程序使用方法，操作灵活简便。

⑥ 比对实体种类全面，囊括几乎所有的实体种类（包括普通图块和外部参照），并可根据用户意见迅速增加新的比对内容。

（10）内置规范，为工程师提供安全保障　结构设计中考虑最多的问题应该是结构的安全性，符合规范的要求永远是放在第一位的，设计院引进的软件是否符合规范的要求？绘制的施工图能否顺利通过施工图设计审查？都是设计人员最为关注的问题，TSSD 软件能满足这个需要吗？

提供常用规范查询、在参数化绘图中输入数据的时候在程序内部进行规范检查、在构件计算模块内部对输入的荷载和几何参数进行数检、对计算结果按照规范要求进行检查等一些必要的安全保障都在 TSSD 系列软件中充分实现。能够使用户无论是使用软件绘制大样图，还是使用构件计算模块做所需的计算、验算或者校核，包括计算后所生成的计算书，都在满足规范要求的前提下完成，在设计阶段就充分保证了工作的正确性，真正使设计人员在使用 TSSD 系列软件的过程中无后顾之忧。

如图 2.59 所示为 TSSD 常用的规范提示方法，简单明了。

（11）先进的图库管理系统，为工程师的工作积累提供服务　结构施工图的绘图工作量是相关专业中最大的，图档的管理工作量也是最大的，大量的图纸，无论是归档还是查阅都是很烦琐的工作，另外，在图纸的绘制过程中，还需要对一些图纸以外的图形进行外部引用等工作，如此众多的图纸、外部引用的元素如何方便地进行归档、管理以及查阅呢？

正确的外部参照图形的使用可以整体加快工程进度，改一次图等于所有参加工程的图都被修改过了，这就是大家都纷纷在使用参照的原因。参照的使用可以分为两种：对于条件图的参照和对于结构图形不同构件详图参照同一平面底图。对于这两种情况，AutoCAD 中的参照功能远远不能满足用户的要求，如果把参照炸开了，是可以识别的，但是和原图的关系断了，如果不炸开又不能识别。TSSD 的参照功能为用户解决了这个难题。用户在使用 TSSD 的功能时，程序会自动识别参照中的构件，并且还可以恢复原图，保持原图的完整和链接关系。例如，用户参照了建筑的轴网，要在上面布置柱子，用户无需炸开参照，就可以使用区域布置，程序会自动找到轴网交点，在交点上布置上柱子。

一些常用的图形资料也是绘图中必不可少的资源，常年的设计经验使每一位设计人员都会积累很多不同类型构件的图形资料，由于一直以来缺少专业化的图纸资源管理软件，造成在需要使用某些图形的时候，不能够在第一时间获得有效的资源，如何规范管理现有的图形资源？如何有效地利用我们积累的经验，也是探索者所考虑的。

如果使用 TSSD 系列软件的话，就会发现图档管理这个强大实用的工具，用户可以在设计中随时按所需分类方式管理自己的图形资源，也可以将以往积累的图形快速导入图库中，此过程并不重复占用用户系统的空间资源，而是在导入图库时由系统自动生成对应的管理路

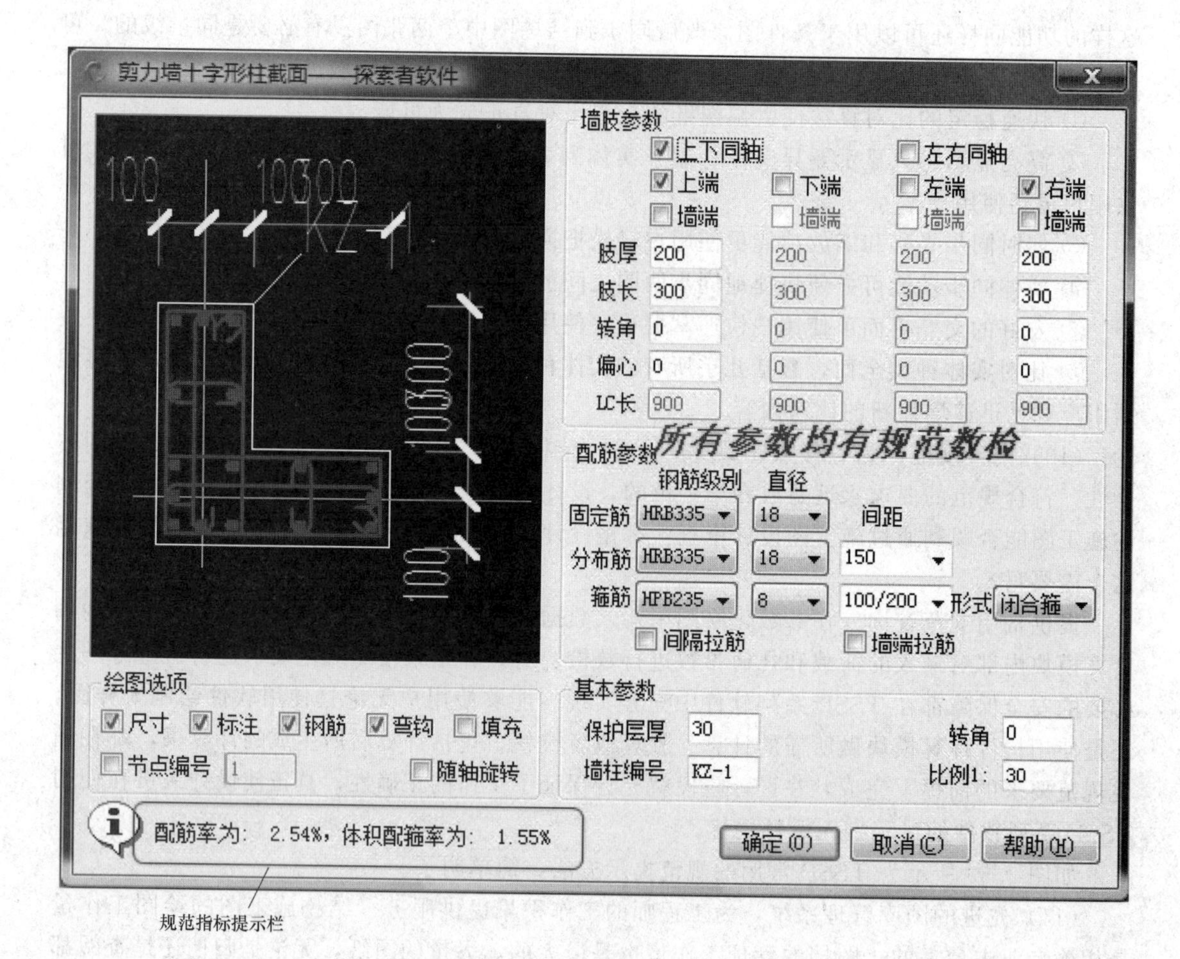

图 2.59　异形柱绘制

径，并在图库中以缩略图的形式显示出来，如同我们常用的看图软件一样方便。图库管理界面如图 2.60 所示。

使用过程也简单快捷，只需在所要使用的图形缩略图上双击，并且输入所需比例，系统即可按照要求将图形元素置于本图之中。

能够自动生成图纸目录，方便地进行整套设计图纸归档，TSSD 为用户的后期文件整理提供了有效的工具：绘制图框和图纸目录。如果用户使用的是 TSSD 图框，那么图纸目录功能会自动生成图纸目录（图 2.61），并且还可以和具体图形文件进行联动修改。

（12）统一设置，院标的方向　结构设计人员往往工作量大，没有太多的时间学习新软件，每个院的施工图绘制标准不尽相同，每个设计人员的绘图习惯也不相同，这些问题会造成院里引进的软件不能很好地得到应用，绘图时例如图层、字体、颜色、标注等设置不能统一，给设计资料的共享带来很多的问题，如何解决呢？

每个设计人员都会希望拥有一套易学易用的专业化的结构设计软件，面对繁重的设计任务，设计人员恐怕不会有太多时间来学习新的软件，用 TSSD 系列软件就不需要太多的学习过程。

（13）完全为用户量身打造　由于各地用户的绘图习惯和要求不尽相同，所以在 TSSD 的最顶端为用户提供了一个【初始设置】，这个设置用于满足工程师的个人喜好。

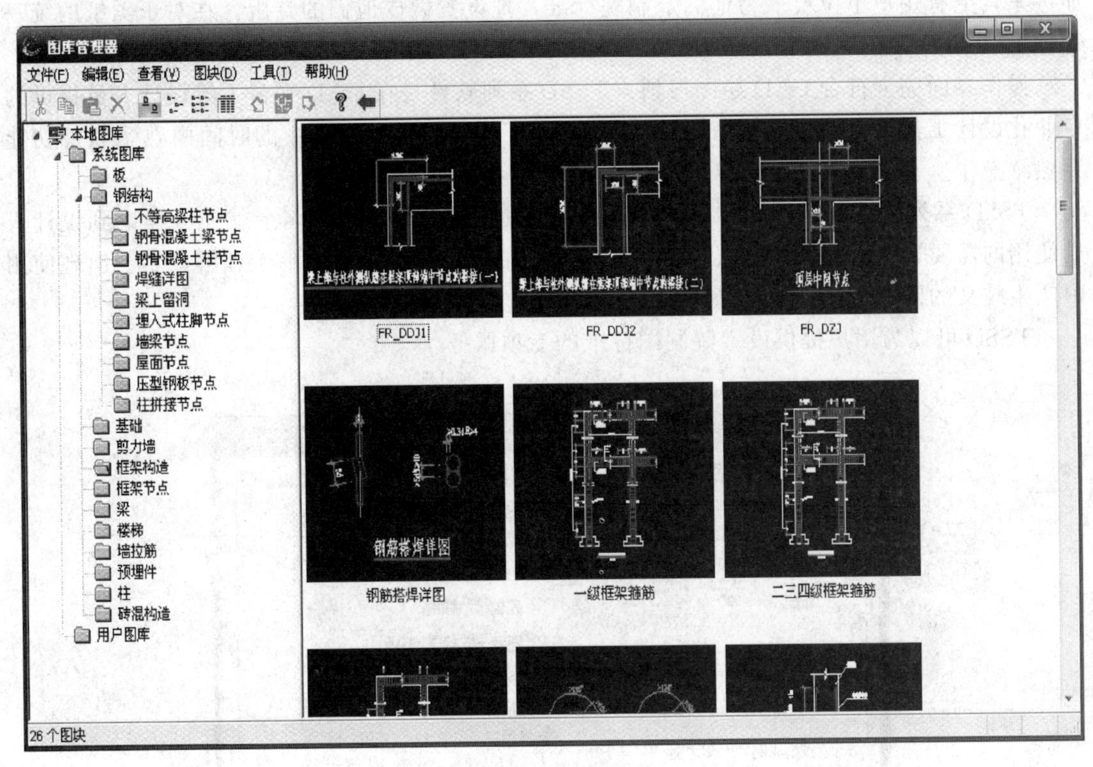

图 2.60　图库管理

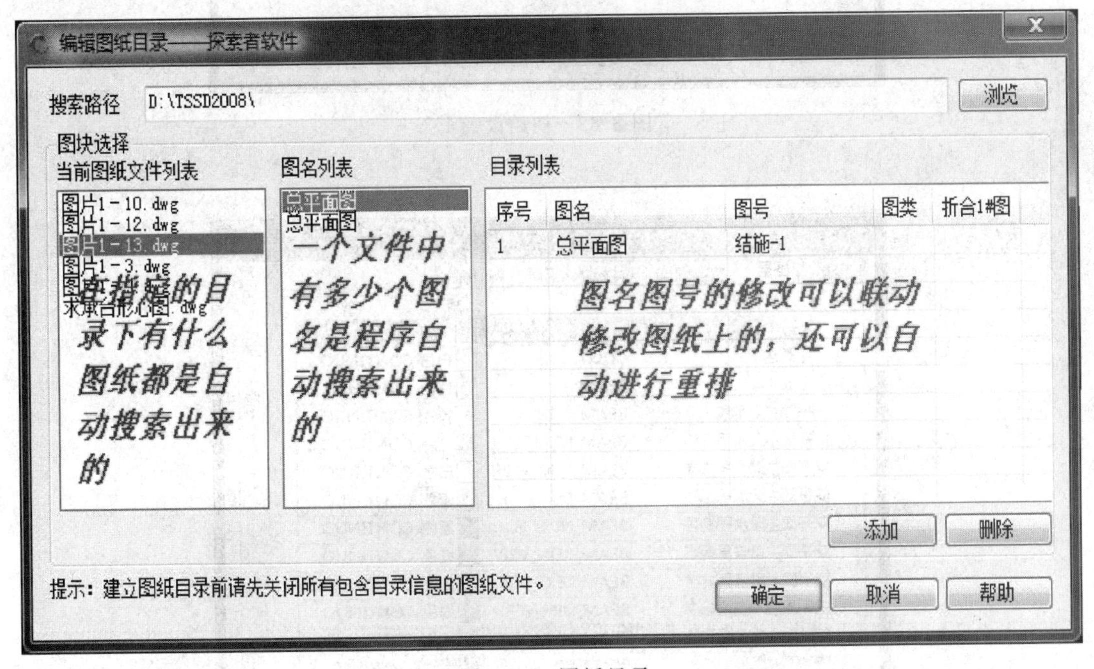

图 2.61　图纸目录

(14) 一个单位或一个工程的绘图标准定制　现在初始设置有几十个参数，已被许多院所接受，纷纷要求在设置中添加他们那里的特殊要求参数，每一次更新升级都会有多个参数加进来，更有用户单位要求为他们定制院标准，把设置做成他们的专版，在对于图纸的统一管理上效果非常好。

操作界面完全符合CAD绘图习惯，TSSD系列软件是在CAD平台下给设计人员提供的专业化设计工具，只要能够使用CAD进行绘图工作，就可以在极短的时间内熟悉软件功能并熟练操作。

TSSD系列软件为设计人员提供的所有可供使用的命令，从命名上就充分考虑到设计人员使用的需要，所有命令的定义，都做到符合一般设计使用习惯，易于理解，不会出现使用中产生歧义的问题（图2.62～图2.65）。

TSSD可以为用户提供设定院制图标准的专项服务。

初始设置——探索者软件
系统
图层
文字编号
尺寸标注
钢筋
简化命令
比例设定
是否1:1绘图
绘图比例 100
出图比例 100
绘图设定
粗线宽 0.5
线型比例 1000
线型比例为出图比例 10 倍
显示快捷工具条
使用屏幕菜单
系统控制
鼠标中键平移
热键缩放幅度 1.25
滚轮缩放幅度 1.25
显示十字标志 100
TSSD剪帖板
右键菜单
使用TSSD菜单
使用CAD菜单
无命令时
选择实体后
无命令时
选择实体后
命令进行中
存储到系统
恢复当前页默认值
确定(O)
取消(C)
帮助(H)

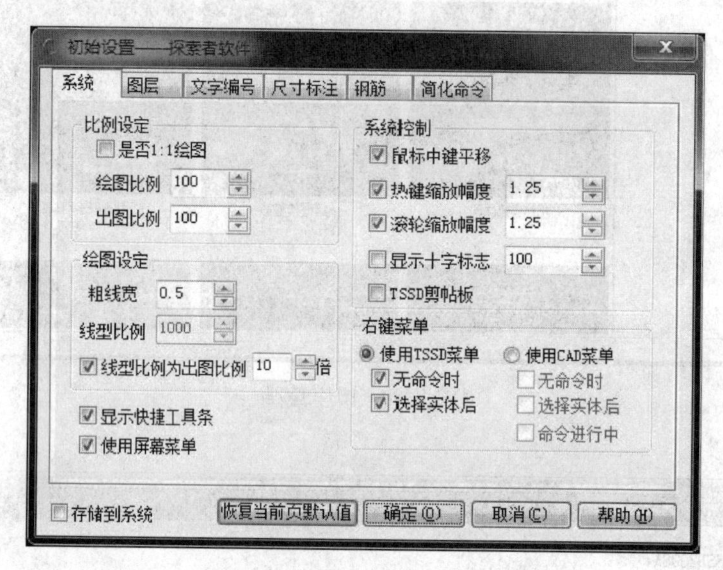

图2.62　初始设置1

初始设置——探索者软件
系统
图层
文字编号
尺寸标注
钢筋
简化命令
图层含义
层名
颜...
线型
平面轴线
AXIS
253
CENTER
平面柱子
COLU
白色
CONTINUO...
平面主梁
BEAM
青色
DASHED
平面主梁实线
BEAM_CON
青色
CONTINUO...
平面主梁水平钢筋
BEAM_REIN_HOR
红色
CONTINUO...
平面主梁水平文字
BEAM_TEXT_HOR
白色
CONTINUO...
平面主梁水平标注
BEAM_DIM_HOR
绿色
CONTINUO...
平面主梁水平编号
BEAM_NUM_H...
紫色
CONTINUO...
平面主梁竖直钢筋
BEAM_REIN_VER
红色
CONTINUO...
平面主梁竖直文字
BEAM_TEXT_VER
黄色
CONTINUO...
平面主梁竖直标注
BEAM_DIM_VER
绿色
CONTINUO...
平面主梁竖直编号
BEAM_NUM_VER
紫色
CONTINUO...
存储到系统
恢复当前页默认值
确定(O)
取消(C)
帮助(H)

图2.63　初始设置2

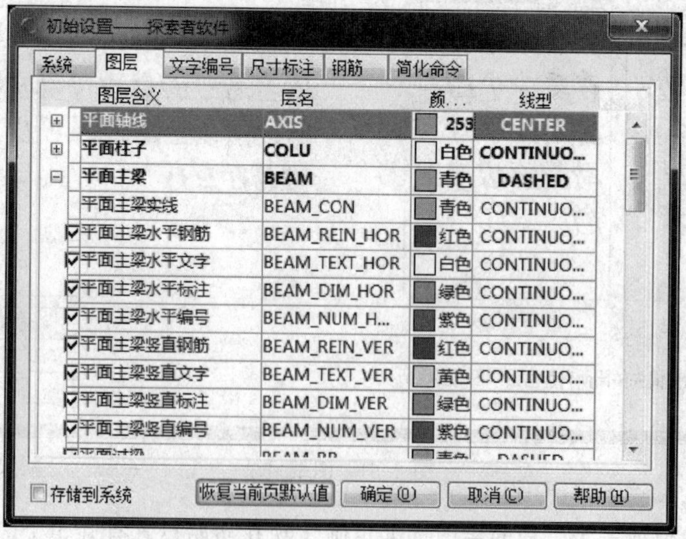

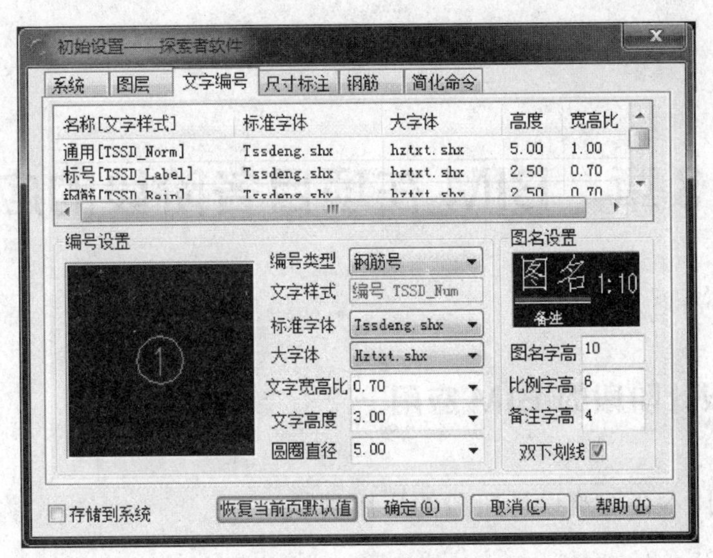

图 2.64 初始设置 3

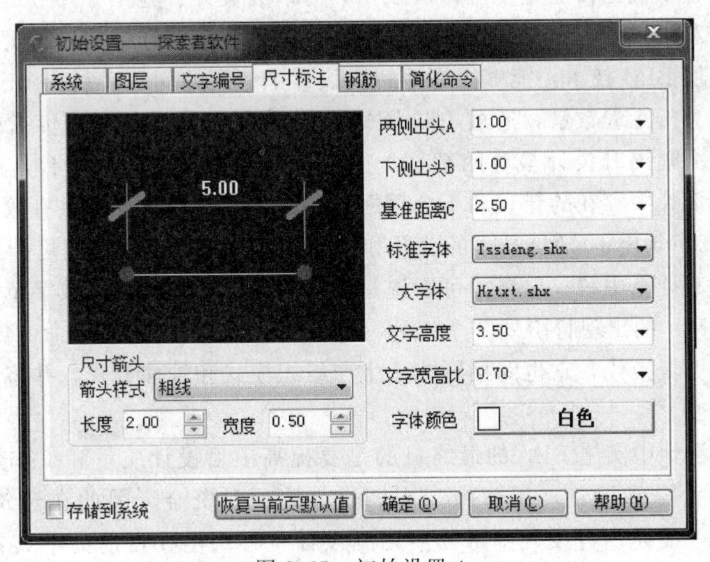

图 2.65 初始设置 4

第3章　BIM在项目各阶段的应用

3.1　项目设计阶段的BIM应用

3.1.1　BIM技术在建筑设计阶段的应用现状

BIM（建筑信息模型）技术是在计算机辅助设计技术的基础上发展起来的一种多维模型信息集成技术，在工程建设的整个生命周期内，可以为设计、施工等环节提供模拟与分析的科学协同平台，利用三维数字模型对工程的设计、施工、运营和维护进行管理。设计是建设工程的龙头，利用BIM技术，能够很好地解决设计中遇到的问题。利用BIM技术的计算能力，可以快速地分析工程数量，通过关联BIM历史数据，分析工程造价指标，快速准确地分析设计概算，大幅提升设计概算的精度。如把各专业整合到统一平台，进行三维碰撞检查，还可以发现设计中存在的错误和不合理之处，为工程造价管理提供有效支撑。

在过去的20多年中，CAD技术的普及和推广使建筑师、工程师们甩掉图板，从传统的手工绘图、设计和计算中解放出来，可以说是工程设计领域的第一次数字革命。而现在，建筑信息模型（BIM）的出现将引发整个工程建设领域的第二次数字革命。BIM不仅带来现有技术的进步和更新换代，它也间接影响了生产组织模式和管理方式，并将更长远地影响人们思维模式的转变。

在建筑项目设计中实施BIM的最终目的是要提高项目设计质量和工作效率，从而减少后续施工期间的洽商和返工，保障施工周期，节约项目资金。因此在建筑设计阶段实施BIM的最终结果一定是所有设计师将其应用到设计全程。但在目前尚不具备全程应用条件的情况下，局部项目、局部专业、局部过程的应用将成为未来过渡期内的一种常态。因此，根据具体项目设计需求、BIM团队情况、设计周期等条件，可以选择在以下不同的设计阶段实施BIM。

（1）BIM技术在建筑设计行业当前应用现状　在北美洲及欧洲，大部分建筑设计企业已经开始采用BIM技术进行设计。越来越多的甲方以及施工方逐渐认识到基于建筑全生命周期服务的BIM技术在提升管理效率、节约成本等方面的巨大优势而对BIM青睐有加。但对于设计行业来说，一种长期习惯的设计模式的改变是需要付出代价的，与普及二维CAD软件相比，普及三维BIM软件面临的阻力和难度只会更大。我们能看到，绝大多数的设计公司对于BIM的应用集中于施工图设计阶段，因为BIM协同工作的优势、图纸修改的优势、数据统计优势、管线综合优势等都是传统二维设计所无法比拟的。前期方案设计阶段，目前各设计公司依然主要依靠CAD加SketchUp加3ds Max及Photoshop的传统设计流程模式，方案设计人员对于BIM技术的接受度较低，认为Revit或者ArchiCAD在三维造型方面的自由性及随意性会弱于

SketchUp，过于模块化和大量的参数输入会阻碍设计师推敲体型时的自由度。要想对目前这种状况提出些建设性建议，必须对前期设计工作的特点和流程进行分析。

(2) BIM技术与工程造价　设计阶段是控制工程造价的关键阶段，采用传统的手工算量和计价方式，费时费力，难以提高工作效率。而采用BIM技术，利用统一的BIM模型，可以将工程数量、定额、成本、价格等各个工程信息和业务信息集于一体，提高工程量计算的准确性和工作效率，提高工程造价的分析能力和控制能力，实现工程造价全过程管理。工程造价管理是依托工程量统计和成本预算2项基本工作，采用BIM技术可以让参加项目建设的各方搭建起信息共享的协同平台，在保证设计质量、减少设计变更的前提下，有效控制项目实施过程中的工程量的变化，降低招投标和承发包执行的风险，同时降低施工阶段的返工和项目成本。

(3) BIM技术在设计概预算中的应用　2014年年初，N设计院为应对日趋繁重的工程设计任务，加快设计和工程数量的统计与计算，快速编制概预算，缩短设计周期，确定工程造价；并为工程造价审核单位、建设单位争取较多的审核时间，尽可能延长施工所需时间，引进了广联达算量软件GCL2013。GCL2013软件采用BIM模型导图、CAD导图、绘图输入、表格输入等多种算量模式，三维状态自由绘图。软件运用三维技术，实现了高效建模和快速准确的工程数量统计和计算及组价计算。

BIM技术在工程设计中的可视化、数字化、协同化方面的运用，给设计单位、建设单位、工程造价审核单位带来了便捷和高效，使工程设计的工程数量统计和计算效率提高约2倍，使工程造价审核的工效提高约1倍，节约1/4设计周期。

众所周知，工程设计概预算编制是从工程数量的统计和计算开始的。在以往的工程设计中，设计图完成后，工程数量的统计和计算是靠手工算量完成的。特别是建筑工程项目，设计人员完成设计图，统计和计算出工程数量，套用相关定额后提供给工程经济专业，由工程经济专业编制概预算，所以控制工程造价的主体是工程经济专业。而编制概预算确定的工程数量，会影响到工程造价的70%，这就说明根据设计图确定的工程数量是控制工程造价的关键环节。然而设计人员往往在图纸设计中投入了很大的精力，完成设计图后，在统计和计算工程数量时，却因费时费力和烦琐，或思想上对统计和计算工程数量不重视，以及对工程量计算规则和定额采用不熟悉，提供的工程数量及套用的定额存在差、错、漏、碰现象，给编制概预算和控制工程造价带来一定影响。即使设计专业采用BIM技术进行算量，目前的CAD软件还没有很好地与BIM相结合，设计人员还要在2D设计图的基础上，重新建模算量，做一些重复工作，不但浪费时间和人力，还会影响到设计进度和设计能力，造成思想上的反感。基于以上原因，为了提高设计单位的设计能力，并减轻工程经济专业的手工算量和工作强度，N设计院引进了2名专业算量套价人员，购置了基于BIM技术的自动化算量专业软件，将专业设计人员从烦琐的劳动中解放了出来，在不到半年多的时间里完成了90多个小型项目的算量套价工作。

购置的BIM算量专业软件是一个存储项目构件信息的数据库，在基于BIM算量过程中，大大减少了依据设计图纸识别构件信息的工作量，以及由此引起的潜在错误。另外，通过算量软件计算的工程数量是否准确，工程经济专业人员完全可以掌握和控制，并可通过建筑信息模型三维立体构件的实现，深刻理解专业设计人员的意图。减少了各设计专业间在工程数量及定额运用上的反复沟通和配合，极大地减轻了设计专业的压力。同时将完成的建筑算量模型以及数据文件传送给建设单位和工程造价审核单位，他们可以根据设计单位提供的数据，便捷地反查工程数量的来源和组成，并可在审查过程中进行修改。就是在施工阶段发生设计变更（或工程变更设计），也能快捷准确地确定工程造价，真正实现了由从量开始控制工程造价的目的。

除此之外，BIM 的可视化可以让设计人员将以往在图纸上用线条表达的构件形成一种三维的立体实物图形展示在设计和工程经济专业人员面前，使工程经济与设计人员之间的沟通和理解更快更准确，并实现了工程设计中海量数据的存储、快速准确地计算与科学地分析。通过快速准确地数据计算和科学地分析，实现了控制工程造价的精细化和设计单位的集约化管理，也使工程经济专业控制工程造价的主体的责任更加明确和明晰。

（4）BIM 技术在设计概预算应用中的扩展　设计图纸完成后，将工程数量的统计和计算交由工程经济专业来完成，目前各设计单位还有不同意见。多年来形成的设计人员按设计图纸统计和计算工程数量及套取定额的做法，目前还暂时无法改变。也就是说由工程经济专业来控制工程造价的作用还无法充分发挥。但经过 N 设计院半年多应用 BIM 技术的实践（尽管建立信息模型增加了工程经济专业人员的配置），大大减少了设计专业人员统计和计算工程数量的时间，提高了整体设计能力，降低了设计成本。

目前，国内大部分设计院还未将设计专业的二维设计直接与 BIM 软件关联，建立起基于 BIM 的协同平台，或完成的设计图纸和计算的工程数量交由 BIM 团队进行复核和查找差错，然后返回给设计专业进行修正，再出正式施工蓝图，也没能做到设计与 BIM 的合二为一。今后如果经过软件的整合能实现设计专业与 BIM 的良好结合，对于设计方案的优化和设计质量的提高将有一个质的飞跃。如把建立 BIM 信息模型前移到设计专业，将能实现 BIM 的可视化、协调性、模拟性、优化性功能。

BIM 的可视化是一种能够使构件之间形成互动性和反馈性的可视，不仅可以用于效果图的展示及报表的生成，更重要的是，项目设计、施工、运营和维护过程中的沟通、讨论、决策都在可视化的状态下进行。

可在目前的工程设计中，往往由于设计专业及人员之间的沟通不到位，出现相互之间的碰撞问题。应用 BIM 技术可以进行专业间三维空间管线的模拟碰撞检查，这不但可在设计阶段彻底消除碰撞，而且能优化管线布设方案，减少由设备管线碰撞等引起的拆装、返工和浪费，避免了采用传统二维设计图进行会审时人为的失误和低效率。

为减少设计变更和工程变更，有效控制工程造价和项目成本，在设计阶段，根据设计方案论证的需要，BIM 可以对设计中需要进行模拟与试验的一些东西进行模拟和实验，选择合适的方案和材料设备；也可以根据施工组织设计或施工计划模拟现实施工过程，在虚拟的环境下检视施工过程中可能存在的问题和风险，同时还可针对具体问题，对模型和计划进行调整、修改，反复地模拟检查和调整可使施工计划过程不断优化。

BIM 及与其配套的各种优化工具可以对设计方案进行优化，把项目设计和投资回报分析结合起来，设计变化对投资回报的影响可以实时计算出来，使建设单位能够掌握哪种设计方案更符合实际需要。对设计方案和施工组织设计进行优化，可以显著缩短建设工期，节约建设成本，尽快带来经济效益和社会效益。

3.1.2 BIM 技术在工程设计中的应用及发展前景

3.1.2.1 传统二维设计技术与 BIM 技术的对比

（1）传动二维设计技术在工厂设计中的不足　相对于 BIM 技术，传统的二维设计方式所存在的主要问题主要有：设计过程中信息传递、共享方式较差，协调性能较差，在工厂设计过程中对于其中的一个构件需要使用多张二维图纸进行描述，不方便且效率不高。当需要对设计变更时，需要牵扯到多个设计图纸，工程量较为巨大，在设计时使用二维设计技术由于没有实物进行参考对照单凭设计人员在脑海中进行建筑构件的想象，不但效率不高也容易出现问题。其中较为典型的就是在管道设计时常常会发生多管道处于同一层面发生碰撞，在施工时临时修改图纸将会影响施工进度。同时在工厂设计信息传递方面，使用纸质的图纸携带不便，同时也会影响信息传递的准确性。

（2）BIM技术在工程设计中的优点 BIM技术是一种建立在三维数字基础上的设计方式，其中集中了各种相关信息的工程数据模型，能够对所设计的建筑项目进行详细描述。BIM技术通过将工程项目设计中的各项数据都保存建立在一个三维的数据库模型中，方便调取的同时可以对工程设计中需要的项目设计范围、进度以及成本信息等数据进行完整可靠的协调调用，通过良好的信息共享可以使得以上这些信息方便地被工程项目的建筑师、技术人员以及施工人员调取查询，从而为建筑项目的施工管理、决策等提供翔实的数据来进行判断。同时BIM在工程设计中的应用可以使得工程设计的修改更为方便、简单，由于将所有的数据都保存在三维模型数据库中，通过软件的协调可以使得对于工程设计的修改及时地在整个项目中实现，在建筑构件中的各个视图中都会自动进行相应的修改。BIM技术的应用可以贯穿到整个项目的设计过程中，并在整个工程生命周期中都发挥着重要的作用，在整个工程项目的施工阶段，BIM技术可以提供较为优秀的工程项目工程量清单、概预算以及施工中的各个阶段所使用的材料等信息，甚至可以帮助人们实现建筑构件的直接无纸化加工建造。BIM技术的应用可以帮助人员在施工周期中实现整个工程项目的可视化管理与项目的模拟，使得技术人员对工程量进行具体的量化，从而为后续的评估、管理带来方便。技术人员通过量化后的数据为业主展示场地使用情况及项目施工情况，方便与业主之间的沟通协调。在建筑工程项目的运营管理阶段，BIM技术可以通过相应的数据统计为业主或者管理人员提供整个工程中的使用情况或建筑的相应性能、建筑项目的施工人员以及建筑施工中的各项财务信息等，BIM技术通过其良好的信息共享及通信能力，可以方便地对其中的数字记录进行更新，通过使用BIM技术可以方便地实现标准建筑模型向商业建筑模型的转变，通过对工程项目中的各项数据进行统计分析，以及对商业项目中的可租赁面积、租赁收入情况或部门成本分配等的重要数据进行统计，方便后期的整理和使用。

3.1.2.2 BIM技术的发展及应用前景

（1）BIM技术的应用 BIM技术是一项复杂的系统性工程，BIM技术在我国的多个先进的工程设计结构及地产公司内发展及应用，同时在一些城市纷纷建立了相应的BIM技术咨询公司来推广应用BIM技术。在工程设计过程中通过使用Autodesk Revit软件可以使得图纸及模型能够在软件中快速地搭建起来，并迅速生成各种立体图、剖面图、材料表等，BIM技术的智能化、信息化程度相当高，在工厂设计过程中使用BIM技术不但保证了工程设计的效率，还保证了设计质量。

（2）BIM技术的发展前景 BIM技术是信息技术、计算机技术以及通信技术等与工程设计的完美结合，其发展应用为广大的工程设计师们插上了飞翔的翅膀，可以使得工程设计师们方便、快捷地将自己的设计思路表达出来，以BIM技术为代表的信息技术的应用将会给工程设计的模式及应用带来了极大的变革，现今，BIM技术所带来的变化正在逐步显现出来。BIM技术在国内外工程设计中的应用越来越广泛，在应用中需要注意思维转换及建筑标准规范等差异问题，从而要求工程设计人员提高自身水平以跟上工程设计变革的步伐，并在应用的过程中不断地完善其理论与技术体系，从而促进 BIM 技术的深入发展，使其能够在未来的工程项目设计中发挥出更为出色的作用。

3.1.2.3 BIM 技术的优越性

目前，CAD 用于工程设计已经突显出了不少的弊端，特别是建筑结构和综合管线复杂时，CAD 的二维设计不能直观地看出局部的管线是否会发生交叉或碰撞，BIM 技术研究的目的就是在整体建筑未建成前，从根本上解决项目规划、设计、施工、运营及维护管理各阶段数据之间产生的信息孤岛和系统之间产生的信息断层。在规划、设计、施工之前，各参与主体可以利用 BIM 技术进行三维设计，通过三维立体视图增强可视化性，确保对后续二次深化设计和施工增强针对性和可操作性。

BIM 作为信息化、数字化集成发展的结果，除了具有智能化和可视化的特性，它还具有模拟性、优化性、协调性和可出图性等一系列的信息整合能力。BIM 技术集成化的信息和传统的数据信息交换方式存在着本质的区别，有了 BIM 信息数据库，项目各参与方就可以在 BIM 信息数据库中获取自己需要的信息，不但优化了数据的传递途径和资源共享，也提高了数据信息的传递和处理效率。

3.1.2.4 BIM 在国内的应用现状及实例

2002 年，欧特克公司首次将 BIM 引入中国，随着超高层建筑的发展和日益兴起，加之技术难度、功能和建筑结构的复杂性进一步提高，又要满足业主的要求，建筑业的发展促使着 BIM 技术的广泛应用。目前，中国的一些软件公司、设计院设立有 BIM 的专门研究机构，高等学校、科研机构等也都相继开始相继设立 BIM 研究机构，甚至一些地产公司、施工企业也开始使用 BIM 技术，并着重进行 BIM 方向的设计软件开发、优化，对国内建筑市场产生着深远的积极影响和指导作用。

在中国成功运用 BIM 技术的工程实例很多，上海中心大厦（总高度 632m）是全生命周期应用 BIM 的典型案例，从规划到设计、施工以及投入使用后的运营都全方位地运用 BIM 技术。其他运用 BIM 技术的工程实例还有：由 CCDI 番地国际设计完成的北京奥运会水立方（大型场馆、结构复杂）和天津港国际邮轮码头（异形、造型复杂、涉及专业多）、上海世博会德国馆（建筑造型和空间关系复杂）和奥地利馆（曲面形式多样、空间关系复杂、专业协调量大）、万科金色里程、平安国际金融中心以及广州国际金融中心（简称广州西塔）等。

这些工程实例的成功运用，为以后 BIM 拓展更广阔的应用空间奠定了基础，随着企业间的互相合作和科研成果的成功运用，共同探讨 BIM 在运用过程中遇到的问题和困难，推动了 BIM 技术在中国建筑领域的发展。

3.1.2.5 基于 BIM 技术的规划、设计优化

以往的设计多是以二维 AutoCAD 形式来表达的，不能立体、直观、形象、全方位地展示设计意图和建筑全貌，更不能详细地展示整体设计效果，特别是一些复杂部位不能让其他参与人更好地读懂局部细节。通过 AutoCAD 绘制的图纸，特别是那些综合管线多的建筑，如果各专业不能很好地配合和衔接，就会造成后续专业在设计中因所提要求的不同而遇到棘手的问题，若各专业未对设计管线进行良好的优化，就会造成设计效率的降低，还要让设计人员重新改图。而将 BIM 技术运用到设计阶段后，整个建筑信息都集成在一个数据库，不同参与人及不同的专业设计人员在进行管线的修改时，可以提取所需要的数据信息，进行可

视化模拟，不但设计效率提高，而且设计改图重复率也大为降低，降低了设计成本和人员的投入，通过BIM的协同合作，可以避免管线产生冲突碰撞问题。斯坦福大学的调研表明，BIM可以减少设计变更40%，提高现场施工劳动率20%～30%。

基于BIM的规划设计进行优化，对设计单位既是一个机遇更是一个挑战，特别是一个大型建筑项目，设计单位为了更好地表达和展示自己的设计思路、亮点，同时也为了能在投标时脱颖而出，增加中标概率，运用BIM技术进行设计，向甲方和评标专家展示自己的设计理念和设计成型后的总体效果图，并可以动画演示。

3.1.3 BIM技术在建筑设计方案前期的探索应用

3.1.3.1 目前建筑设计前期工作程序与应用软件分析

① 主创设计师构思概念方案——此阶段是建筑师对设计条件和任务的理解和分析阶段，最好不受任何软件束缚，由建筑师天马行空想象，对建筑物有一个成型的概念图（见图3.1、图3.2，以福州仓山万达商业广场和沧州万达商业广场为例说明）。

图3.1 福州仓山万达商业广场实景图

图3.2 沧州万达商业广场实景图

② 概念方案体型推敲比较阶段——此阶段的传统设计模式一般是制作简单的实体建筑切块模型（见图3.3、图3.4）或者利用AutoCAD、SketchUp、Rihno等软件进行建筑规模、体型、比例、材质等因素的推敲。

③ 概念方案深化阶段——此阶段应承担起对概念方案的具体落实职责，对合理的柱网确定、防火分区、疏散距离、建筑高度、结构选型等一系列与建筑规范密切相关的问题应着重考虑。传统设计模式是以具体的建筑平面图、立面图、剖面图来进行表达，由建筑师用CAD分别完成后填色（见图3.5、图3.6）。

④ 设计方案表达阶段——此阶段成果是设计方与业主交流的主要纽带与平台，也是投标与项目方案汇报的重头戏，大量直接设计成本集中于此。图纸内容一般包括建筑填色的建筑总平面图，功能及相关分析图、建筑单体平面、立面、剖面图以及各类效果图等。同时根据业主的要求，有时还要提供建筑动画、实体模型等。目前各设计公司一般是将效果图、动画、模型等全部外包至专业公司进行制作（见图3.7、图3.8）。

设计表达阶段常用软件有AutoCAD、SketchUp、3ds Max、Rihno、Maya、Lightscape、Artlantis、Photoshop、Indesign等。

图 3.3 福州仓山万达商业广场 SKP 模型

图 3.4 沧州万达商业广场 SKP 模型

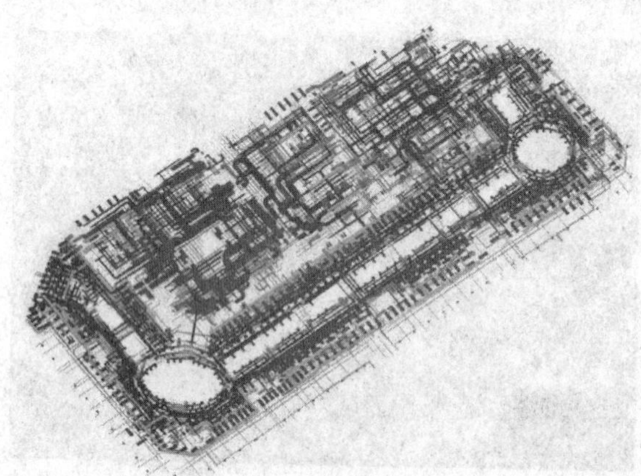

图 3.5 福州仓山万达商业广场 CAD 填色图

图 3.6 沧州万达商业广场 CAD 填色图

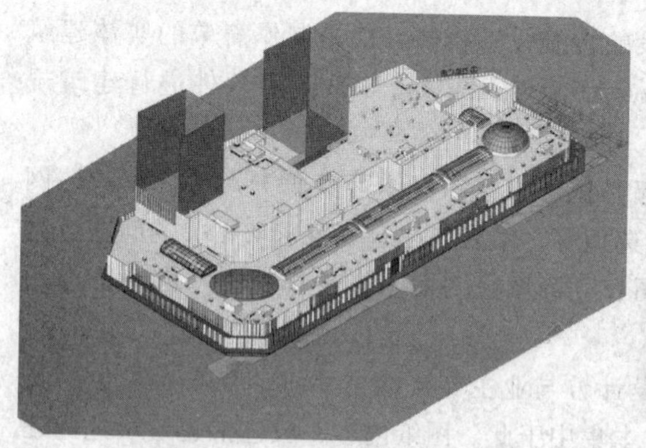

图 3.7 福州仓山万达商业广场
3ds Max+Photoshop 效果图

图 3.8 沧州万达商业广场
3ds Max+Photoshop 效果图

3.1.3.2 BIM 在建筑设计前期工作中的应用

通过对前述前期设计工作特点的分析发现 BIM 技术在前期设计工作中有其相当大的优

势，分析如下。

(1) 可视化 BIM将专业、抽象的二维建筑描述通俗化、三维直观化，使得专业设计师和业主等非专业人员对项目需求是否得到满足的判断更为明确、高效，决策更为准确。

(2) 数据传承性 从技术上说，BIM不是像传统的CAD那样，将建筑信息存储在相互独立的成百上千个DWG文件中，而是用一个模型文件（可看作一个微型的数据库）来存储所有的建筑信息。如果在前期方案阶段引入BIM技术，可以保证数据的传承性，避免后期输入翻图的重复劳动。

(3) 模型深度的可调整性 BIM建模需要达到何种深度和详细程度？这个是困扰前期设计工作的一个重要问题，有时设计师会陷入“过度建模”的误区，即在模型中包含过多的细节。但在项目初期，最好多使用概念性构件，只包含简单的几何轮廓和参数，而随着模型逐步深化，再用更多的细节去充实模型。在这个过程中，要考虑哪些细节信息是确实需要的，哪些细节实际上并不需要，减少不必要的细节既能减轻设计师的工作量，也能提高软件运行速度。BIM经理需要为项目制定详细度标准，前期方案使用较低的详细度，而在施工图阶段再使用更高详细度的对象来替换前期对象，这样也能在前期方案构思时解放设计师的思想，赋予其更多的自由度。

(4) 设计合理化 参数与模块化设计会使设计方案模型更趋于理性，便于后期的深化与实施。目前设计院前期设计人员普遍存在年轻化的趋势，或是毕业后一直从事方案创作，没有太多的施工图经验，这样在方案创作中有时容易脱离实际，方案落地时会发现这样那样各种不合理的问题。最终实施方案往往面目全非。通过BIM技术介入前期设计方案，对于方案的合理性优化会很有意义，建筑梁、板、柱、墙、窗等各构件的参数化和模块化使设计方案更具实施性，同时建模过程也加深了设计师对建筑的理解。

(5) 设计输出表达的便捷性 从前面对前期设计方案表达阶段的分析可以看出，最终的设计成图过程是一个工作量集中而密集的阶段。设计师们要分别画出CAD单体的平面、立面和剖面图并填色，同时还要提供给外包的服务公司建立3ds Max模型并做最终的效果图，有需要的话还要花大量财力来完成建筑或规划动画。对于BIM技术来说，一切变得简单多了，设计定稿时，模型也就基本完成，所需的就是直接在模型上设置剖切面迅速得到各个位置的平面、立面、剖面图，并可以直接填色。无论是Revit模型还是ArchiCAD模型均可以导入Artlantis或者Vray渲染器进行真实材质的渲染，很容易得到反映真实环境及建筑材质的效果图和动画，整个过程方便快捷。

(6) 建筑模拟分析 BIM技术可在项目设计初期对BIM模型进行各类分析，如面积分析、体形系数分析、可视度分析、日照轨迹分析、建筑疏散分析等。通过分析可以及时准确地反应设计方案的可靠性和可行性，给方案的合理化设计提供了准确的数据。

3.1.3.3 BIM的现阶段应用

在认识到BIM在前期工作中存在优势的同时，应该看到的是目前的实际情况是各个设计公司在BIM技术推进工作中遇到的重重困难，尤其是设计前期阶段。其原因主要如下。

① 外部变革动力与压力不够：业主对前期阶段一般无BIM要求。

② 软件成本较大：设计工具、协同模式的变更所带来的软硬件成本、培训成本、新技术积累与现有设计成果的转化成本都会较高，各设计院一般也是从设计中后期开始配备BIM技术力量。

③ 前期设计业务压力：前期设计部门往往是现有业务多、时间紧、压力大，导致设计企业推行BIM的情况往往是高层领导积极、中层领导不积极、设计师没有学习新技术的时间和精力。

④ 个人技术更新动力不足：很多设计师已经习惯了固有的设计模式，对3D参数化设计习惯、协同设计模式等的改变不适应。认为在方案构思时采用BIM技术会使思路受限，同时不愿意承担太多的学习时间成本及变革的风险，这都将影响BIM的进一步推广。

⑤ 技术不完善：BIM工具的专业设计功能依然存在较大的提升空间，可以结合前期设计的工作特点有针对性地进行完善。

从长远看，BIM技术作为一种新兴的设计模式，尽管存在各种阻碍因素的制约，但其发展依旧是迅猛的，因为建筑信息模型不仅是一个工具的升级，BIM的应用还将改变设计院内部的工作模式，也将改变业主、设计、施工方之间的工作模式。在BIM技术支撑下，设计方能够对建筑的性能有更多掌控，而业主和施工方也可以更多、更早地参与到项目的设计流程中，以确保多方协作创建更好的设计，满足业主的需求。BIM在设计阶段的应用已经势在必行。

3.1.3.4 Artlantis与BIM模型的结合应用

Artlantis是法国Advent公司的重量级渲染引擎，它是一款用于建筑室内外场景的专业渲染软件，其超凡的渲染速度与质量，友好和简洁的用户界面令人耳目一新，其渲染速度极快，渲染后的图像和动画影像非常具有质感。以下主要介绍ArchiCAD结合Artlantis的应用研究。

（1）BIM模型的搭建要求及数据的转换　Artlantis软件具有良好的软件接口，支持的文件格式也比较多，如DXF/3DS/DWG/SKP等文件格式都可以在Artlantis下直接打开使用，由此可见Artlantis软件针对目前的SketchUp、ArchiCAD等建模软件的兼容性还是很好的。

BIM模型要比SketchUp模型细致很多，基本上都是按施工图标准来搭建的，所以用户可以用BIM模型转换到Artlantis中，用它来制作出的三维表现图更细致，更接近于实际效果，还可以通过BIM模型渲染三维管线和三维剖面图，很方便，也很实用。

模型在导出之前最好附带材质的模型，也可以按颜色区分材料做好选择集，后者操作起来更快一些。附材质和色块的目的都是为了在Artlantis中编辑材质使用。因为在Artlantis中是通过区分同类材质对物体进行分类，同一种材质默认为是一个物体。

（2）利用三维模型渲染出图的制作方法

① 模型的导出和导入。本段针对在ArchiCAD软件下建模导入到Artlantis中展开说明，当BIM模型建立完成后附上材质，将文件另存为3DS文件，在存储的时候会把模型的材质贴图一起存放到相应的目录下，然后打开Artlantis软件导入。

② 材质的赋予和编辑。模型在Artlantis中打开后，是一个不带材质的素模型，之前在ArchiCAD编辑的材质不能完全显示，必须重新赋予和编辑，原因是Artlantis对中文的材质名称不能够很好地兼容。

通过用户的摸索和尝试，素模虽然没有带材质，但是整个BIM模型的建筑构件是按之前赋予的材质来分类的，相同材质的物体在Artlantis中将被认为是一个整体，如果想单独编辑某个构件的材质需要将它独立出来，因此在模型导入之前做好选择集是很重要的一步工作，否则整个建筑模型将被视为一个整体，编辑起来非常烦琐。通过项目的实践，建议其他设计师在模型导入之前，将贴图和名称都整理好，可以提高工作效率。

如果想编辑材质可以修改材质列表，也可以点选模型上的材质，在材质编辑窗口对材质的属性信息进行调整，通过调整材质的反射值、高光、凹凸值、透明值、贴图亮度等属性来实现自己想要材质的理想效果。Artlantis 的材质编辑功能很直观，参数调整也很方便。

③ 阳光。在阳光的设置面板中可以设置地理位置、日期、时间、阳光强度、阴影的强度以及云的形态等参数，可调整的参数非常丰富和实用。

④ 相机。在 Artlantis 中相机分为相机透视图、平行视图、全景图、虚拟现实、动画五类，相机透视图、平行视图、动画相机基本上可以满足一般使用的需要。一般情况下从 ArchiCAD 导入的模型，都会自带一个相机，根据个人习惯，可以保留也可以自己新建一个将原来的删除，作者建议用后者比较好。相机位置的调整需要在 2D 视图中进行，也可在"实施预览"窗口中调整，操作起来也都比较简单方便，相机位置调整好后，通过"透视图渲染设置"对话框调整所需参数，相机的设置基本完成，以后可以根据需要再进行相应调整。

在二维视图中通过调整蓝色矩形框的高度和范围，来实现三维的平面图和剖面图，操作方便快捷，实时生成预览图像，调整好所需的剖面后即可渲染出图。

制作后期渲染的软件有很多，在项目初期三维表现方面用 Artlantis 出效果图和不同角度的透视图非常实用，在方案设计阶段的项目汇报文件制作、投标等项目前期有较高的使用价值，基本上能满足设计方案的表现需求，结合 BIM 建模软件使用，在方案设计的推敲和立面材质的选择上，表达更直观，通过 BIM 模型进行的能耗分析、管线综合等，既节约了经济和人力成本，又提高了设计工作的质量和效率。三维表现方面的应用为将来的全专业 BIM 可视化设计提供了强有力的支持。

在建筑项目设计中实施 BIM 的最终目的是提高项目设计质量和工作效率，从而减少后续施工期间的洽商和返工，保障施工周期，节约项目资金。BIM 在前期方案阶段的应用也是如此，应充分发挥建筑信息模型技术在前期方案中的优势，切实提升项目的设计质量及工作效率。

3.1.4 项目设计阶段的 BIM 应用——建筑性能分析

通常建筑性能可以分为三大部分：一是建筑的力学性能，如静力、动力、弹塑性等；二是指建筑的生态性能，如日照、通风、舒适度、噪声、照明、气密性与能耗、空调系统等；三是建筑防灾的性能，如防水、防火、防毒等。

由于建筑结构力学分析目前已经非常成熟，而建筑生态性能分析目前在国内仍然属于比较新的领域，特别是与 BIM 技术的结合，是 BIM 技术的主要应用研究方向之一。建筑设计在满足使用功能的前提下，如何让人们在使用过程中感到舒适和健康是建筑环境领域研究的主要内容。其中，寻找室内舒适性、建筑能耗、环境保护之间的平衡点是建筑生态性能分析需要解决的关键问题。因此，我们开始介绍的建筑性能分析主要是介绍基于 BIM 技术的建筑生态性能分析。

3.1.4.1 建筑性能指标分类

随着社会经济及城市化的快速发展，环境问题日益突出，资源、能源的枯竭，环境的恶化等已威胁到人类目前及子孙后代的生存。在此背景下，世界各国纷纷提出绿色建筑的理念来寻求建筑与自然的和谐，在满足舒适健康的居住前提下，追求实现高效率地利用资源，最低限度地影响环境。于是，绿色建筑便成为建设业界力捧的宠儿，大力发展绿色建筑已成为一项意义重大而又十分迫切的现实任务。

建筑所造成的环境影响令人震惊：在美国，商用和住宅建筑消耗了近40%的总能源、70%的电力、40%的原材料和12%的淡水。它们排出30%的温室气体，并产生1.36亿吨重的施工和拆毁废料［约1.27kg/(人·天)］。我国每年新建房屋20亿平方米中，90%以上都是高能耗建筑，而既有的约430亿平方米建筑中，只有4%采取了能源效率措施，单位建筑面积采暖耗能为发达国家新建建筑的3倍以上。绿色建筑的核心是尽量减少能源、资源消耗，减少对环境的破坏，并尽可能提高居住品质。而目前来看，常规的建筑技术很难达成目标，这就要求绿色建筑要突破传统建筑技术的种种制约，通过科学的整体设计，集成绿色配置、自然通风、自然采光、低能耗维护结构、新能源利用、中水回用、绿色建材和智能控制等新技术、新材料，以及绿色的施工与运营管理，来实现建筑选址的规划合理、资源利用的高效循环、节能措施的综合有效、建筑环境的健康舒适、废物排放的减量无害和建筑功能的灵活适宜。

因此，为了使绿色建筑的概念具有切实的可操作性，一些发达国家相继开发了适合不同国家特点的绿色建筑评估体系，通过定量描述绿色建筑的节能效果、对环境的影响以及经济性能等指标，为决策者和设计者提供依据。建筑性能常用指标分类有建筑热工学、建筑声学、建筑光学、计算流体力学、能耗和舒适度等。

3.1.4.2 建筑性能指标各学科简介

(1) 建筑热工学　建筑热工学研究建筑物室内外热湿作用对建筑围护结构和室内热环境的影响，是建筑物理的组成部分。

建筑物经受室内外各种气候因素的作用。属于室外的气候因素有太阳辐射、室外空气的温湿度、风、雨、雪以及地下建筑物周围的土壤或岩体的温度和裂隙水等。这些因素所起的作用，统称为室外热湿作用。由于室外热湿作用经常变化，建筑物围护结构本身及由其围成的内部空间的室内热环境也随之产生相应的变化。属于室内的气候因素有进入室内的阳光、空气温湿度、生产和生活散发的热量和水分等。这些因素所起的作用，统称为室内热湿作用。室内外热湿作用的各种参数是建筑设计的重要依据，它不仅直接影响室内热环境，而且在一定程度上影响建筑物的耐久性。

建筑热工学的主要任务是研究如何创造适宜的室内热环境，以满足人们工作和生活的需要。建筑物既要抵御严寒、酷暑，又要把室内多余的热量和湿气散发出去。对于特殊建筑，如空调房间、冷藏库等不仅要考虑热工性能，而且还要考虑投资和节能等问题。

建筑热工学的研究范围包括：室外热湿参数及其对室内热环境的影响，建筑材料热物理性能，房屋热稳定性，建筑热工测试的技术，特殊建筑热工，如空调房间热工设计、地下建筑传热等。

现代人对居住、劳动生产场地的热环境要求不断提高，建筑技术和设备不断改进，建筑热工学的研究内容也在不断深化。早期的建筑热工设计一般都采用简化的稳定或非稳定传热理论计算，现在逐步被更精确的动态模拟计算所替代。建筑热工学领域应用电子计算机技术后，又使过去若干难以计算的热工课题，如墙和屋顶等转角处三维温度场的计算、房间内部热环境变化等，都可以用电子计算机获得迅速和精确的计算结果。此外，随着城市、乡镇建设的发展，以及城市热环境的改变，建筑热工学研究领域逐步扩大到建筑群体的热环境的改善和利用。

(2) 建筑声学　建筑声学是研究建筑环境中声音的传播、评价和控制的学科，是建筑物理学的组成部分。建筑声学的基本任务是研究室内声波传输的物理条件和声学处理方法，以保证室内具有良好听闻条件；研究控制建筑物内部和外部一定空间内的噪声干扰和危害。在建筑物中实现固体声隔声，相对来说要困难些。采用一般的隔振方法，如采用不连续结构，施工比较复杂，对于要求有高度整体性的现代建筑尤其是这样。取得声学功能和建筑艺术的高度统一，是科学家和建筑师进行合作的共同目标。

(3) 建筑光学　建筑光学是研究天然光和人工光在建筑中的合理利用，创造良好的光环境，满足人们工作、生活、审美和保护视力等要求的应用学科，是建筑物理学的组成部分。

在一个相当长的历史阶段，人类利用天然光和火光照明，曾在建筑中创造了不少有效的采光和照明方法，例如，中国传统建筑中的南窗北墙的采光方法，古埃及太阳神庙中的高侧窗采光方法等。但天然采光受季节、昼夜、地理位置和气候变化的影响很大。火光照明效果差、烟尘大，且容易引起火灾。自从大量生产玻璃，特别是19世纪发明白炽电灯以后，才使建筑采光和照明技术的理论和实践进入一个新阶段，并逐步形成建筑光学。

现代建筑光学理论日趋完善，天然光的变化规律逐步为人们所掌握，各类建筑的采光方法和控光设备相继研究成功，各种新型电光源和灯具也在建筑中得到广泛的应用，从而使这一学科在建筑功能和建筑艺术中发挥着日益重要的作用。建筑采光和建筑照片的质量评价指标如下。

① 采光照明均匀度。指被测面上的最低采光系数或照度与该面上的平均采光系数或照度之比，可用照度计测量后计算得出。

② 被照明的亮度和亮度分布。可用亮度计测量并计算确定。

③ 眩光。视野内的亮度分布不均匀和亮度差过大时会引起眩光，常用眩光指数或限制照明器的亮度进行评价。眩光指数和照明器的亮度可通过亮度测量和计算确定。

建筑光学利用相邻学科的研究成果，同时又为相邻学科服务。如建筑光学的测试技术是以光度学和色度学为基础的；建筑采光照明设计需利用心理和生理光学的评价方法和试验结果，建筑光学还直接或间接为建筑设计和建筑电气系统等提供数据资料。

国内建筑科学的研究、教学、设计等部门都有不同规模的建筑光学研究机构和试验设备。建筑光学在研究剧场建筑、展览馆建筑、体育建筑、精密仪表厂生产车间和地下工程的采光照明问题以及编制工业企业采光照明标准、探讨光气候规律、提高建筑光学测试技术等方面都取得了较显著的成效。

(4) CFD（计算流体力学）　计算流体力学或计算流体动力学（Computational Fluid Dynamics，CFD）是用电子计算机和离散化的数值方法对流体力学问题进行数值模拟和分析的学科。

计算流体力学是目前国际上一个强有力的研究领域，是进行传热、传质、动量传递及燃烧、多相流和化学反应研究的核心和重要技术，广泛应用于航天设计、汽车设计、生物医学工业、化工处理、涡轮机设计、半导体设计、HAVC & R等诸多工程领域，板翅式换热器设计是CFD技术应用的重要领域之一。

计算流体力学和其他学科一样，是通过理论分析和试验研究两种手段发展起来的。很早就有了理论流体力学和试验流体力学两大分支。理论分析是用数学方法求出问题的定量结果，但能用这种方法求出结果的问题毕竟是少数，计算流体力学正是为弥补分析方法的不足而发展起来的。

在20世纪初，理查德就已提出用数值方法来解流体力学问题的思想。但是由于这种问题本身的复杂性和当时计算工具的落后，这一思想并未引起人们的重视。自从20世纪40年代中期电子计算机问世以来，用电子计算机进行数值模拟和计算才成为了现实。1963年，美国的F. H. 哈洛和J. E. 弗罗姆用当时的IBM7090计算机，成功解决了二维长方形柱体的绕流问题并给出尾流涡街的形成和演变过程，受到普遍重视。1965年，哈洛和弗罗姆发表《流体力学的计算机实验》一文，对计算机在流体力学中的巨大作用做了引人注目的介绍。从此，人们把20世纪60年代中期看成是计算流体力学兴起的时间。

计算流体力学的历史虽然不长，但已广泛深入到流体力学的各个领域，相应地形成了各种不同的数值解法。就目前情况来看，主要是有限差分方法和有限元法。有限差分方法在流体力学中已得到广泛应用。而有限元法是从求解固体力学问题发展起来的，近年来在处理低速流体问题中，已有相当多的应用，而且还在迅速发展中。

计算流体力学在最近20年中得到飞速发展，除了计算机硬件工业的发展给它提供了坚实的物质基础外，还主要因为无论分析的方法或实验的方法都有较大的限制，例如由于问题的复杂性，既无法作分析解，也因昂贵的费用而无力进行实验确定，而CFD的方法正具有成本低和能模拟较复杂的过程等优点。经过一定考核的CFD软件可以拓宽实验研究的范围，减少成本昂贵的实验工作量。在给定的参数下用计算机对现象进行一次数值模拟，相当于进行一次数值实验，历史上也曾有过首先由CFD数值模拟发现新现象而后由实验予以证实的例子。

3.1.5 绿色建筑规范介绍及绿色建筑与传统建筑的差异

3.1.5.1 国内外绿色建筑标准体系简介

目前具有代表性的各国绿色建筑评估体系如下：

（1）美国绿色建筑委员会（United States Green Building Council，USGBC） 美国绿色建筑委员会（USA Green Building Council）1993年成立，是世界上较早推动绿色建筑运动的组织之一，它也是随着国际环保浪潮而产生的。其宗旨是整合建筑业各机构，推动绿色建筑和建筑的可持续发展，引导绿色建筑的市场机制，推广并指导建筑业主、建筑师、建造师的绿色实践。

（2）美国绿色建筑评估体系（Leadership in Energy & Environment Design，LEED） 由美国绿色建筑协会（USGBC）建立并推行的绿色建筑评估体系（Leadership in Energy & Environment Design Building Rating System），国际上简称LEED，被认为是目前在世界各国的各类建筑环保评估标准、绿色建筑评估标准以及建筑可持续性评估标准中最完善、最有影响力的评估标准。LEED根据每个方面的指标打分：①可持续的场地规划；②保护和节约水资源；③高效的能源利用和可更新能源的利用；④材料和资源问题；⑤室内环境质量。总得分是69分，分四个认证等级：认证级26～32分；银级33～38分；金级39～51分；铂金级52分以上。

（3）GB Tool（Green Building Tool） GB Tool是一个建立在Excel基础上的软件类绿色建筑评价工具，评价内容包括资源消耗、环境负担、室内环境质量、服务质量、经济、使用前管理和社交交通七大项，以及全生命周期中的能量消耗、土地使用及其生态价值的影响等相关子项，全部评价过程均在Excel软件内表现和进行。

（4）日本建筑物环境效率综合评价体系 日本建筑物环境效率综合评价体系（Comprehensive Assessment System for Building Environment Efficient，CASBEE）是由日本政府、

企业、学者组成的联合科研团队经过3年多的辛勤工作所取得的重大科研成果。CASBEE提出建筑物环境效率（$bee=q/l$）的新概念，并明确划定建筑物环境效率综合评价的边界，对影响建筑物环境质量与性能（q）和建筑物的外部环境负荷共约80个条目进行综合、定量评价，该评价体系为建筑物的绿色设计、绿色等级认证等工作奠定了理论基础。

（5）中国《绿色建筑评价标准》（GB 50378—2006） 中国《绿色建筑评价标准》于2006年6月1日开始实行，用于评价住宅建筑和办公建筑、商场、宾馆等公共建筑。标准的评价指标体系包括以下六大指标：①节地与室外环境；②节能与能源利用；③节水与水资源利用；④节材与材料资源利用；⑤室内环境质量；⑥运营管理（住宅建筑）、全生命周期综合性能（公共建筑）。

3.1.5.2 传统建筑与绿色建筑对比

与传统建筑相比，绿色建筑主要有以下几点特征。

① 建筑本身较传统建筑耗能大大降低。

② 绿色建筑尊重当地自然、人文、气候环境，因地制宜、就地取材，因此没有明确的建筑模式和规则。

③ 绿色建筑充分利用自然，如绿地、阳光、空气，注重内外部的有效连通，其开放的布局与传统建筑封闭的布局有很大区别。

④ 绿色建筑的整个过程都注重环保因素。

绿色建筑的设计与当地的气候环境及其变化是紧密相关的，所谓因地制宜，在考虑其建筑的过程中必须针对当地特征采用相应的方法。

绿色建筑往往与可持续设计有着密切的关系，这与传统建筑设计有比较大的区别。可持续代表的是一种在不减弱自然系统的健康发展和生产能力的基础上满足人类需求的平衡。美国建筑师学会将可持续定义为，“将这个系统赖以运转的重要资源持续不断地运用至将来的一种社会能力”。如果说环境和经济可持续是目标，那么可持续设计就是设计者实现这一目标的方法。可持续设计使能源密集、利用率低且不可多次利用的系统转变为能源可恢复、有活力且灵活多变的循环系统。

由于可持续设计涉及整体的环境质量，因此，与土地利用和小区规划相关的问题十分重要。事实上，可持续设计不一定要花费更多。而且，它能够提高建筑物的价值。通过简单的十种方法就可以实现可持续设计：

① 选择发展基地以促进小区宜居性。

② 发展灵活设计以延长建筑寿命。

③ 利用自然策略保护并回收水资源。

④ 在保证热舒适度的同时提高能效。

⑤ 减少与能量使用相关的环境影响。

⑥ 提高使用者健康水平及室内环境质量。

⑦ 节约用水及水资源再利用系统。

⑧ 利用与环境更协调的建筑材料。

⑨ 选择适宜的植物种类。

⑩ 建设、拆除和使用过程中再循环计划。

可持续设计可以带来多种经济效益。其中包括能源、水资源和节约材料的经济效益，以及维护和其他操作费用的降低，这也正是绿色建筑所需要达到的目标。

现代建筑是一种过分依赖有限能源的建筑。能源对于那些大量使用人工照明和机械空调的建筑意味着生命，而高能耗、低效率的建筑，不仅是导致能源紧张的重要因素，并且使之成为制造大气污染的元凶。据统计，全球能量的50%消耗于建筑的建造和使用过程。为了减少对不可再生资源的消耗，绿色建筑主张调整或改变现行的设计观念和方式，是建筑由高能耗方式向低能耗方式转化，依靠节能技术，提高能源使用效率以及开发新能源，使建筑逐步摆脱对传统能源的过分依赖，实现一定程度上能源使用的自给自足。日本有关学者研究得出：在环境总体污染中与建筑业有关的环境污染比例占34%，包括空气污染、光污染、电磁污染等。绿色建筑设计必须深入到整个建筑生命周期中去考察、评估建筑能耗状况及其对环境的影响，建立全面的能源观。首先必须注重调研，优化保温材料与构造，提高建筑热环境性能。如在建筑物的内外表面及外层结构的空气层中，采用高效热发射材料，可将大部分红外射线反射回去，从而对建筑物起保温隔热作用。目前，美国已大规模生产热反射膜，主要用于建筑节能。此外，还可运用高效节能玻璃，硅气凝胶等新型节能墙材，研制再生能源（如太阳能、核能、风力、水力）的收集、储存装置和热回收装置，以提高节能效率。太阳能是一种最丰富、便捷、无污染的绿色能源，近年来在我国的天津、北京、甘肃、河北等省（直辖市）建立了17座被动式太阳能恒温式住宅，以建筑物本身为太阳能收集器，从而达到屋内取暖制冷的目的。

建筑节能是我国节能工作的重点之一，而外墙外保温已成为建筑节能的主产品。对于热工设计时以保温为主的地区，如严寒地区和寒冷地区，外墙外保温不仅合理，而且适用，发展较快。而对于热工设计时一般只考虑隔热的夏热冬暖地区，或热工设计时以隔热为主的夏热冬冷地区，目前的一些外墙外保温存在进一步完善的空间。太阳辐射能对建筑物的热环境和能耗有着十分重要的作用。根据波长的长短，太阳光可以分为紫外线、可见光和红外线。紫外线的波长小于400mm，约占太阳总能量的5%。可见光波长在400～760nm，约占太阳总能量的45%。而红外线的波长大于760nm，约占太阳总能量的50%。可见，太阳能主要集中于可见光区和红外区。太阳辐射热通过向阳面，特别是东、西向窗户和外墙以及屋面进入室内，从而造成室内过热，因此这些部位也是建筑物夏季隔热的关键部位。美国《建筑外用太阳能辐射控制涂料标准规程》规定，太阳能辐射控制涂料在环境温度下的红外发射率应至少为80%。辐射隔热涂料能够以热发射的形式将吸收的热量辐射出去，从而使室内降温，达到隔热效果，用于夏热冬暖地区和夏热冬冷地区的隔热，是不错的选择，且与外墙外保温结合使用效果更佳。作为内墙涂料，常温下低发射率有利于提高舒适度和节能。好多人知道LOW-E（Low Emissivity）玻璃（低辐射玻璃）能提高舒适度和节能，但很少有人知道LOW-E内墙涂料能提高舒适度和节能。

3.1.6 建筑性能指标分析数字化

3.1.6.1 建筑性能指标分析数字化现状

（1）现有建筑指标分析的数字化情况　建设项目的景观可视度、日照、风环境、热环境、声环境等性能指标在开发前期就已经基本确定，但是由于缺少合适的技术手段，一般项目很难有时间和费用对上述各种性能指标进行多方案分析模拟，BIM技术为建筑性能分析的普及应用提供了可能性。目前利用计算机技术在建筑性能分析上主要分为以下几个部分。

① 室外风环境模拟。改善住区建筑周边人行区域的舒适性，通过调整规划方案建筑布局、景观绿化布置，改善住区流畅分布，减小涡流和滞风现象，提高住区环境质量；分析大

风情况下，哪些区域可能因狭管效应引发安全隐患等。

② 自然采光模拟。分析相关设计方案的室内自然采光效果，通过调整建筑布局、饰面材料、围护结构的可见光透射比等，改善室内自然采光效果，并根据采光效果调整室内布局布置等。

③ 室内自然通风模拟。分析相关设计方案，通过调整通风口位置、尺寸、建筑布局等改善室内流场分布情况，并引导室内气流组织有效地通风换气，改善室内舒适情况。

④ 小区热环境模拟分析。模拟分析住宅区的热岛效应，采用合理优化建筑单体设计、群体布局和加强绿化等方式削弱热岛效应。

⑤ 建筑环境噪声模拟分析。计算机声环境模拟的优势在于，建立几何模型之后，能够在短时间内通过材质的变化、房间内部装修的变化来预测建筑的声学质量，以及对建筑声学改造方案进行可行性预测。

(2) 我国建筑声学性能指标数字化发展情况　自2005年BIM技术进入我国以来，伴随着绿色建筑和低碳、环保等呼声越来越成为建筑工程的主要声音，建筑性能指标的数字化模拟成为各设计院和施工企业在设计前期的重要工作之一。目前，基于BIM数据的很多建筑环境分析方法都在被开发研究，这些方法也将运用到针对BIM的绿色建筑评估体系里（表3.1）。

表3.1　基于BIM的绿色评估软件体系

分析软件	基础模型	分析要素
IES(VE)	Revit MEP	热负荷、光、遮光罩分析、CFD、室内照明通风疏散分析、LEED结果的标准值
Energy Plus	CAD based	热平衡力加载、风向负荷竞合、系统计算、HVAC系统分析
Green Building Studio	Revit	基于网络的本地气候、建筑能耗、二氧化碳排放、气候
Ecotect	CAD based	每天的日照积累量、气流分布、风能积累量、趋光率、室内照明、亮度分析

IES（VE）可以读取Revit输出的gbXML（绿色建筑扩展语言标记）模型，从而与Revit进行无缝链接分析，增强了建筑性能分析与建筑设计的关联性。

Energy Plus（whole building energy analysis tool）是一个建筑全能耗分析软件，具备很多优点，包括采用了先进的集成同步的负荷/设备/系统模拟方法和热平衡法、模块化开发式结构、与其他软件的链接等。

Green Building Studio基于web的服务支持以更快的速度对Revit建筑设计的整体建筑能耗、水耗和碳排放进行分析。输出结果还可概述水耗和成本以及电力和燃料成本；计算评分；评估可能的太阳能和风能；计算LEED采光评分以及评估可能的自然通风情况。

Ecotect是一个全面技术性能分析辅助设计软件，提供了一种交互式的分析方法，只要输入一个简单的模型，就可以提供数字化的可视分析图，随着设计的深入，分析也越来越详细。

3.1.6.2 建筑性能指标分析数字化实施方法

(1) 性能分析在项目全生命周期中的实施阶段　当今社会，伴随着建筑业的迅猛发展和自然资源的巨大消耗，不可再生能源正走向枯竭，温室气体的排放总量也在大幅增加。在我国，建筑的总耗能占全社会总耗能的25.5%左右；而从全球来看，40%的CO_2排放量是由于建筑运行产生的。同时，建筑内恶劣的空气质量也是众多疾病的传播源，危及公众健康。基于此，世界上已经有26个国家和地区推出了建筑节能、绿色建筑以及可持续建筑的设计标准。我国在2006年6月1日实施了《绿色建筑评价标准》。建筑师和规划师在设计中也越来越需要考虑可持续设计的问题。一般来说，只有建筑师从设计初期就具备可持续的设计观，才可能真正设计出可持续性的建筑。但是，当今建筑的复杂程度已经大大超过了仅凭建筑师主观判断或者经验就可以正确把握的程度。因此，在条件复杂、不确定性存在的情况下，就必须借助建筑物理环境分析软件进行模拟分析，从而帮助建筑师做出正确的判断，修改设计方案。这种情况下，整合大量建筑信息的模型技术——BIM应运而生，给可持续设计带来了改善的契机。目前比较成熟的BIM软件有Autodesk公司的建筑设计软件Revit Architecture、结构设计软件Revit MEP、土木与基础设施软件Navisworks和Buzzsaw以及Graphisoft公司的ArchiCAD、Bentley公司的Microstation TriFrma。

据统计，在美国已经有48%的建筑设计事务所采用了BIM方法。而且美国总务局(GSA)也率先要求政府工程只有提交BIM的条件，才有中标可能。并且在使用BIM的条件下，GSA鼓励"建筑设计过程中采用精确的能耗评估"，以加强在设计的早期阶段使用BIM。目前世界上主要的建筑物理环境性能分析模拟软件约有350种，但是由于各种软件接口不统一，几乎在使用每一种软件时都要重新建模、输入大量的专业数据，结果导致大部分情况下，建筑师既没有精力也没有专业的知识背景来学习这些软件，运用信息模拟来进行可持续性建筑设计的操作性难度就大大增加。于是，BIM的优势就显现出来，通过建筑信息模型在建筑设计软件与建筑物理环境性能化分析间的传递，可以节省大量重复建模、重复设置的时间，大大提高了设计和分析的效率。

(2) 性能分析在项目中与建筑设计的流程结合　总的来说，BIM复合设计流程是将设计方案BIM模型化后，通过性能分析检查、建筑构件空间检查以及设计师对设计方案空间感觉的评估后，修改设计方案的一种工作流程(图3.9)。

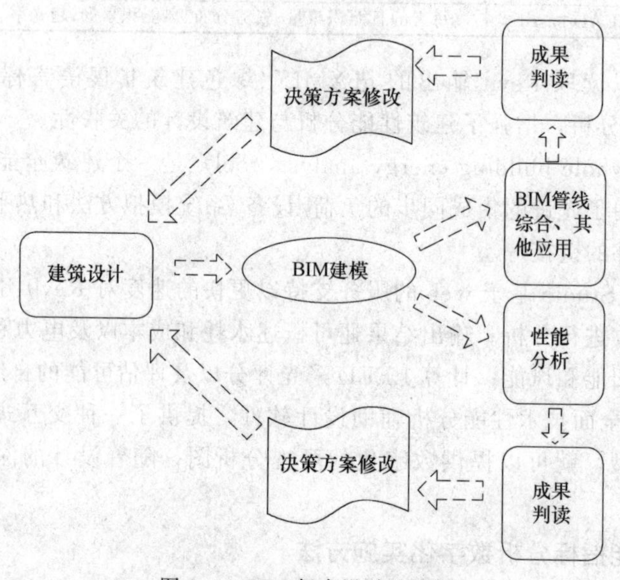

图3.9　BIM复合设计流程图

BIM复合设计流程主要是设计方案在各单项分析之后，综合各项结果反复调整模型，寻找建筑物综合性能平衡点，提高建筑物整体性能。"BIM软件平台-数据格式-专业分析软件"构成了BIM技术在建筑环境领域综合应用的基本模型。在建筑全寿命周期不同阶段的调整均以性能分析的结果并综合建筑设计的规划和经济指标为依据，从真正意义上构建可持续建筑。

3.1.7 BIM建筑性能分析数据处理和计算方法

在满足使用功能的前提下，如何让人们在使用过程中感到舒适和健康是建筑环境领域研究的主要内容。其中，寻找室内舒适性、建筑能耗、环境保护之间的矛盾平衡点是亟待解决的问题，由于BIM软件平台构建的深度BIM（详细建筑信息模型）通过软件输出为不同数据格式，根据室内环境应用方向的不同，选择合适的数据格式，再输入到专业的分析软件中，可以有效解决数据一致性问题，提高建模效率。在各单项分析后，综合各项结果反复调整模型，寻找建筑物综合性能平衡点，提高建筑整体性能。“BIM软件平台——数据格式——专业分析软件”构成了BIM技术在建筑环境领域综合应用的基本模型。在建筑全生命周期不同阶段的调整均以性能分析的结果为依据，从真正意义上构建可持续建筑。

3.1.7.1 BIM建筑性能分析流程

（1）BIM模型建立　基于项目全生命周期的BIM模型是对绿色建筑评估各项指标进行研究的基础，BIM模型的各类信息可以对BIM模型进行各个方面的研究，如基于BIM模型的空间信息和材料信息，可以研究针对绿色建筑认证的成本分析、能量分析等。这些性能分析成果也随BIM在项目全生命周期各个阶段的变化而变化，最后随着整个项目过程而形成的BIM模型也可以支持绿色认证的决策。同时可以从BIM模型的几个方面出发，在3D模型、价格数据、材料数据等各种数据库的支持下，对建筑体的各个方面进行绿色评估分析。特别是在对热能分析、能效分析、材料、空气质量等周边环境进行全面的分析后，参照绿色评估的标准进行对比与信息的反馈，可以进一步完善建筑的绿色性能并能支持绿色建筑的评估决策。

建模必须忠实于图纸的设计方案，一般在设计过程中，对图纸进行建模，模型成立后，需要对设计方案进行调整时，在模型中进行调整，得到满意的结果，最后反映到图纸上。BIM模型是一个逻辑性比较强的工作，具体过程不再一一阐述。

（2）边界条件数字化　建筑物间距、体型、高度和围护结构热工参数以及可利用的节能技术等与其所在地区的气候条件关系密切。利用气象数据，通过Weather Tool等工具进行建筑所在地的气象分析，给建筑设计提供数据支持。一般包括以下几个方面。

① 最佳朝向分析。

② 太阳辐射分析。

③ 干湿球温度分析。

④ 辐射强度分析。

⑤ 舒适度分析与被动技术应用分析。

（3）指标需求分析　不同的性能分析需要建筑物不同的信息作支撑。根据分析方向的要求将详细建筑信息模型中的信息提取、简化、整理后，转化为不同的文件格式，再导入到各专业软件中进行专业分析。

① 明确建筑物需要进行分析的对象和内容。主要进行建筑物所在地气象数据分析、舒适度分析与被动技术应用分析、采光分析、能耗模拟与分析、声环境分析、热环境模拟、烟气模拟分析和人员疏散模拟等。

② 将详细的建筑信息模型进行必要的拆分和删减。根据分析对象和性能化需求，整理成不同的模型。根据实际操作经验，本工作在Revit软件平台中完成较为便利。

③ 将整理好的对象文件通过Revit软件平台和相关软件导出为不同的文件格式。

④ 根据专业分析工具的需要将不同的数据格式导入，局部进行调整，补充不完善信息和丢失的信息。由于 gbXML 格式只能导出空间信息，空间以外的遮阳物体不能提取，所以将模型再拆分，拆分成模型中的遮阳物体和模型中 gbXML 格式可提取的空间信息。最后将模型分别以 DXF 格式和 gbXML 格式导入 Ecotect。

3.1.7.2 BIM建筑性能分析指标计算方法

(1) 不同建筑性能指标的应用

① 规划设计方案分析与优化。根据建筑规划布局、场地分布、建筑单体数据、道路设计、环境设计等信息进行规划方案的各项经济技术指标分析，对日照、土地资源利用、绿化方案、区域环境影响等指标进行控制，并根据绿色建筑评价标准等相应规范要求进行方案优化。

② 节能设计与数据分析。结合国内各种标准规范，基于 BIM 技术建立建筑能耗分析的三维可视化模型，完成建筑能耗分析模型数据生成、建筑能耗分析结果数据的处理与直观可视化模拟，实现在设计过程中的节能标准预期控制。

③ 建筑遮阳与太阳能利用。根据 BIM 建筑信息模型数据，结合各地日照数据与标准规范，以数字仿真手段计算真实日照情况及周围环境，对建筑遮阳板形状进行方案优化设计，根据建筑物任意表面的全年动态日照情况，结合各地环境数据，计算可进行利用的太阳辐射能量，用于各类太阳能采集、发电与集热等设备的方案设计与优化设置，实现可再生能源的最大化合理利用。

④ 建筑采光与照明分析。基于 BIM 建筑信息模型数据，进行周边环境影响下的建筑室内采光计算分析；根据分析结果，对周边环境影响下的室内采光设计优化，根据不同照明设备的参数数据，进行任意形状的房间三维照度计算和仿真模拟，并依据照亮部分相关规范以及实施不同照明方案的能耗计算结果进行方案优化。

⑤ 建筑室内自然通风分析。结合 BIM 建筑信息模型数据，建立多区域网络分析模型。参照国际上通用的热舒适性评价方法，建立自然通风状况的评价标准。结合各地区外在、内在因素的影响，进行分析模型建立、模型转换和模型提取与分析，将分析结果以可视化方式进行动态模拟表达。

⑥ 建筑室外绿化环境分析。根据植物绿化设计对生态环境的各项影响因素，如调节温度和空气湿度、防风固沙、防止水土流失、吸收二氧化碳放出氧气、吸收有毒气体、吸滞尘埃、杀菌抑菌、衰减噪声等，结合三维建筑信息模型数据，列出各项的影响参数，最后纳入生态园林的评价标准。

⑦ 建筑声环境分析。基于 BIM 建筑信息模型数据模拟声环境，包括声场边界条件的界定、声源的确定。以一种合理的方式建立声线数量和声音强度的直接数量关系，根据确定的声线数量计算声音的强度对建筑环境的影响，将分析计算结果以可视化方式进行模拟。

(2) 分析技术流程　真实的 BIM 数据和丰富的构件信息给各种绿色建筑分析软件以强大的数据支持，确保了结果的准确性。目前包括 Revit 在内的绝大多数 BIM 软件都具备将其模型数据导出为各种分析软件专用的 gbXML 格式。绿色建筑设计是一个跨学科、跨阶段的综合性设计过程，而 BIM 模型则正好顺应此需求，实现了单一数据平台上各个工种的协调设计和数据集中，使跨阶段的管理和设计完全参与到信息模型中来。BIM 的实施，能将建筑各项物理信息分析从设计后期显著提前，有助于建筑师在方案甚至概念设计阶段进行绿色建筑相关的决策。

然而，我国的绿色建筑才刚刚起步，还存在许多问题，对绿色建筑的发展仍然存在许多制约因素。主要是：缺乏绿色建筑的意识和知识、缺乏强有力的激励政策和法律法规、缺乏系统的标准规范体系、缺乏有效的新技术推广交流平台，各类绿色建筑相关规范分散于各个专业设计过程中，无总体规划控制手段和具体实施方法，很难在规划设计整个过程中对建筑“四节”的影响、建筑与周围环境的相互作用以及可再生能源利用等方面进行量化分析与评估。目前仍没有一个完善的辅助设计系统，在规划、设计、施工、运行各阶段对建筑进行定性和定量评估。

基于三维图形平台，对建筑在方案设计、结构体系、材料使用、能源消耗等方面的数据进行提取、计算与分析。具体包括依据建立的三维建筑信息模型，在其中集成各专业相关数据，研究数据交互、处理与分析方法；对建筑总体布局、规划方案设计方案、结构体系、建筑材料、供热制冷、温室效应、人工照明、室内通风、建筑声环境及日照质量等因素进行数据统计与分析。对绿色建筑设计方案进行量化分析，并根据绿色建筑设计要求对相应各专业设计进行优化调整，其主要技术流程如图3.10所示。

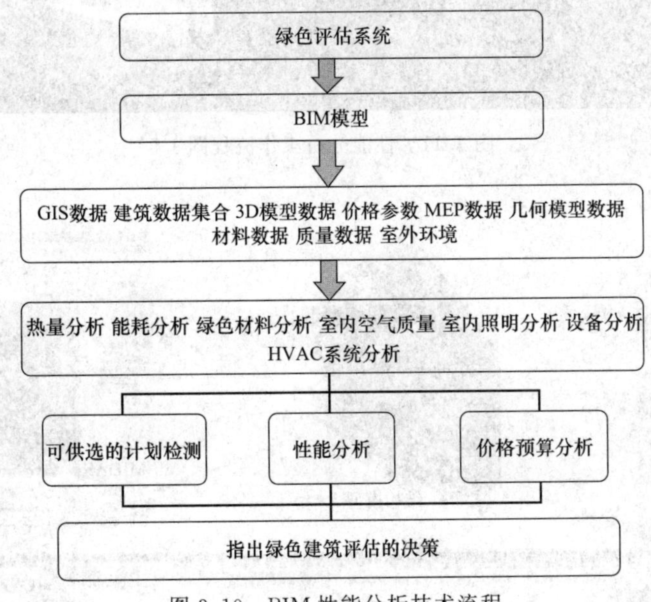

图3.10 BIM性能分析技术流程

性能分析工作最基本的载体来源于BIM模型，该模型必须严格按照设计图纸构建，同时将建筑构件的属性信息附在建筑模型上，通过BIM模型工具对其属性信息进行提取，构件性能分析用的专业分析模型，导入到专业性能分析软件中，通过综合气象数据、建筑使用的基本规律等边界条件，最后计算得到模型的各个性能指标（图3.11、图3.12）。

（3）成果的表达　基于三维图形平台，建立三维可视化建筑模型，并在三维模型中集成相关分析数据，对绿色建筑各项分析数据结果以图像、图表、三维状态模拟等方式进行表述。

3.1.8 BIM平台的设计成果交付

3.1.8.1 走在前面的BIM

绘图（drawing）是建筑师最核心的工作之一，某种意义上说，建筑师手里交出的最终

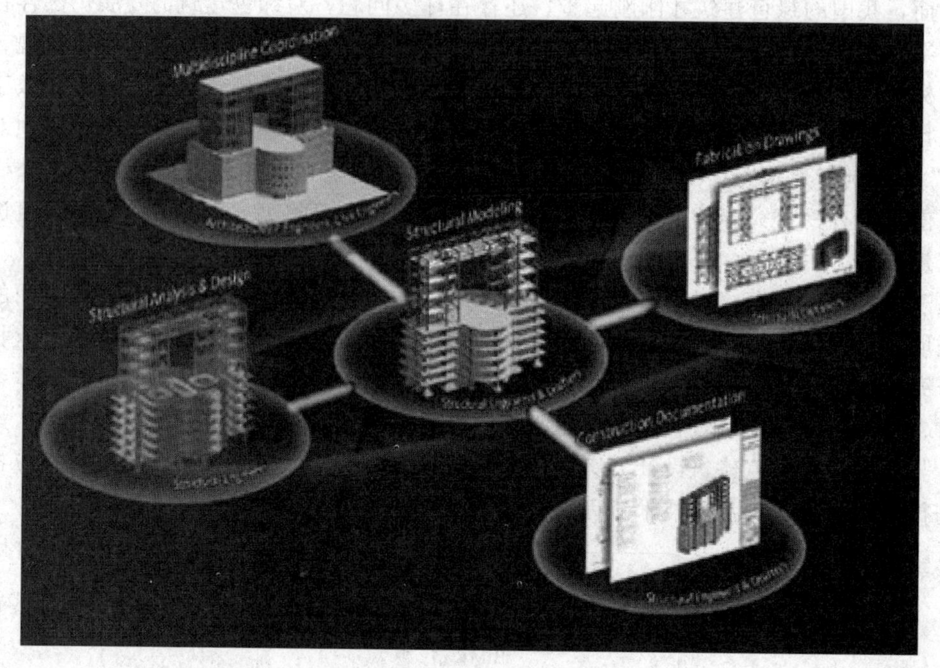

图 3.11 性能分析工作流程图 1

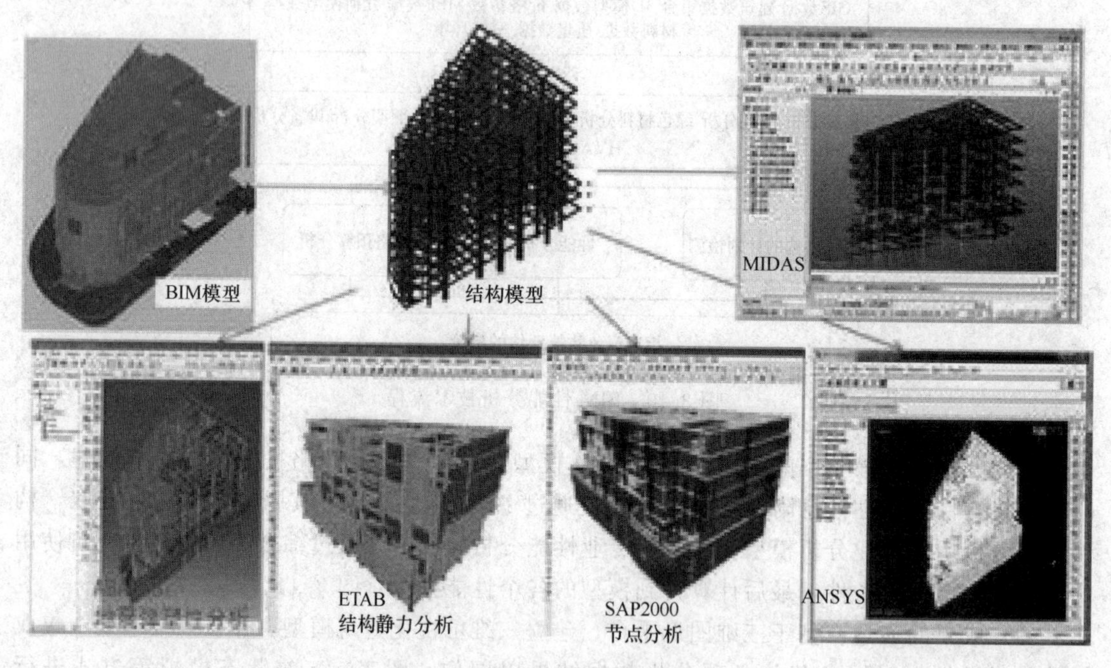

图 3.12 性能分析工作流程图 2

产品也是图纸（drawing）。现在，惯例被打破了。Autodesk 公司提供的 Revit 软件被用来完成项目大部分的建筑图纸。建筑师要做的工作是在软件平台上建立整个项目的 BIM 模型——像在实际的空间中搭建一个建筑一样地立柱子、放置墙体、开门洞。最终的平面、剖面图纸都是 Revit 自动生成的。在 Revit 里生成的 BIM 模型里对建筑构件的任何改动都将自动反应在图纸上（图 3.13、图 3.14）。结构和机电顾问同时也分别使用 Revit Structure 和 Revit MEP 建立他们的 BIM 模型并且整合到建筑模型中进行碰撞检测，从而避免了一些传统的二维对图过程很难发现的问题（图 3.15）。

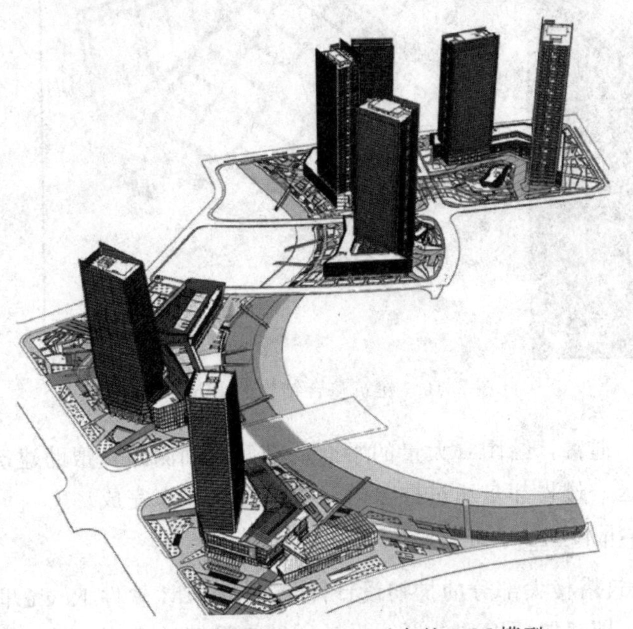

图 3.13 某建筑基于 Revit 平台的 BIM 模型

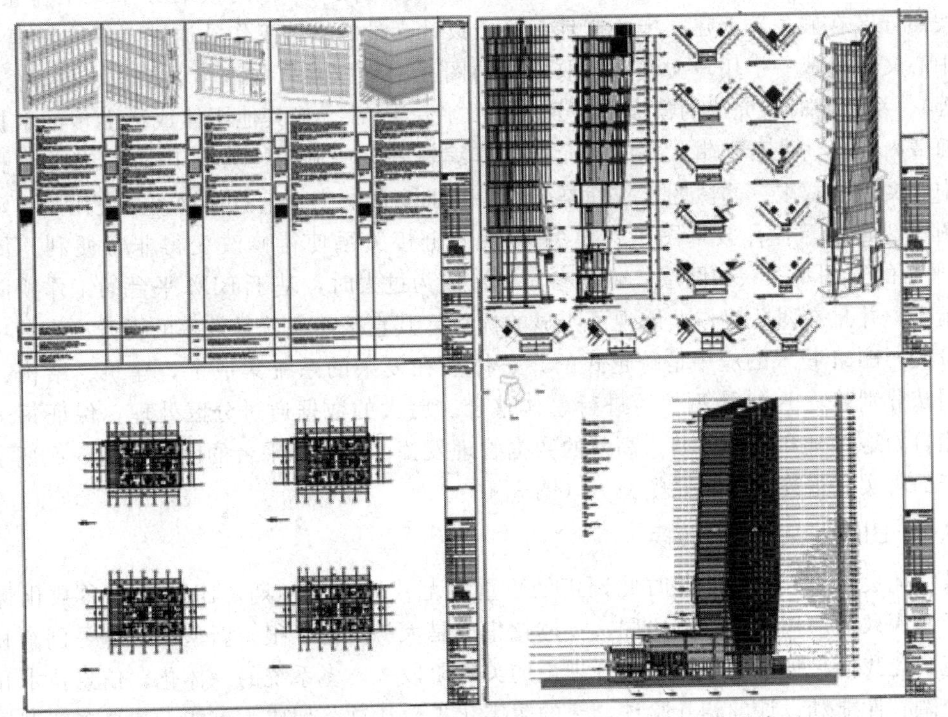

图 3.14 建筑基于 Revit 平台的 BIM 模型在图纸上的反映

对于某些复杂的项目来说，从主体建筑的技术图纸编制到多专业协同上，包括设计流程的多个方面，BIM 发挥了重大的作用。在讨论范围式的转变时，工作方式和工作流程的变

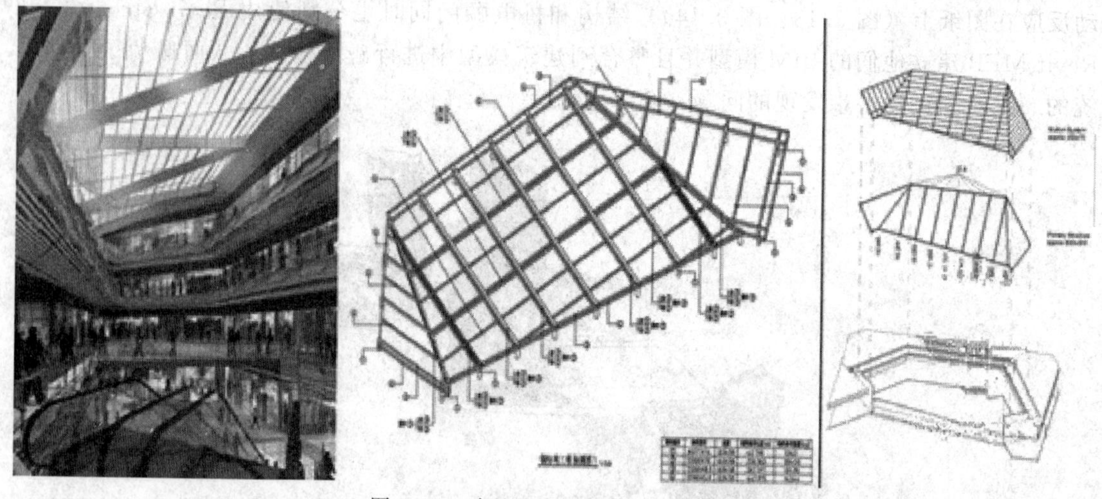

图 3.15 建筑整合结构的 BIM 模型

化是很具体的指向。通常，绘图（大量的平面、剖面、轴测图）帮助建筑师揭示建筑的内部结构和运作，现在这一过程却是通过抽象的三维模型搭建来完成。

3.1.8.2 分布式 BIM 模型

图 3.13 所示建筑塔楼大部分的扩初设计图纸是在 BIM 软件 Revit 里面完成的。塔楼平面有着重复的特征，即双层幕墙的外形。设计团队按照建造表皮、结构、核心筒分成不同的工作组，分别创建各自的 BIM 模型。这里值得一提的是 Revit 高效的分布式工作集模型。塔楼按照分区在服务器上建立中心文件。每个设计人员的本地工作站通过内部的高速千兆网访问中心文件生成一个用户文件，获取不同的图元编辑权限（如墙体、结构、楼板、轴线、标高等）。系统定时将完成的模型提交到中心文件，同时下载其他团体成员上传的数据。工作界面清晰，任何处于编辑状态的图元所有非编辑者无法调用，只有 BIM 总监才有打开和编辑中心文件的权限。团队的工作就是建立塔楼的全部的三维信息模型，最终用来自动生成平面图、剖面图等各种技术图纸。模型-图纸的链接关系使得修改变得非常便利。传统的 CAD 平台的绘图观念（如图层、外部参照）皆成为过去时，基于 BIM 平台的工作团队明显小而精干，并且在团队协作上体现了明显的优势，其直接体现就是效率的提升。在该项目的设计阶段，BIM 技术的应用是跨越式的，它体现在复杂的系统集成上，建筑、结构、机电设计团队分别建立 BIM 模型然后进行总体整合。庞大的数据通过分区处理，保证每个设计人员能自如地打开和编辑模型。高效的数据管理发挥了计算机平台的巨大潜力，保证了设计时间表的落实和最终成果的完整交付（图 3.16）。

3.1.8.3 BIM——范式的转换

数字化设计方兴未艾，此时此刻正处于重大范式转换的初期，BIM 及其参数化将走向更广泛和深入的应用。多专业协同、一体化集成是大势所趋，很多新型项目都是创新和集成的典范，让我们见证了一个关于设计理论的关键阶段——多系统的一体化、信息技术和几何学的交融、性能和设计的相互验证，新的数字化平台让这一切成为可能。和众多新型项目加速上升的曲线一样，技术还在不断进步，并催生更新的观念，数字化设计平台仍将引领潮流，我们的 BIM 技术将会达到更高的高度。

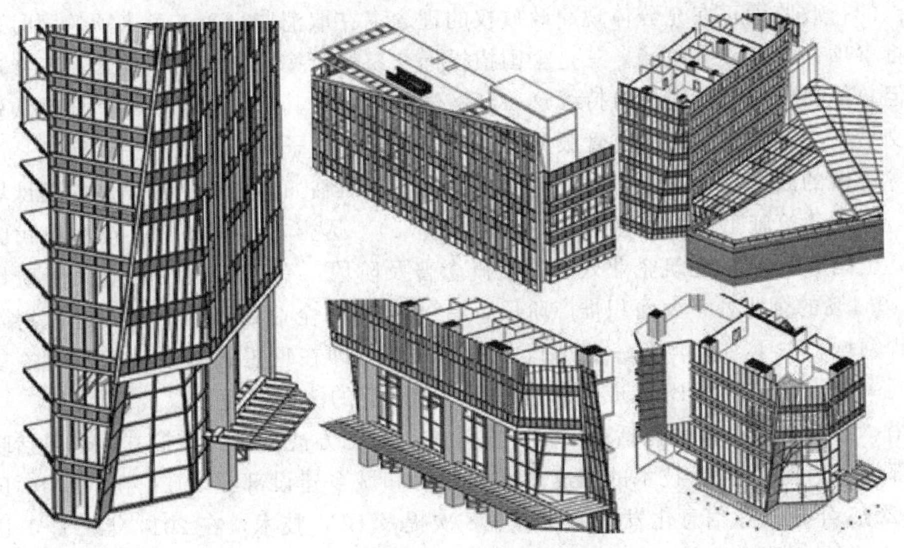

图 3.16 建筑工作者模式的 BIM 协同

3.2 项目招投标阶段的 BIM 应用

3.2.1 BIM 技术在招投标领域应用的探索

我国建筑法规定建筑工程依法实行招标发包。自 2000 年招标投标法颁布至今，我国招投标事业取得了长足的发展，新技术在招投标过程中的应用十分普遍。基于信息与网络技术的电子招投标是近几年在建筑市场逐渐开始采用的一种新型的工程承发包交易手段。经过多年的探索与实践，电子招投标系统建设日趋成熟，发展前景光明。2012 年颁布的《中华人民共和国招标投标法实施条例》第五条明确提出国家鼓励利用信息网络进行电子招标投标，更使电子招投标的推广得到了法律层面的支持。

与此同时，我国建筑业对国际先进技术的引进和吸收也在不断加强，尤其是对 BIM 技术的应用逐渐形成一股热潮。住房和城乡建设部于 2011 年发布的《2011～2015 年建筑业信息化发展纲要》指出要加快建筑信息模型（BIM）和基于网络的协同工作等新技术在工程中的应用。

BIM 技术给我国建筑业带来了挑战和机遇，是未来建筑业信息化发展的主流 。作为一种贯穿于建筑全寿命周期的信息化技术，BIM 将会对我国建筑业现有的运行模式带来巨大的变革。应用 BIM 技术建设的工程项目电子招投标系统将成为未来电子化招投标发展的一个新方向。

3.2.1.1 BIM 技术在招投标领域的应用前景

当下，招标投标行业已进入新常态。这种新常态具有以下明显的特点：一是以“互联网”为标志，大数据、BIM（建筑信息模型）技术、电子化三大科技手段正在促进工程建设领域快速发展，并产生质的飞跃，也为建筑业的改革发展带来革命性、方向性的变化。同时，PPP（公私合作模式）项目等一系列新的资本运作模式也给招投标方式带来新的挑战。

二是我国的行政监管正在充分体现简政放权的理念，在取消非行政许可事项的同时，进一步简化审批事项，延伸服务内涵。三是全国招投标交易场所按国务院最新要求，正在进行全面整合。但总体目标依然体现了可持续这一经济学的核心，其方向是明确的，即公共资源及建设工程交易中心从传统意义的监管服务方式向信息化、电子化交易服务平台转变。四是随着政府指导价格的放开、企业资格弱化，招标代理企业面临如何健康持续发展的新课题。

据《中国建筑施工行业信息化发展报告（2015）》透露，目前，BIM技术在我国的应用现状是，全国有38%的建筑企业处于开始概念普及阶段，有26.1%的企业处于项目试点阶段，有10.4%的企业处于大面积推广阶段，有25.5%的企业处于尚未有推进计划阶段。在建筑工程领域，关于BIM，有一点是行业内的共识，即在理想状态下，工程的各参与方能够基于同一个（套）项目BIM成果来进行高效和广泛的流程管理。

这里“各参与方”一般包括业主方、设计方、施工方甚至运行维护方，也包括政府审批和监管部门。为促进BIM技术的加速发展，住房和城乡建设部在2011年5月10日印发的《2011～2015年建筑业信息化发展纲要》中8次提及BIM技术，在2014年7月1日印发的《关于推进建筑业发展和改革的若干意见》中指出，推进建筑信息模型（BIM）等信息技术在工程设计、施工和运行维护全过程的应用，提高综合效益。

2015年6月16日，住房和城乡建设部又印发《关于推进建筑信息模型应用的指导意见》，加快推动BIM应用。各省也相应出台了推进BIM应用的相关文件，如：2014年7月，《山东省人民政府办公厅关于进一步提升建筑质量的意见》明确提出，推广建筑信息模型（BIM）技术。2014年10月29日，上海市政府颁布了《关于在上海推进建筑信息模型技术应用的指导意见》，明确规定大型项目和重点项目全面应用BIM技术。2015年2月，广东省住房和城乡建设厅确定了《广东省建筑信息模型应用统一标准》制订计划。

2015年5月，深圳发布《深圳市建筑工务署政府公共工程BIM应用实施纲要》和《深圳市建筑工务署BIM实施管理标准》，明确了BIM应用的阶段性目标，BIM应用参与各方的职责和设计、施工、运行维护等阶段的BIM应用标准和要求。

2015年6月，福建省住房和城乡建设厅发布《2015年建筑产业现代化试点工作要点》，要求引导龙头骨干设计企业加大对建筑工业化设计的研究，探索实施BIM等先进技术在建筑工业化项目的应用，提升建筑工业化的设计深度水平。

毫无疑问，政府部门不断深入地指导和参与BIM的发展，是令人欢欣鼓舞的。为了这项事业能够持续推进下去，使各项政策落到实处，政府还需在审批层面加强管理。在对BIM技术的审批层面，要重点思考3个问题，即标准化的支付体系、成熟的软硬件系统和符合BIM特征的审批思维。

近几年，BIM技术已迅速渗透到工程建设行业的方方面面。无论是大规模、复杂的概念性建筑，还是普遍存在的中小型实用建筑，BIM技术在我国经历了多年的市场孕育，已经开始起跑加速。

BIM技术如何应用到工程招投标管理中？这是急需探讨的课题。传统工程招投标管理的关键问题重点在以下方面：一是针对甲方而言，现在的工程招投标项目时间紧、任务重，甚至还出现边勘测、边设计、边施工的工程，甲方招标清单的编制质量难以得到保障。

而施工过程中的过程支付以及施工结算是以合同清单为准，直接导致了施工过程中变更难以控制、结算费用一超再超的情况时有发生。要想有效地控制施工过程中变更多、索赔多、结算超预算等问题，关键是要把控招标清单的完整性、清单工程量的准确性以及与合同清单价格的合理性。

二是针对乙方而言，由于投标时间比较紧张，要求投标方高效、灵巧、精确地完成工程量计算，把更多时间运用在投标报价技巧上，这些单靠手工是很难按时、保质、保量完成的。而且随着现代建筑造型趋向于复杂化、艺术化，人工计算工程量的难度越来越大，快速、准确地形成工程量清单成为招投标阶段工作的难点和瓶颈。

这些关键工作的完成也迫切需要信息化手段来支撑，进一步提高效率，提升准确度。BIM技术的推广与应用，极大地促进了招投标中介咨询及服务机构的精细化程度和管理水平。在招投标过程中，招标方或代理机构根据BIM模型可以编制准确的工程量清单，达到清单完整、快速算量、精确算量，有效地避免漏项和错算等情况，最大限度地减少施工阶段因工程量问题而引起的纠纷。投标方根据BIM模型快速获取正确的工程量信息，与招标文件的工程量清单比较，可以制定更好的投标策略。

在BIM技术被推广的同时，招投标监管部门和监管人员必须熟悉和掌握BIM技术，做到与时俱进，适时调整监管内容。政府监管部门参与BIM流程，也是行业内一个重要的发展方向。从政策层面推动BIM技术的应用，会极大地促使其广泛使用和普及。

总之，利用BIM技术在促进建筑业施工管理全面升级换代的同时，可以提高招标、投标的质量和效率，有力地保障工程量清单的全面和精确，促进投标报价的科学、合理，加强招标、投标管理的精细化水平，减少风险，进一步促进招标、投标市场的规范化、市场化、标准化发展。

3.2.1.2 BIM在招投标阶段带来的机遇和挑战

我们首先来看看一个商业地产项目的生命周期，如图3.17所示。

可以将中国社会主义市场经济的发展过程形容为摸着石头过河，那么开发商可以摸的“石头”就是图纸，地产项目是照着图纸一步步推进的。

图纸是设计师画的，但是如果图纸有所谓的“错、漏、碰、缺”，导致测量师算错钱、承包商返工窝工待工、物业公司关错电闸、钻断水管，由此引起的成本增加、工期延长、质量下降，都是要开发商来买单的，换言之，图纸有错直接影响开发商的投资收益。

遗憾的是，建筑项目特别是商业地产项目图纸的出错概率非常高（每个项目都有），而且出现严重问题（例如导致100万以上的成本变动）的概率也非常高！

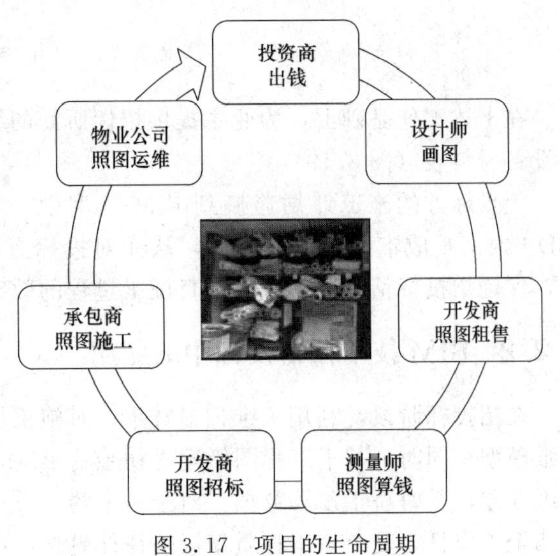

图3.17 项目的生命周期

因此，招标阶段对于开发商来说关键要解决两个问题：

① 向投标方提供正确的没有错误的招标图；

② 使用有效的方法评估承包商的管理和技术能力。

对于第一个问题来说，绝大部分的招标图是设计院提供的施工图，对于商业地产等大型复杂项目，业主也会要求设计院或聘请第三方做管线综合图和预埋套管图，但由于使用的技术手段还是项目设计的时候使用的“CAD+效果图”，效果并不理想。也就是说，招标图的质量问题依旧比较严重。

至于第二个问题，业主仅仅通过投标文件也很难判断承包商的能力是否强，提供的技术方案是否能达到最佳效果。有些承包商也会提供用“电脑动画+CAD”技术制作的所谓“施工模拟”或者“形象进度模拟”，但这些电脑动画只能用来“看”，并不能用来对施工方案进行“研究”，因此，对于评估投标方的施工方案优劣并无太大帮助。

uBIM招投标阶段的咨询服务产品优比综合通（uCSD）以帮助开发商在招投标阶段解决上述两个问题为服务目标，部分服务内容列举如下。

对设计院提供的施工图建立用于专业协调和管线综合的BIM模型，进行多达几十种不同类型的多方设计布置检查和协调，消灭设计图纸的“错、漏、碰、缺”（图3.18）。

图3.18　竖井/管道间协调

在上述工作基础上，为业主提供招标所需的综合管线图、结构预留孔洞（预埋套管）图和设备材料表（图3.19）。

把投标方的施工计划连接到BIM模型中，对其施工方案进行4D（3D+时间）和5D（3D+时间+成本）模拟和研究，从而对投标方的综合能力和投标方案的优劣进行科学评估，保证招投标活动以及今后项目施工过程的效率和质量（图3.20）。

3.2.2　BIM技术在招投标中的应用

在招投标阶段，利用三维扫描技术，对施工场地进行高精度数字测绘，获得整个现场的三维模型。同时，基于工程图纸建立初步的BIM模型，并与三维扫描模型比对，迅速发现图纸偏差，及时矫正预算数据。对于一个约90m^{2}的普通住宅户型，传统放线需要耗费至少三四个工作日，受土建工程质量影响往往更长，而由2～3名技术人员操作的三维扫描一天能完成近20套这样的户型，效率是传统放线作业的40多倍。此外，基于精确的数字模型和信息，技术标中的各项数据更为准确，可视化的模型也大大减少了开工后将遭遇的不确定因素。

3.2.2.1　BIM在工程招投标管理中的应用

BIM技术的推广与应用，极大地促进了招投标管理的精细化程度和管理水平。在招投标过程中，招标方根据BIM模型可以编制准确的工程量清单，达到清单完整、快速算量、

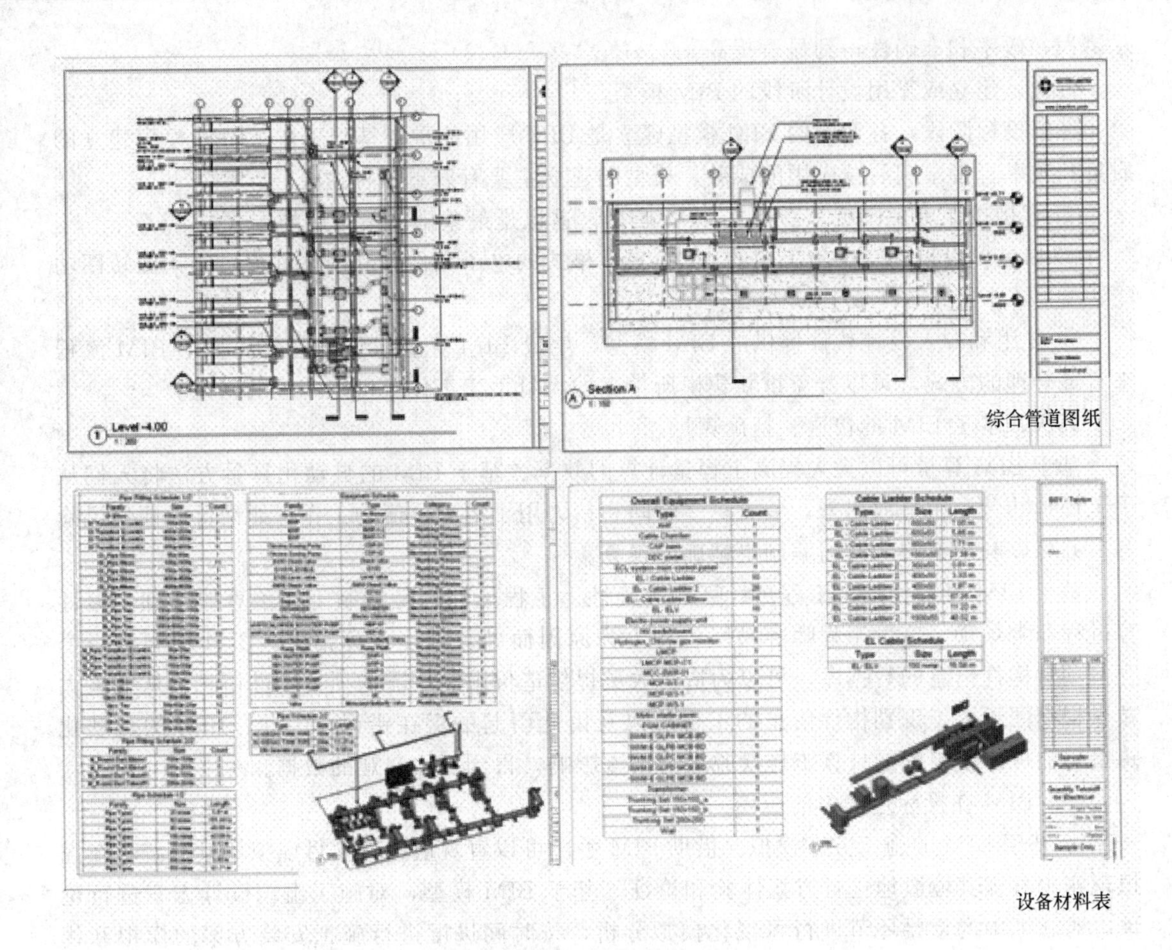

图 3.19　招标所需相关图纸及表格

图 3.20　4D 建造过程模拟

精确算量，有效地避免漏项和错算等情况，最大限度地减少施工阶段因工程量问题而引起的纠纷。投标方根据 BIM 模型快速获取正确的工程量信息，与招标文件的工程量清单比较，可以制定更好的投标策略。

（1）BIM 在招标控制中的应用　在招标控制环节，准确和全面的工程量清单是关键，工程量计算是招投标阶段耗费时间和精力最多的重要工作。BIM 是一个富含工程信息的数据库，可以真实地提供工程量计算所需要的物理和空间信息，借助这些信息，计算机可以快速对各种构件进行统计分析，从而大大减少根据图纸统计工程量带来的烦琐的人工操作和潜在错误，效率和准确性得到显著提高。

首先，建立或复用设计阶段的BIM模型。

在招投标阶段，各专业的BIM模型建立是BIM应用的重要基础工作。BIM模型建立的质量和效率直接影响后续应用的成效。模型的建立主要有以下三种途径。

① 直接按照施工图纸重新建立BIM模型，这也是最基础、最常用的方式。

② 如果可以得到二维施工图的AutoCAD格式的电子文件，利用软件提供的识图转图功能，将.dwg二维图转成BIM模型。

③ 复用和导入设计软件提供的BIM模型，生成BIM算量模型。这是从整个BIM流程来看最合理的方式，可以避免重新建模所带来的大量手工工作及可能产生的错误。

其次，基于BIM的快速、精确算量。

基于BIM算量可以大大提高工程量计算的效率。基于BIM的自动化算量方法将人们从手工烦琐的劳动中解放出来，节省更多时间和精力用于更有价值的工作，如询价、评估风险等，并可以利用节约的时间编制更精确的预算。

基于BIM算量提高了工程量计算的准确性。工程量计算是编制工程预算的基础，但计算过程非常烦琐，造价工程师容易因各种人为原因而导致很多计算错误。BIM模型是一个存储项目构件信息的数据库，可以为造价人员提供造价编制所需的项目构件信息，从而大大减少根据图纸人工识别构件信息的工作量以及由此引起的潜在错误。因此，BIM的自动化算量功能可以使工程量计算工作摆脱人为因素影响，得到更加客观的数据。

（2）BIM在投标过程中的应用

① 基于BIM的施工方案模拟。借助BIM手段可以直观地进行项目虚拟场景漫游，在虚拟现实中身临其境般地进行方案体验和论证。基于BIM模型，对施工组织设计方案进行论证，对施工中的重要环节进行可视化模拟分析，按时间进度进行施工安装方案的模拟和优化。对于一些重要的施工环节或采用新施工工艺的关键部位、施工现场平面布置等施工指导措施进行模拟和分析，以提高计划的可行性。在投标过程中，通过对施工方案的模拟，直观、形象地展示给甲方。

② 基于BIM的4D进度模拟。建筑施工是一个高度动态和复杂的过程，当前建筑工程项目管理中经常用于表示进度计划的网络计划，由于专业性强、可视化程度低，无法清晰描述施工进度以及各种复杂关系，难以形象表达工程施工的动态变化过程。通过将BIM与施工进度计划相链接，将空间信息与时间信息整合在一个可视的4D（3D＋时间）模型中，可以直观、精确地反映整个建筑的施工过程和虚拟形象进度。4D施工模拟技术可以在项目建造过程中合理制订施工计划、精确掌握施工进度、优化使用施工资源以及科学地进行场地布置，对整个工程的施工进度、资源和质量进行统一管理和控制，以缩短工期、降低成本、提高质量。此外借助4D模型，施工企业在工程项目投标中将获得竞标优势，BIM可以让业主直观地了解投标单位对投标项目主要施工的控制方法、施工安排是否均衡、总体计划是否基本合理等，从而对投标单位的施工经验和实力作出有效评估。

③ 基于BIM的资源优化与资金计划。利用BIM可以方便、快捷地进行施工进度模拟、资源优化，以及预计产值和编制资金计划。通过进度计划与模型的关联，以及造价数据与进度关联，可以实现不同维度（空间、时间、流水段）的造价管理与分析。

将三维模型和进度计划相结合，模拟出每个施工进度计划任务对应所需的资金和资源，形成进度计划对应的资金和资源曲线，便于选择更加合理的进度安排。

通过对BIM模型的流水段划分，可以按照流水段自动关联快速计算出人工、材料、机械设备和资金等的资源需用量计划。所见即所得的方式，不但有助于投标单位制订合理的施工方案，还能形象地展示给甲方。

总之，BIM对于建设项目生命周期内的管理水平提升和生产效率提高具有不可比拟的优势。利用BIM技术可以提高招标投标的质量和效率，有力地保障工程量清单的全面和精确，促进投标报价的科学、合理，加强招投标管理的精细化水平，减少风险，进一步促进招标投标市场的规范化、市场化、标准化发展。可以说BIM技术的全面应用，将对建筑行业的科技进步产生不可估量的影响，大大提高建筑工程的集成化程度和参建各方的工作效率，同时，也为建筑行业的发展带来巨大效益，使规划、设计、施工乃至整个项目全生命周期的质量和效益得到显著提高。

3.2.2.2 电子招投标系统建设中存在信息孤岛现象

电子招投标是指利用现代信息技术，以数据电文形式进行的无纸化招投标活动。近5年来，电子化招投标在建设工程、机电设备、药品、电力、石化、冶金等领域逐渐得到推广。从招投标利用环节看，既有全流程电子化招标系统应用，也有部分招标环节的电子化应用。采用电子化招投标可以提高招投标工作的效率，节约能源与资源，有利于公平竞争和预防腐败。

目前我国普遍采用的电子化招投标系统主要是一种基于数字化和网络化的项目信息集成平台，其主要功能是将传统纸质招投标流程部分或全部复制到信息平台上进行。从形式上看，现阶段的电子化招投标与传统纸质招投标相比仅仅是工作介质发生了变化。从建筑全寿命周期考虑，电子化招投标既没有充分利用工程项目在招投标阶段以前积累的信息化成果，也没有为招投标活动结束后的项目实施阶段提供可以深度利用的信息化资源，电子化招投标系统自身形成了一个信息孤岛。

随着我国建筑业信息化发展的不断深入，减少建设项目生产过程中信息的分散性，将传统工程项目管理模式下在决策、设计、招投标、施工及运营等各阶段形成的信息孤岛连接起来，加强信息集成程度将成为建筑业发展的必然需求，BIM技术就是在这种需求下产生的新型建筑信息集成模式。

BIM是近十年来在CAD技术基础上发展起来的一种多维模型信息集成技术，可应用于建筑工程全寿命周期的各个阶段，具有可视化、协调性、模拟性、优化性、可出图性等特点。BIM将规划、设计、施工、运营等各阶段的数据全部逐渐累积于一个数据库，如图3.21所示。BIM整合了工程建设过程中的各种信息，并允许用户对这些信息进行交换和共享，可以使项目建设的所有参与方都能够在数字虚拟的真实建筑物模型中操作信息和在信息中操作模型。

在传统的建筑业信息管理模式中，工程项目信息浪费和冗余严重，信息在不同阶段使用者之间不断流失，信息交换效率低下，无法从全局的角度进行优化，并严重影响了信息的有效性。基于BIM技术的信息管理模式，将建设全生命周期、全方位信息连续打通和无缝连接，极大地打破了现有工程项目管理中的屏障，整合了离散的信息流程，避免了信息的歧义和不一致，如图3.22所示。BIM改变了建设工程信息的管理过程和共享过程，从而实现全生命周期的信息化管理。

3.2.2.3 BIM在工程项目电子招投标系统建设中的应用

国内现有的项目管理模式按发展历程和集成化程度，可分为传统模式、承包管理型模式

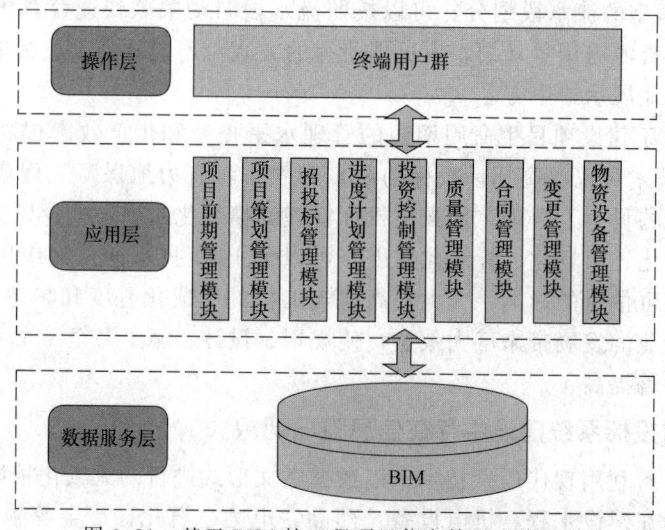

图 3.21　基于 BIM 的工程项目信息管理系统框架

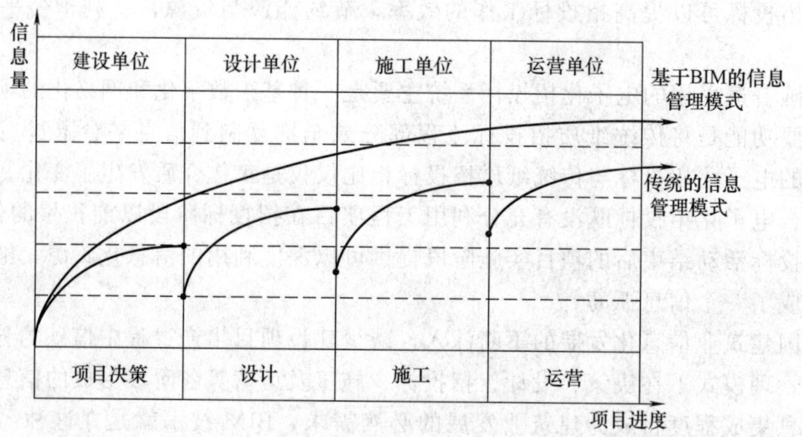

图 3.22　基于 BIM 技术的信息管理模式与传统信息管理模式比较

和集成创新型模式三大类。BIM 在各种项目管理模式中应用的方式有所不同，因此在工程项目电子招投标系统建设中应用 BIM 技术可以分为两个层次。第一个层次是在传统模式下将现有电子招投标系统引入 BIM 进行系统升级，第二个层次是在承包管理型模式和集成创新型模式中采用完全基于 BIM 的工程项目电子招投标系统。

（1）引入 BIM 对电子招投标系统进行升级　传统模式即设计-招标-建造模式（DBB），是我国目前普遍采用的工程项目管理模式。从 BIM 的角度考虑，建筑全寿命周期内的每一项工作都是在对 BIM 数据库进行完善和扩充。以采用 DBB 管理模式的工程项目为例，设计阶段是 BIM 的搭建阶段，决定了 BIM 数据库的基础与框架。招投标阶段是在初步搭建的 BIM 数据库中扩充造价数据以及选择建造数据的提供人。建造阶段则是用建造过程数据和建筑实体数据对 BIM 数据库进一步扩充，最终同时完成建筑实体与建筑信息模型，并将实体成果与信息成果交付给业主使用。

因此，在 DBB 模式下，应用 BIM 技术的电子招投标系统的工作模式是：由招标人向投标人提供设计阶段完成的 BIM 数据库并提出数据填报要求作为招标文件，由投标人将扩充数据后的模型方案作为投标文件，最后由招标人对各投标人提交的模型方案进行综合评价，选择最优方案的提供人作为中标人来完成BIM数据库中建造信息的扩充。这里提到的招标文件和投标文件是一种数字模式的文件形式，已经不同于对传统纸质招标文件的电子化。

由于在DBB模式中各阶段生产过程相对分离，建设项目决策、设计、施工、运营各个阶段信息分离管理，集成程度不高，BIM技术难以充分发挥自身优势。但即便如此，BIM单就某一个阶段或功能的应用依然可以使传统的DBB模式降低成本和风险，带来经济效益和生产效率的提高。比如基于BIM的工程量计算可以显著提升工程量清单及招标控制价的编制质量并缩短工作时间。

传统模式下形成的责任和义务关系严重阻碍了项目各参与方运用BIM技术进行协同工作和信息交换，所以如果没有业主积极推动采用BIM技术，招投标阶段将难以享受BIM技术的优势。因此应用BIM技术升级之后的电子招投标系统只能是现有电子招投标系统的一个可选项，是在BIM技术浪潮下被动做出的改变。随着承包管理型模式和集成创新型模式的普及，建设完全基于BIM的工程项目电子招投标系统将成为建筑业发展的内在需求。

(2) 基于BIM的工程项目电子招投标系统　承包管理型模式包括DB模式、EPC模式、BOT模式、CM模式和PMC模式等。集成创新型模式包括合作伙伴关系（Partnering）、集成交付模式（IPD）等。相比于传统模式，承包管理型模式和集成创新型模式的集成程度相对较高，可实现建设活动多个阶段的集成管理。BIM可以在承包管理型模式中得到更好的应用，而在创新型模式中，BIM的优势将得到淋漓尽致的发挥。比如IPD就是一种基于BIM才可能实现的管理模式。

在承包管理型模式和集成创新型模式中，招投标作为项目采购的一种方式，将从DBB模式中的业主强制选择转变为承包商主动采用。在这种模式下，电子招投标系统可以直接在BIM中搭建，成为BIM数据库的一个子系统。以IPD模式为例，所有项目文档包括与招投标有关的文档都转向以BIM为中心的从设计、施工到设施管理过程中生成的数字模型。基于BIM的电子招投标系统将改变现有的招投标工作模式，使招投标双方之间的协作大于博弈。传统招投标过程中存在的不利于建筑全寿命周期内各参建方协同工作的过程将不再适用。

(3) 融合BIM的工程项目电子招投标系统的优势与应用前景　BIM的应用使电子招投标系统打破了传统招投标的固有模式，在现有电子化招投标系统的基础上，进一步加深对网络与信息技术的利用。文本化的招标文件和投标文件可以部分或全部被数字化模型取代。

使用基于BIM的电子招投标系统，可以在招标过程中最大限度地避免项目设计信息在传递到投标人的过程中发生流失。由于在设计阶段通过搭建BIM模型能够很容易地检测到设计缺陷，对图纸中的错、漏、碰、缺及招标过程中可能发生的歧义点、不明节点等，都可以在招投标前做出修改并优化到位，因此可以极大地提高工程量计算的准确性，最大限度地减少施工阶段因工程量问题而引起的纠纷，并且基于BIM的自动化算量方法更加节省时间和精力。

基于BIM的电子招投标系统更为突出的特点在于赋予了招标文件和投标文件可视化和可模拟化功能，更好地发挥电子招投标系统的人机融合互动机制。借助BIM可以直观地进行项目虚拟场景漫游，在虚拟现实中身临其境般地进行方案体验和论证。通过对施工方案的模拟，可以将投标文件直观、形象地展示给招标人和评标专家。招标人及评标专家通过可视化和模拟化的方法直观地了解投标人对投标项目采用的主要施工方法、判断施工安排是否均衡、总体计划是否合理等，并能够查询与进度计划对应的资金和资源曲线，从而对投标单位的施工经验和实力做出十分深入和个性化的评估。举例来说：如果招标人认为项目施工过程中遭受恶劣天气的可能性比较大，则可以在各投标人提交的施工方案数字模型中插入一个模拟的不可抗力事件，利用BIM的4D进度模拟技术，观察该事件对各投标方案造成的进度影响以及成本增加，从而比较出哪个投标方案能够更好地应对风险。

信息化与生俱来的变革特质，注定了电子招投标的推进必然是一个充满创新与变革的过程，传统招标的运作模式、思维惯性和规则体系将面临新挑战。而BIM技术的全面应用，将为建筑行业的科技进步产生无可估量的影响，大大提高建筑工程的集成化程度和参建各方的工作效率。BIM与电子招投标的结合，必将为招投标事业的发展开辟新的广阔天地。

3.3 项目施工阶段的BIM应用

3.3.1 引言

BIM技术已成为建设领域信息技术的研究和应用热点，BIM的应用价值已经得到政府的高度关注和行业的普遍认可。它利用数字建模软件，提高项目设计、建造和运营管理的效率，给采用该模型的业主、建筑企业和最终用户都带来极大的价值，代表建筑业的未来发展方向。

住建部发布的《2011～2015年建筑业信息化发展纲要》（以下简称《纲要》）中明确指出：在施工阶段开展BIM技术的研究与应用，推进BIM技术从设计阶段向施工阶段的应用延伸，降低信息传递过程中的衰减；研究基于BIM技术的4D项目管理信息系统在大型复杂工程施工过程中的应用，实现对建筑工程有效的可视化管理等。可以说，《纲要》的颁布，拉开了BIM技术在我国施工企业全面推进的序幕。根据国家权威统计，我国建筑业目前已逾十万亿元的产值规模。产值规模虽大，但产业集中度依然不高，信息化水平落后，建筑业生产效率更与国内其他行业、国外的建筑业均有着较大的差距。我国建筑企业一直在提倡集约化、精细化，但缺乏信息化技术的支持，很难落实。而BIM技术的出现为建筑企业精细化提供了可能。

国内近年来开始大规模引进和实施BIM技术。项目业主通过与设计方、施工方和业内专家合作，推动项目在设计和施工过程中全方位实施BIM技术。理论上，BIM技术对项目施工阶段会有以下好处。

（1）设计意图可行性的分析　运用BIM技术在正式图纸出来前即可发现问题，并提出可行的修改意见，与设计协调修改图纸，降低施工难度和成本。

（2）设计图纸的复核　项目有建筑、结构、水道、暖通、电气、概（预）算等专业的设计图纸，还有数据、通信、安全、节能等方面的要求，这些专业之间分工是清晰的，即使每个专业的图纸都是正确的，合在一起后也可能有问题，不是不同专业的内容互相碰撞、冲突，就是造好以后不合理。利用BIM技术可以将所有数据整合在同一模型中，极大地提高复核、协调的效率和质量。

（3）施工现场4D管理　可以轻松创建、审核和编辑4D进度模型，编制更为可靠的进度表，与三维模型直接对接，从而使项目相关方顺畅沟通。也可对下阶段施工方案和计划安排进行预演，在视频界面上，直观、系统地考察方案的可行性。通过在视觉上比较竣工进度与预测进度，项目管理人员可避免进度疏漏，更好地把握项目进度管理。

（4）主要演示手段　作为主要的与外界交流的演示手段，比如工程的介绍和施工方案的交底。现今很多复杂方案的交底往往因平面图纸较难理解而效率不高，使用直观的、视频化的BIM模型对方案进行演示，能让每个人都明白自己到底要做什么和怎样做。

（5）施工现场nD管理　在软件的支持下，BIM模型还可用于更好地管理成本、物流和材料消耗。

（6）提供给业主和物业一个可靠的、真实的竣工模型

因此，为了保证项目的顺利进行，业主提出建立基于BIM的工程信息管理系统，从建筑的全生命周期角度出发，以信息技术为手段，在建筑的设计、施工、运营全过程中有效地控制工程信息的采集、加工、存储和交流，用经过集成和协同的信息流指导和控制项目建设的物质流，支持项目管理者进行规划、协调和控制。

在项目上应用基于BIM的工程信息管理系统将帮助整个建设团队更好地控制工程质量、进度和费用，保证项目的成功实施，达到项目全生命周期内的技术和经济指标最优化。

3.3.2 国内外BIM在工程施工中的应用现状

3.3.2.1 IPD模式的推行和应用

目前，BIM的应用在欧美发达国家正在迅速推进，并得到政府和行业的大力支持。如美国已制定国家BIM标准，要求在所有政府项目中推广使用IFC（Industry Foundation Classes）标准和BIM技术，并开始推行基于BIM的IPD（Integrated Projected Delvery，集成项目交付）模式。

IPD的基本思想是集成地、并行地设计产品及其相关过程，将传统的序列化的、顺序进行的过程转化为交叉作用的并行过程，强调人的作用和人们之间的协同工作关系，强调产品开发的全过程。美国推行的IPD模式是在工程项目总承包的基础上，把工程项目的主要参与方在设计阶段集合在一起，着眼于工程项目的全生命期，基于BIM协同工作，进行虚拟设计、建造、维护及管理。共同理解、检验和改进设计，并在设计阶段发现施工和运营维护存在的问题，预测建造成本和时间，并且共同探讨有效方法解决问题，以保证工程质量，加快施工进度，降低项目成本。IPD模式在美国推广以来，已成功应用于一些工程项目，充分体现了BIM的应用价值。基于BIM的集成项目交付作为一种新型的工程项目管理模式，被认为具有广阔前景。

与欧美发达国家相比，我国BIM研究起步并不晚，但由于施工企业项目管理模式及水平的限制，使BIM在施工阶段的推广应用比较缓慢，尤其是IPD模式更为困难。然而，国家政府的重视，行业发展的需求，促进了BIM更深层次的研究和推广，IPD也被越来越多的企业所认识和接受。引入IPD理念和应用BIM技术，已成为当前施工企业打造核心竞争力的重要举措。

3.3.2.2 当前工程施工中的BIM应用现状

如前所述，IPD作为理想的BIM应用模式尚在推行过程中，而BIM应用还存在诸多问题和困难。当前国内外施工阶段的BIM应用主要借助专业的BIM团队，完成BIM建模，通过中性的IFC＋文件或软件开发商提供的特定文件格式（如.rvt格式），将BIM中的相关数据导入某些施工应用软件中，实现施工阶段的局部信息共享。当前施工阶段BIM应用主

要涉及以下几方面内容。

（1）基于BIM的设计可视化展示　按照2D设计图纸，利用Revit等系列软件创建项目的建筑、结构、机电BIM模型，可对设计结果进行动态的可视化展示，使业主和施工方能直观地理解设计方案，检验设计的可施工性，在施工前能预先发现存在的问题，与设计方共同解决。

目前，普遍应用的BIM建模软件有Autodesk Revit Architecture/Structure/MEP、Bentley Architecture以及Graphisoft ArchiCAD等。

（2）基于BIM的碰撞检测与施工模拟　将所创建的建筑、结构、机电等BIM模型，通过IFC或.rvt文件导入专业的碰撞检测与施工模拟软件中，进行结构构件及管线综合的碰撞检测和分析，并对项目整个建造过程或重要环节及工艺进行模拟，以便提前发现设计中存在的问题，减少施工中的设计变更，优化施工方案和资源配置。目前常用的碰撞检测与施工模拟软件主要有Autodesk Navisworks、Bentley Navigator以及清华大学研发的基于BIM的工程项目4D动态管理系统。

（3）基于BIM的工程深化设计　利用结构、设备管线BIM模型进行工程深化设计，是当前施工阶段BIM应用的重要体现。其应用方法有以下两种。

① 所创建的模型，通过IFC＋或.rvt文件导入专业设计软件中进行深化设计，如利用Tekla进行钢结构及其复杂节点的深化设计，利用CATIA进行复杂异形结构、幕墙的深化设计等。

② 根据碰撞检测的分析结果，直接在BIM建模软件中对结构、水暖电管网及设备等专业设计进行调整、细化和完善。如利用Revit Architecture/Structure/MEP建模和深化设计，用Navisworks进行碰撞检测。

（4）基于BIM的施工项目管理　目前，国内外软件厂商尚未推出商品化的BIM施工项目管理软件，而被业内认可并广为应用的是清华大学研发的基于BIM的4D施工管理的系列软件。将BIM与4D技术结合起来，通过建立基于IFC的4D施工信息模型，将建筑物及其施工现场3D模型与施工进度链接，与施工资源、安全质量以及场地布置等信息集成一体。实现了基于BIM和网络的施工进度、人力、材料、设备、成本、安全、质量和场地布置的4D动态集成管理以及施工过程的4D可视化模拟。该系统已在国家体育场、青岛海湾大桥、广州西塔等大型工程项目中成功应用，曾获2009年、2010年华夏建设科学技术一等奖。目前，通过进一步扩展信息模型、管理功能和应用范围，系统不仅用于建筑工程，而且已推广至桥梁、风电、地铁隧道、高速公路和设备安装等工程领域，正在上海国际金融中心、昆明新机场设备安装、邢汾高速公路等多个大型工程项目中推广应用。

3.3.3　工程施工BIM应用的整体实施方案

纵观当前工程施工中的BIM应用现状，清华大学研发的建筑施工BIM建模系统和基于BIM的4D管理系列软件不仅填补了当前国内BIM施工软件的空白，经过多个大型工程项目的实际应用，已经形成了包括BIM应用技术架构、系统流程和应对措施的整体实施方案。

3.3.3.1　工程施工BIM应用的技术架构

工程施工BIM应用的技术架构见图3.23。

（1）接口层　利用自主研发的BIM数据接口与交换引擎，提供了IFC文件导入导出、IFC格式模型解析、非IFC格式建筑信息转化、BIM数据库存储及访问、BIM访问权限控制以及多用户并发访问管理等功能，可将来自不同数据源和不同格式的模型及信息传输到系统，实现了 IFC 格式模型和非 IFC 格式模型信息的交换、集成和应用。其中，数据源包括自主开发的建筑施工 BIM 建模系统 BIMMS，Revit 等软件创建的 BIM 模型，AutoCAD、CATIA、3ds Max 等软件创建的 3D 模型，MS Project 等进度管理软件产生的进度信息等。

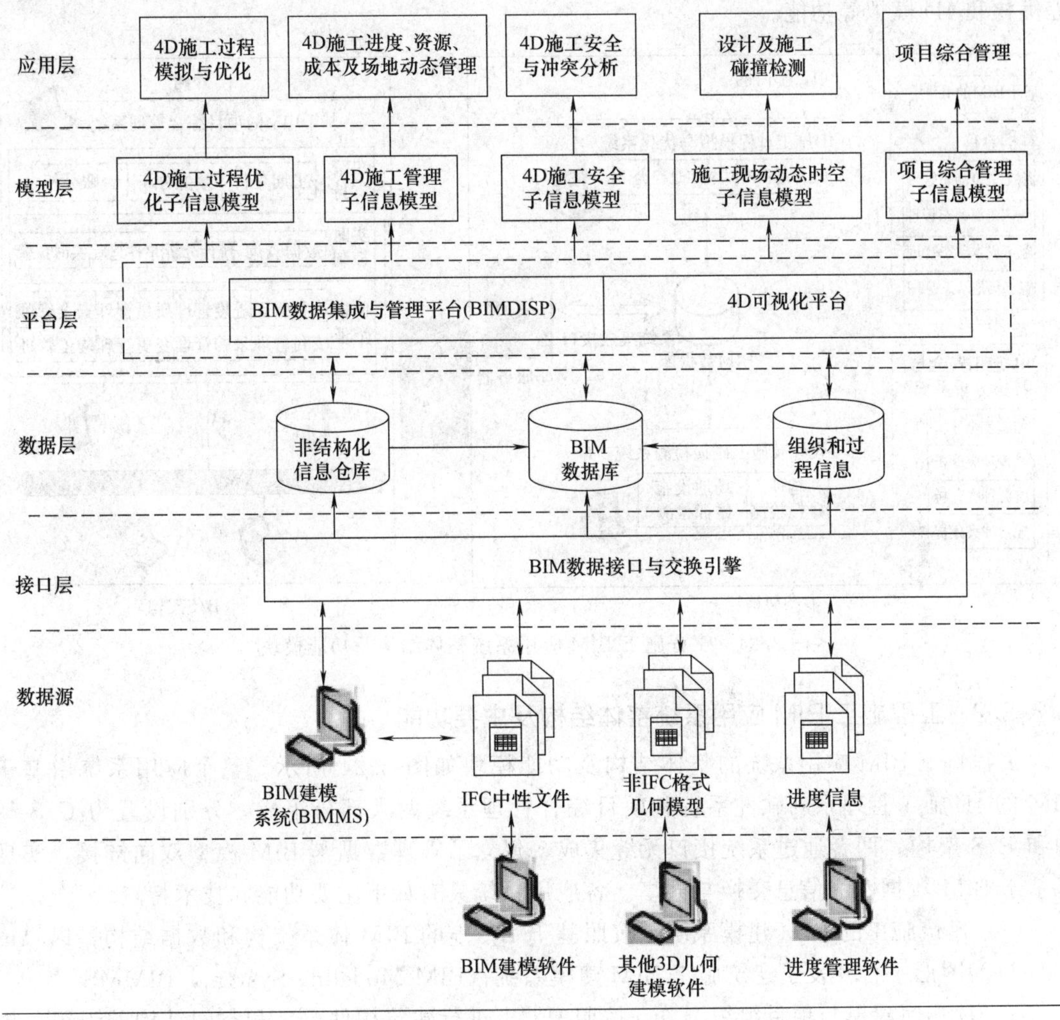

图 3.23　工程施工 BIM 应用的技术架构

（2）数据层　施工阶段的工程数据可分为结构化的 BIM 数据、非结构化的文档数据以及用于表达工程数据创建的组织和过程信息。其中 BIM 数据采用基于 IFC＋标准的数据库存储和管理；文档数据采用文档管理系统进行存储；组织和过程信息存储于相应的数据库中。通过建立 BIM 对象模型与关系型数据模式的映射关系和转换机制，BIM 数据库可利用 SQL Sever 等关系型数据库创建。

（3）平台层　包括自主开发的 BIM 数据集成与管理平台（简称 BIMDISP）和基于网络的 4D 可视化平台。BIMDISP 用于实现 BIM 数据的读取、保存。

（4）模型层　通过 BIM 数据集成平台，可针对不同应用需求生成相应的子信息模型，如施工进度子信息模型、施工资源子信息模型、施工安全子信息模型等，向应用层的各施工管理专业软件提供模型和数据支持。

(5) 应用层　由自主开发的基于 BIM 的 4D 施工管理系列软件组成，包括基于 BIM 的工程项目 4D 动态管理系统、基于 BIM 的建筑工程 4D 施工安全与冲突分析系统、基于 BIM 的施工优化系统、基于 BIM 的项目综合管理系统等。提供了基于 BIM 和网络的 4D 施工进度、资源、质量、成本和场地管理，4D 安全与冲突分析，设计与施工碰撞检测以及施工过程优化和 4D 模拟等功能。

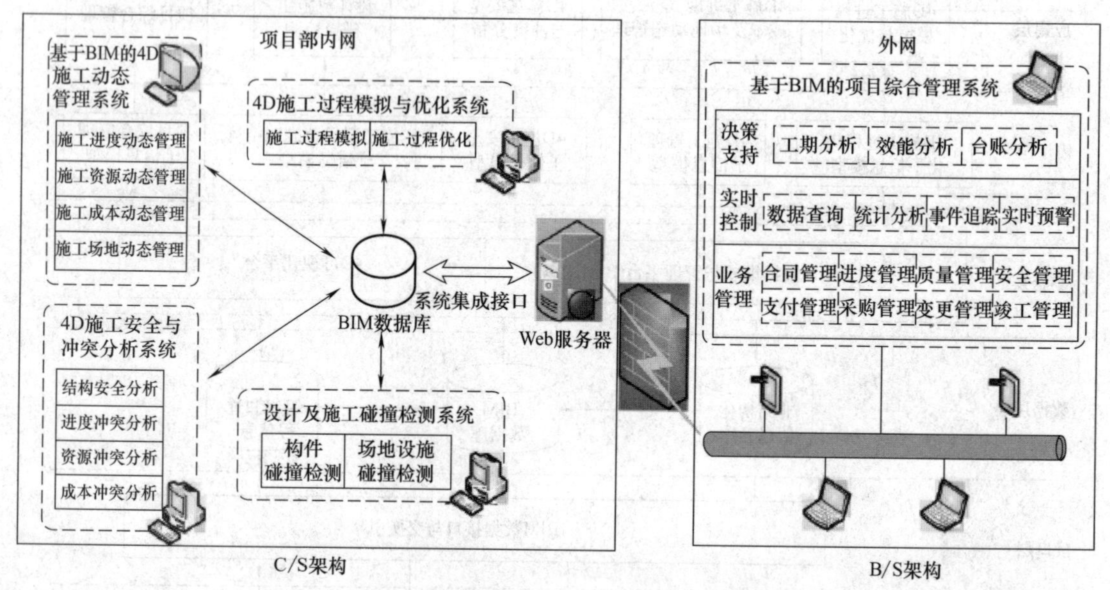

图 3.24　工程施工 BIM 应用系统整体结构及功能模块

3.3.3.2　工程施工 BIM 应用系统整体结构及主要功能

工程施工 BIM 应用系统的整体结构及功能模块如图 3.24 所示。整个应用系统由基于 BIM 的 4D 施工管理系列软件系统和项目综合管理系统两大部分组成，分别设置为 C/S 架构和 B/S 架构。两者通过系统接口无缝集成，建立了管理数据与 BIM 模型双向链接，实现了基于 BIM 数据库的信息交换与共享。各应用系统具有如下主要功能和技术特点。

(1) 建筑施工的 BIM 建模系统　按照基于 IFC+的 BIM 体系架构和数据结构，以 AutoCAD 为图形平台开发了建筑施工 BIM 建模系统（BIM Modeling System，BIMMS）。

① 3D 几何建模与项目组织浏览。按照 IFC+进行建筑构件定义和空间结构的组织，提供各种规则和不规则的建筑构件以及模板支撑体系等施工设施的 3D 建模，并利用项目浏览器，实现对构件模型的组织、分类、关联和 3D 浏览。

② 施工信息创建、编辑与扩展。实现包括材料、进度、成本、质量、安全等施工属性的创建、查询、编辑以及与模型相互关联，同时提供属性扩展功能。

③ BIM 模型导入导出模块。通过导入其他 IFC 格式的 BIM 设计模型或 3D 几何模型，快速创建 BIM 施工模型。可将包含工程属性的施工 BIM 模型导出为 IFC+文件，提供给基于 BIM 的施工管理系统和运营维护系统使用。

(2) 基于 BIM 的工程项目 4D 动态管理系统

① 4D 施工进度管理。利用系统的 WBS 编辑器和工序模板，可快捷完成施工段划分、WBS 和进度计划创建，建立 WBS 与 Microsoft Project 的双向链接；通过 Project 或 4D 模型，对施工进度进行查询、调整和控制，使计划进度和实际进度既可以用甘特图或网络图表

示，也可以以动态的3D图形展现出来，实现施工进度的4D动态管理；可提供任意WBS节点或3D施工段及构件工程信息的实时查询、多套施工方案的对比和分析、计划与实际进度的追踪和分析等功能，自动生成各类进度报表。

② 4D资源动态管理。通过可设置工程计价清单或多套定额的资源模板，自动计算任意WBS节点或3D施工段及构件的工程量以及相对施工进度的人力、材料、机械消耗量和预算成本；进行工程量完成情况、资源及成本计划和实际消耗等多方面的统计分析和实时查询；自动生成工程量表以及资源用量表，实现施工资源的4D动态管理。

③ 4D施工质量安全管理。施工方、监理方可及时录入工程质检和安全数据，系统将质量、安全信息或检验报告与4D信息模型相关联，可以实时查询任意WBS节点或3D施工段及构件的施工安全质量情况，并可自动生成工程质量安全统计分析报表。

④ 4D施工场地管理。可进行3D施工场地布置，自动定义施工设施的4D属性。点取任意设施实体，可查询其名称、类型、型号以及计划设置时间等施工属性，并可进行场地设施的信息统计等，将场地布置与施工进度对应，形成4D动态的现场管理。

⑤ 4D施工过程模拟。对整个工程或选定WBS节点进行4D施工过程模拟，可以以天、周、月为时间间隔，按照时间的正序或逆序模拟，可以按计划进度或实际进度实现工程项目整个施工过程的4D可视化模拟，并具有三维漫游、材质纹理、透明度、动画等真实感模型显示功能。

(3) 基于BIM的建筑工程4D施工安全与冲突分析系统

① 时变结构和支撑体系的安全分析。通过模型数据转换机制，自动由4D施工信息模型生成结构分析模型，进行施工期时变结构与支撑体系任意时间点的力学分析计算和安全性能评估。

② 施工过程进度/资源/成本的冲突分析。通过动态展现各施工段的实际进度与计划的对比关系，实现进度偏差和冲突分析及预警；指定任意日期，自动计算所需人力、材料、机械、成本，进行资源对比分析和预警；根据清单计价和实际进度计算实际费用，动态分析任意时间点的成本及其影响关系。

③ 场地碰撞检测。基于施工现场4D时空模型和碰撞检测算法，可对构件与管线、设施与结构进行动态碰撞检测和分析。

(4) 基于BIM的建筑施工优化系统　建立进度管理软件P3/P6数据模型与离散事件优化模型的数据交换，基于施工优化信息模型，实现了基于BIM和离散事件模拟的施工进度、资源和场地优化和过程模拟。

① 基于BIM和离散事件模拟的施工优化。通过对各项工序的模拟计算，得出工序工期、人力、机械、场地等资源的占用情况，对施工工期、资源配置以及场地布置进行优化，实现多个施工方案的比选。

② 基于过程优化的4D施工过程模拟。将4D施工管理与施工优化进行数据集成，实现了基于过程优化的4D施工可视化模拟。

(5) 基于BIM的项目综合管理系统　通过BIM系统与4D施工管理系统无缝集成，数据与BIM模型双向链接，建立清晰的业务逻辑和明确的数据交换关系，实现业务管理、实时控制和决策支持三方面的项目综合管理，为项目各参与方管理人员提供基于Web浏览器的远程业务管理和控制手段。系统主要功能如下。

① 业务管理。为各职能部门业务人员提供项目的合同管理、进度管理、质量管理、安

全管理、采购管理、支付管理、变更管理以及竣工管理等功能，业务管理数据与 BIM 的相关对象进行关联，实现各项业务之间的联动和控制，并可在 4D 管理系统进行可视化查询。

② 实时控制。为项目管理人员提供实时数据查询、统计分析、事件追踪、实时预警等功能，可按多种条件进行实时数据查询、统计分析并自动生成统计报表。通过设定事件流程，对施工的安全、质量等进行跟踪，到达设定阈值将实时预警，并自动通过邮件和手机短信通知相关管理人员。

③ 决策支持。提供工期分析、台账分析以及效能分析等功能，为决策人员的管理决策提供分析依据和支持。

3.3.3.3 工程施工 BIM 系统应用流程与应对措施

（1）系统应用流程　根据工程施工 BIM 应用的技术架构、系统整体结构及功能，其流程如图 3.25 所示。

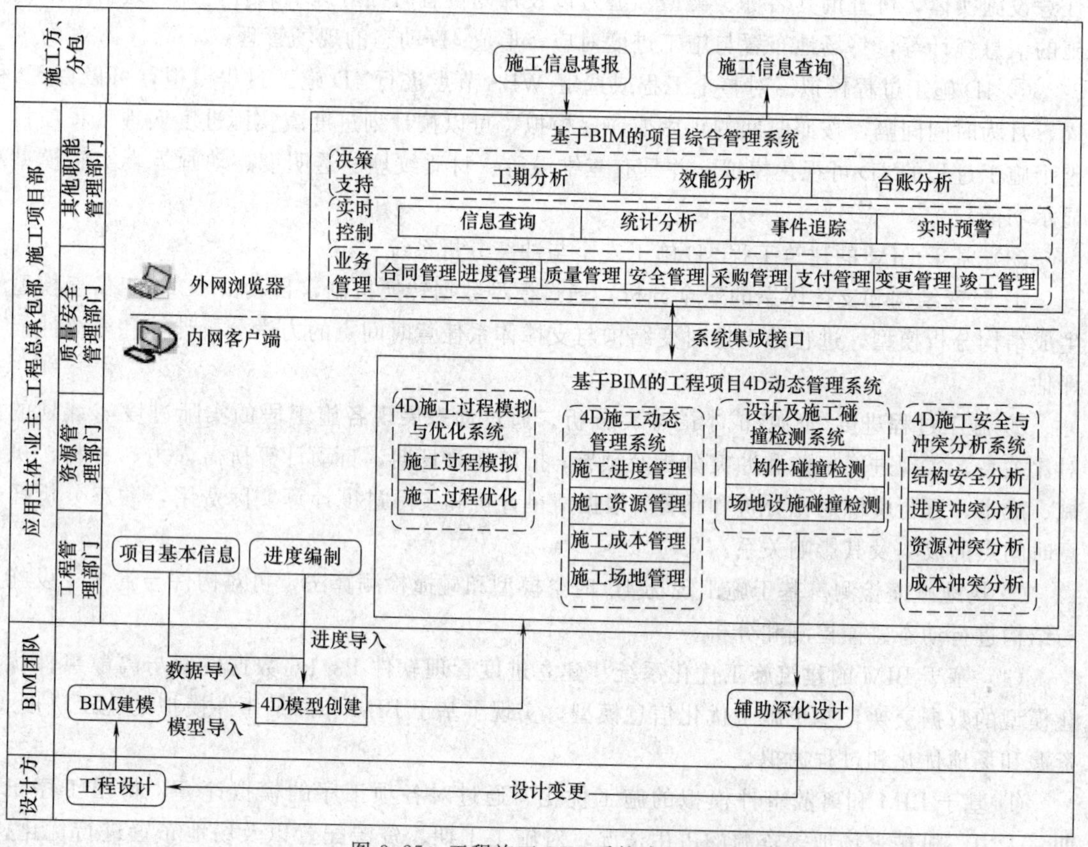

图 3.25　工程施工 BIM 系统应用流程

① 应用主体方。首先提供项目的技术资料、基本数据和系统运行所需要的软硬件及网络环境；协调各职能部门和相关参与方，根据工作需求安装软件系统、设置用户权限；各部门业务人员和管理、决策人员按照其工作任务、职责和权限，通过内网客户端或外网浏览器进入软件系统，完成日常管理和深化设计等工作。

② 应用参与方。通过外网浏览器进入项目综合管理系统，按照应用主体方的要求，填报施工进度、资源、质量、安全等实际工程数据，也可进行施工信息查询，辅助施工管理。

③ BIM 团队。目前 BIM 团队多由主体应用方外聘，主要承担 BIM 应用方案策划、系

统配置、BIM建模、数据导入、技术指导、应用培训等工作。在本应用实施中，清华大学BIM团队还辅助应用方利用BIM设计软件，进行项目的结构管线综合和深化设计。

④ 设计方。配合应用主体方实施BIM应用，提交设计图纸及相关技术资料，如果具有BIM设计或建模能力，应提交项目的BIM或3D模型，以避免重复建模，降低BIM应用成本。

(2) 组织应对措施

① 理念知识。与以往建设领域信息技术的推广应用一样，BIM应用单位的领导层、管理层和业务层必须对BIM技术及应用价值具有足够的认识，对应用BIM的管理理念、方法和手段应进行相应转变。通过科研合作、技术培训、人才引进等多种方式，使技术与管理人员尽快掌握BIM技术和相关软件的应用知识。

② 团队组织。BIM引入和应用的初期，可借助外聘BIM团队共同实施。但着眼于企业自身发展，还是应该根据企业具体情况，采取设立专业部门或培训技术骨干等不同方式，建立自己的BIM团队。并通过技术培训和应用实践，逐步达到BIM技术和软件的普及和应用。

③ 流程优化。结合BIM应用重新梳理并优化现有工作流程，改进传统项目管理方法，建立适合BIM应用的施工管理模式，制定相应的工作制度和职责规范，使BIM应用能切实提高工作效率和管理水平。

④ 应用环境。根据实际需求制定BIM应用实施方案，购置相应的计算机硬件和网络平台。通过外购商品软件、合作开发等方式，配置工程施工BIM应用软件系统，构建BIM应用环境。

⑤ 成果交付。规范施工各阶段BIM应用成果的形式、内容和交付方式，提供可供项目各参与方交流、共享的阶段性成果，形成工程项目竣工验收时集中交付的最终BIM应用成果，包括采用数据库或标准文件格式存储的全套BIM施工模型、工程数据及电子文档资料等，可支持项目运营维护阶段的信息化管理，实现基于BIM的信息共享。

3.3.4 工程施工BIM应用情况

清华大学研发的建筑施工BIM建模系统和基于BIM的4D管理系列软件系统已经或正在十几个大型工程项目中应用，表3.2列出了其中7个主要工程项目应用的基本情况。

表3.2 工程施工BIM应用项目一览

项目名称	项目描述	应用范围	应用方	应用功能							
				4D施工过程模拟	4D施工进度管理	4D施工资源管理	4D施工成本管理	4D施工场地管理	碰撞检测	施工安全与冲突分析	项目综合管理
国家体育场	建筑面积25.8×10^{4}m^2	结构工程	工程总承包	√	√	√	√	√		√	
广州珠江新城西塔	建筑面积为45×10^{4}m^2	结构及部分机电设备	施工项目部	√	√	√	√	√		√	
青岛海湾大桥	全长28.05km	结构工程	业主	√	√	√	√	√		√	
昆明新机场设备安装工程	建筑面积54.84×10^{4}m^2	设备安装工程与运营维护管理	业主及施工项目部	√	√	√	√	√	√		

续表

项目名称	项目描述	应用范围	应用方	应用功能							
				4D施工过程模拟	4D施工进度管理	4D施工资源管理	4D施工成本管理	4D施工场地管理	碰撞检测	施工安全与冲突分析	项目综合管理
邢汾高速公路	全长84.3km	公路工程	业主	√	√	√	√		√	√	
上海国际金融中心	建筑面积51.7×10⁴m²	建筑全生命期	业主	√	√	√	√	√	√	√	√
成都大魔方演艺中心	建筑面积13×10⁴m²	结构工程及设备管线	施工项目部	√	√	√	√	√	√	√	√

3.3.4.1 工程项目应用特点

① 应用项目具有代表性。应用项目均为近几年国内的大型、复杂工程，应用方包括业主、工程总承包部和施工项目部，表明本项目应用及成果具有代表性。

② 突破了BIM在施工管理方面的应用。随着工程实际应用的不断积累，系统功能的逐渐完善，不仅涵盖当前国外同类软件的施工过程模拟、碰撞检测功能，而且基于BIM技术提供了包括施工进度、人力、材料、设备、成本、安全和场地布置的4D集成化动态管理功能，并首次研发并应用了基于BIM和Web的项目综合管理系统，突破了当前BIM技术在施工项目管理方面的应用。

③ 扩展了BIM应用范围。当前国内外BIM的施工应用主要为建筑工程，清华大学研发的建筑施工BIM建模系统和基于BIM的4D管理系列软件系统的应用项目不仅包括建筑工程，还推广应用到桥梁、高速公路和设备安装工程。

④ 系统更具实用性。该系统的研发完全是基于我国国情，可满足我国施工管理的实际需求，与国外同类软件相比，其适用性和实用性具有明显优势。

例如，正在实施中的昆明新机场设备安装工程项目，首次将BIM和4D技术应用于大型机场航站楼的设备安装工程。不仅实现了基于BIM的设备安装4D动态管理和过程模拟，还成功将系统用于设备试运行过程的综合调试模拟，并自主开发了基于BIM的设备运营管理系统，实现了设备BIM模型在施工安装、调试和运营管理3个阶段的共享和利用。图3.26展示了值机岛设备安装4D模拟及进度变更分析，图3.27为热交换机房设备管线调试过程模拟，图3.28是设备运营管理系统的用户界面。

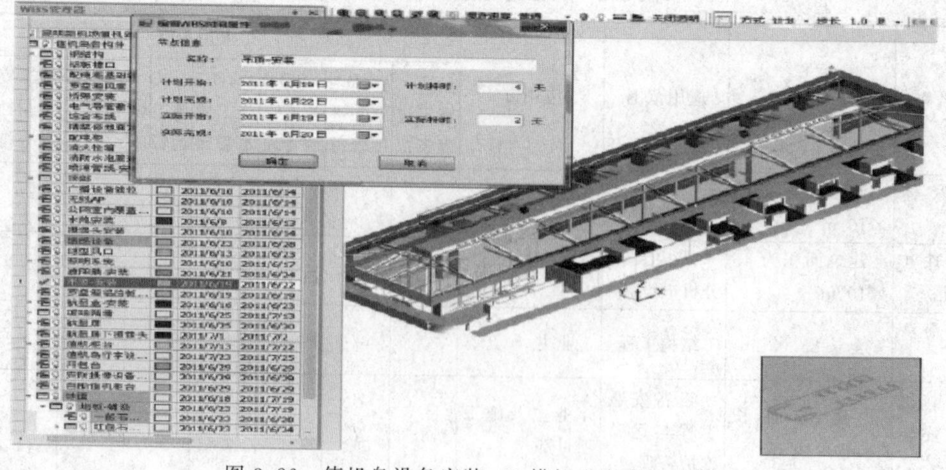

图3.26 值机岛设备安装4D模拟进度变更分析

图 3.27　热交换机房设备管线调试过程模拟

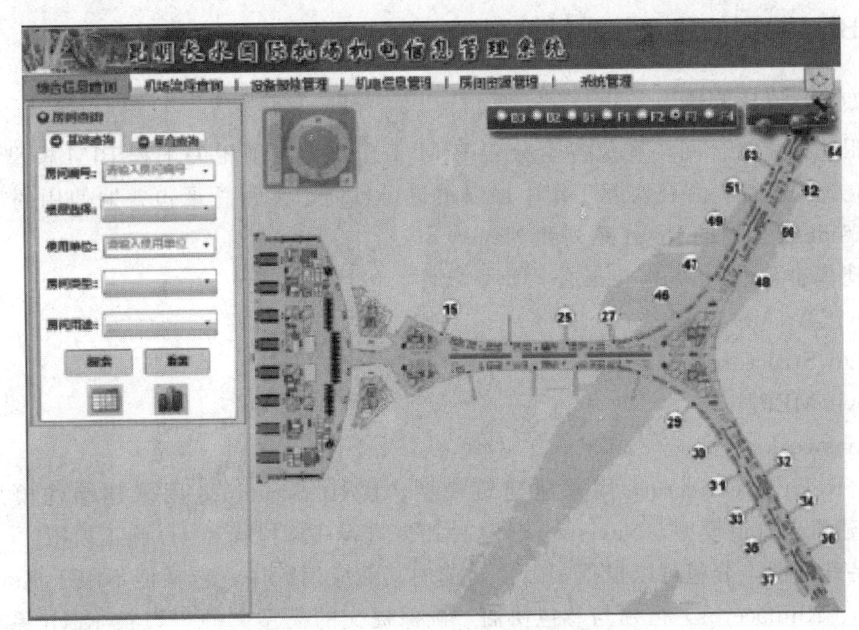

图 3.28　设备运营管理系统的用户界面

3.3.4.2　应用效果及价值

① 基于 BIM 的集成化施工管理有效促进了项目各参与方之间的交流和沟通；通过对 4D 施工信息模型的信息扩展、实时信息查询，提高了施工信息管理的效率。

② 利用建筑结构、设备管线 BIM 模型，进行构件及管线综合的碰撞检测和深化设计，可提前发现设计中存在的问题，减少“错、缺、漏、碰”和设计变更，提高设计效率和质量。

③ 通过直观、动态的施工过程模拟和重要环节的工艺模拟，可比较多种施工及工艺方案的可实施性，为方案优选提供决策支持。基于 BIM 施工安全与冲突分析有助于及时发现并解决施工过程和现场的安全隐患和矛盾冲突，提高工程的安全性。

④ 精确计划和控制每月、每周、每天的施工进度，动态分配各种施工资源和场地，可减少或避免工期延误，保障资源供给。相对施工进度对工程量及资源、成本的动态查询和统计分析，有助于全面把握工程的实施进展以及成本的控制。

⑤ 施工阶段建立的 BIM 模型及工程信息可用于项目运营维护阶段的信息化管理，为实现项目设计、施工和运营管理的数据交换和共享提供支持。

例如，上海国际金融中心项目部署了面向项目全生命期的 BIM 应用实施方案。通过创建完整精细的建筑、结构、设备管线 BIM 模型，在设计阶段支持绿色建筑性能分析、碰撞检测和深化设计；施工阶段实现基于 BIM 的 4D 施工动态管理和施工项目综合管理；运营阶段将基于 BIM 进行智能运营管理，包括物业资产可视化、楼宇设备集成及监控、运营能耗和节能监控以及建筑健康监测等。目前该项目正处于上部结构设计和地基施工阶段，施工管理系统正投入使用，智能运营管理系统在研制过程中。将 BIM 与 4D 技术相结合，经多个大型工程项目成功应用表明，突破了 BIM 在施工管理方面的应用，并将 BIM 应用范围扩展到桥梁、高速公路和设备安装工程，从而验证了研究成果的可行性和实用性，充分体现了 BIM 技术在工程施工中的应用价值和广阔前景。

3.3.5 BIM模型的建立与质量控制

3.3.5.1 模型建立原则

依据相关订立的合同，规范各个分包 BIM 工作，为便于相关工程 BIM 模型的最终完善，可建立统一标准，并在实际工作中加以改进。目前，工程总承包普遍使用的 BIM 应用软件为 Autodesk 公司的 Revit 系列和 Navisworks。

BIM 建模推荐采用 Autodesk 公司旗下软件，包括：

① Revit Architecture。

② Revit Structure。

③ Revit MEP。

④ Navisworks。

其中，Revit Architecture 用来建建筑模型，Revit Structure 用来建结构模型，Revit MEP 用来建机电管道模型，Navisworks 软件用来进行碰撞检查和 4D 施工模拟。

如有特殊情况，分包可以根据实际需要选用其他应用程序，包括但不限于 Xsteel 系列、Solidworks、Rhinoceros，但须与总包协商，确保提交的模型文件可以被 Revit 系列软件和 Navisworks 文件正确读取和适当修改，同时还必须确保提交的模型文件可以在 Revit 系列软件下被正确地添加各类附属信息，做到真正的建筑信息集成。

3.3.5.2 模型质量控制

（1）模型创建基本原则　在确定电子沟通程序和技术基础设施要求以后，核心 BIM 团队必须就模型的创建、组织、沟通和控制等达成共识，保证 BIM 模型的正确性和全面性。包括以下几个方面：

① 参考模型文件的统一坐标原点，以方便模型集成。

② 定义一个由所有设计师、承包商、供货商使用的文件命名结构。

③ 定义模型的正确性和允许误差协议。

（2）质量控制基本原则　为保证项目每个阶段的模型质量，必须定义和执行模型质量控制程序。在项目进展过程中建立起来的每一个模型，都必须预先计划好模型内容、详细程度、格式、负责更新的责任方式以及对所有参与方的发布等。下面是质量控制需要完成的一些工作。

① 视觉检查：保证模型充分体现设计意图，没有多余部件。

② 碰撞检查：检查模型中不同部件之间的碰撞。

③ 标准检查：检查模型中是否遵守相应的BIM和CAD标准。

④ 元素核实：保证模型中没有未定义或定义不正确的元素。

3.3.6 构建BIM模型技术标准

遵循以上BIM模型建立原则和质量控制原则，项目BIM工作室构建和完善项目的BIM模型技术标准。完善中的BIM技术标准主要包括以下内容。

（1）文件命名规则　为便于管理和识别，项目的模型文件统一按以下要求命名：

专业-区域（可选）-楼层（可选）-自专业（可选）-特性（可选）-版本。

每个标识一般不会超过三个中文字符，之间用“-”符号连接，除“专业”和“版本”外，其他都为可选项。

（2）模型分类规则　Revit模型有两种类型：项目（project）模型和族（family）模型。各分包单位应根据不同情况向总包提供不同类型的模型。

① 各专业机械、设备必须提供族模型。

② 结构构件（如钢结构节点、幕墙连接件等），应提供族模型。

③ 结构群（包含各类构件）和机械系统（包含系统内各单体机械）应提供项目模型。

未涉及上述三种类型的情况，需同总包协商确定模型类型，一旦确定就必须按要求提供。非Revit软件制作的模型不以此章节规定为模型分类标准，经过协商后附加补充条款，并以此作为执行标准。

（3）模型附加信息　BIM模型的内容应不仅仅包含几何形体，同时应该含有构件的附属信息。信息内容应包括但不仅限于以下内容。

① 各专业机械、设备模型需要包含产品的出厂日期、安装日期、电子版产品说明书（文件链接）、各类合格证扫描件（文件链接）。

② 结构构件应该包含产品出厂日期、安装日期、设计变更信息（电子文件链接，可选）以及其他与构件相关的日期和电子版单据链接。

③ 未涉及上述两种情况的，应经总包、分包协商共同确定附加信息的内容。

（4）模型精细度划分　项目中的BIM模型的详细程度分为五级（L1～L5），分别对应的标准见表3.3。

表3.3　BIM模型精细度划分表

L1	大约的基本形状、尺寸及方向(2D或3D)
L2	近似的基本尺寸、形状、方向及对象信息数据
L3	设计详图深度,包括设计模型中的精确尺寸、形状定位、方向及信息
L4	预制及预安装深度模型,包括预制及预安装所需实际尺寸、实际形状、定位与方向、其他与协调及施工相关的信息
L5	运维深度模型,模型包括精确运营维护信息(如制造商、型号、重量、电压等),包括但不限于物理实际最终尺寸、实际形状、最终点位及方向、其他与协调及施工计划相关的信息

（5）模型参数定义　模型参数主要指族模型的参数，参数的内容包括几何尺寸、材料材质、构件安装时间、加工时间等。

所有参数均使用“公共”规程。

参数类型根据实际情况进行选择。

参数分组方式为：几何尺寸归于“尺寸标注”组别，材料材质归于“材质和装饰”组别，加工、安装时间等时间类信息归于“常规”组别，所有过程变量归于“其他”组别。

3.3.6.1 BIM模型的应用、修改及维护

① 基于BIM模型，探讨短期及中期的施工方案。

② 基于BIM模型，及时提供能快速浏览的模型和图片，以便各方查看和审阅。

③ 按业主所要求的时间节点提交与施工进度相一致的BIM模型。

④ 根据施工进度和深化设计及时更新和集成BIM模型，进行碰撞检测，提供具体碰撞的检测报告，并提供相应的解决方案，及时协调解决碰撞问题。

⑤ 应用网上文件管理协同平台，确保项目信息及时有效地传递。

⑥ 将视频监视系统与网上文件管理平台整合，实现施工现场的实时监控和管理。

⑦ 运用Navisworks软件建立四维进度模型，在相应部位施工前1个月内进行施工模拟，及时优化工期计划，指导施工实施。

⑧ 对于施工变更引起的模型修改，在收到各方确认的变更单后的14天内完成。

⑨ 在出具完工证明以前，向业主提交真实准确的竣工BIM模型、BIM应用资料和设备信息等，确保业主和物业管理公司在运营阶段具备充足的信息。

⑩ 集成和验证最终的BIM竣工模型，按要求提供给业主。

3.3.6.2 施工现场模拟

BIM工作室建立完成后，会随着施工进度的深入在实践中扮演着利用现有BIM技术为各项工种服务和技术辅助的角色，主要有以下四项内容。

① 施工现场模拟，以协助场地布置、设备车辆进出通道规划。

② 大型机械运行空间分析，以判断各台大型机械（如1280塔吊）的安全运行空间，在运行期间避免机械相互干扰，在特殊天气情况下（如台风）选择安全的待机姿态。

③ 施工虚拟预演和进度分析，以验证施工进度计划的可能性，发现其中可能存在的矛盾，尽量减少实际施工过程中会发生的问题。

④ 碰撞检查，以复核深化设计结果，尽可能避免因深化设计失误而造成的返工，降低工程成本。

依据合同要求和以往的工作惯例，设计方必须提供设计阶段的BIM模型，BIM工作室将在此基础上调整此模型，以适应施工现场的需要。如图3.29所示为山东某体育馆整体施工模型，模型中包括塔楼、机械、临时支撑结构、体育馆格局、工作室、出入口、各种必需设施等。可以直接在模型上寻找可以利用的空地，并且查询可利用空地的几何尺寸，方便场地的使用规划，同时可以通过看实时更新的模型来了解工程实际的施工情况。

3.3.6.3 大型机械运行空间分析

某些项目施工时需要同时使用多台大型塔吊，相邻塔吊之间存在很大的冲突区域，所以在塔吊的使用过程中必须注意相互避让。在工程进行过程中可能存在以下塔吊相互影响的状态。

① 相邻塔吊机身旋转时相互干扰。

② 双机抬吊时塔吊起重臂杆十分接近。

③ 台风时节塔吊受风摇摆相干扰。

④ 相邻塔吊辅助装配塔吊爬升框时相互贴近。

判断在这四种情况发生时的塔吊行止位置是必需的。之前通常采用两种方法：其一，在AutoCAD图纸上进行测量和计算，分析塔吊的极限状态；其二，在现场用塔吊边运行边看。这两种方法各有其不足之处，利用图纸测算，往往不够直观，每次都不得不在平面或者立面图上片面分析，利用抽象思维弥补视觉观察的不足，这样做不仅费时费力，而且容易出错。使用塔吊实际运作来分析的方法虽然可以直观准确地判断临界状态，但是往往需要花费很长时间，塔吊不能直接为工程服务或多或少都会影响施工进度。现在利用BIM软件进行塔吊的参数化模拟，既可以3D的视角来观察塔吊的状态，又能方便地调整塔吊的姿态以使其接近临界状态，同时也不影响现场施工，节约工资和能源。

图3.29 山东某体育馆施工项目模型

3.3.6.4 施工虚拟预演和进度分析

将Revit构件的模型结合预定的施工计划进度，在Navisworks中进行4D模拟，借此分析预定的施工计划进度中存在哪些问题和矛盾。比如在山东某体育馆工程的第一次4D施工虚拟预演中涉及了混凝土施工、钢结构吊装、机械设备辅助装置的安装以及机械设备调整位置四项内容（图3.30）。多种专业在虚拟预演中相互穿插进行，并借此时间轴模拟动画观察并发现问题。

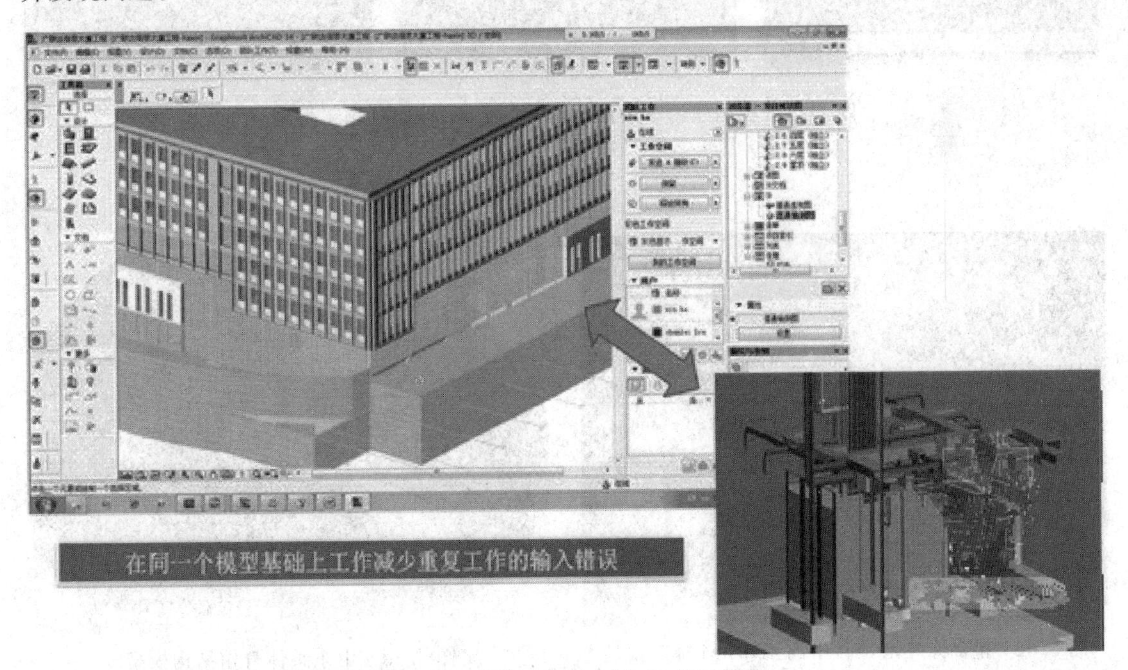

图3.30 广联达信息大厦4D施工模型

通过模拟，检查现有的施工计划中是否存在核心筒施工过快、钢平台爬升过早的问题。

在比较复杂的工程中，相比用图表分析施工计划，使用这种4D施工模拟具有很大的优势，它可以非常直观地看到计划中的施工工序，自然也更容易发现其中的问题（图3.31～图3.32）。

3.3.6.5 碰撞检查

一般大型工程项目的主体结构比较复杂，以山东某体育馆为例，从内到外分别有混凝土核心筒、钢结构楼层、内幕墙结构、外幕墙支撑和外幕墙。这些结构涉及多家安装、加工企业，各项专业的深化设计工作也需要相互穿插进行，各专业间的构件发生相互挤碰的情况也不可避免会发生。如果能够在深化设计阶段就发现这些碰撞问题，就可以及时调整，从而避免加工出来的构件到现场却无法安装。BIM工作小组做的跨专业碰撞检查就是为了提前发现这类问题，及时避免浪费（图3.33～图3.36）。

由于一些客观原因的限制，目前的碰撞检查内容分为以下五项。

① 混凝土核心筒——主楼钢结构。

② 主楼钢结构——内幕墙。

图3.31　美国纽约布法罗哈勃中心项目4D-BIM施工模型

图3.32　港岛东中心项目中的4D-BIM施工模型

图3.33　山东某体育馆结构模型

③ 主楼钢结构——外幕墙支撑。

④ 内幕墙——外幕墙支撑。

⑤ 外幕墙支撑——外幕墙。

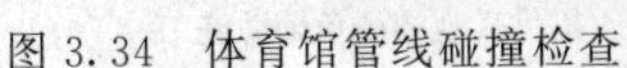

图 3.34 体育馆管线碰撞检查

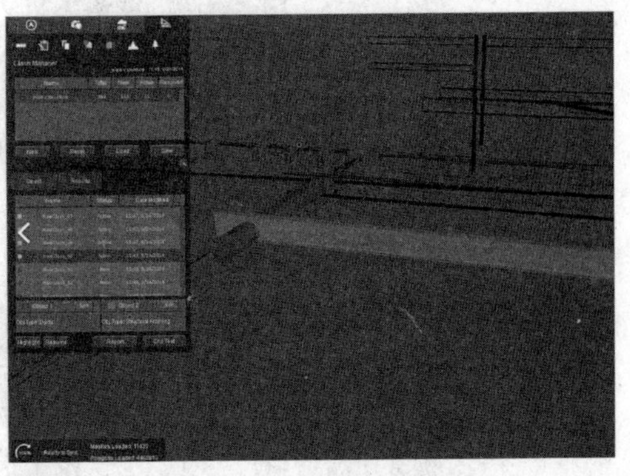

图 3.35 体育馆梁柱碰撞检查

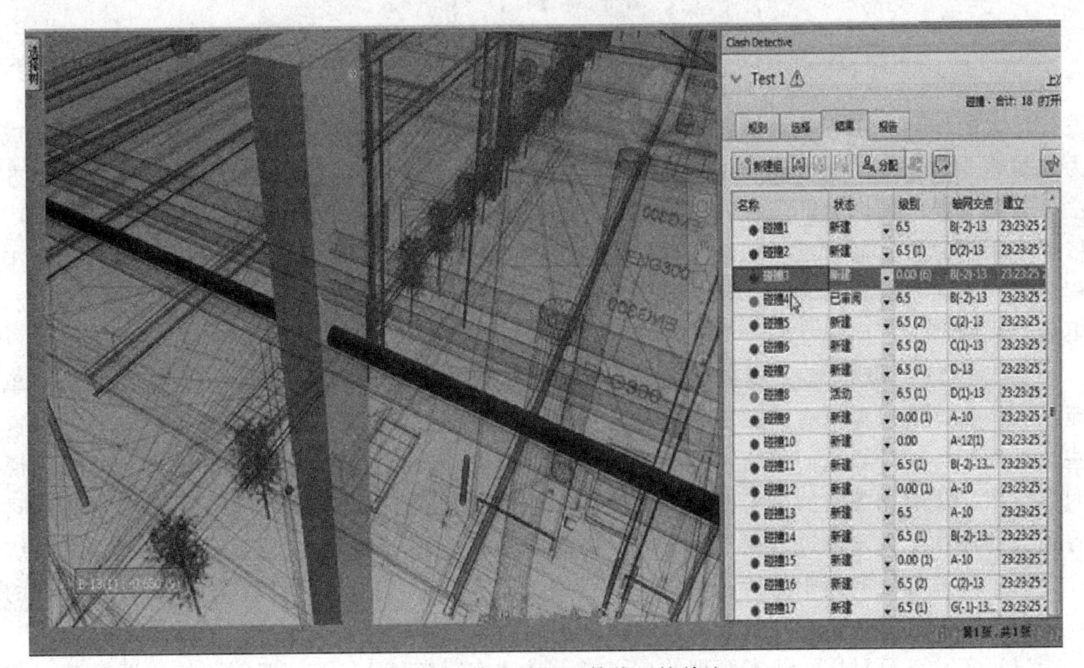

图 3.36 体育馆柱和管线碰撞检查

3.3.6.6 自建族模型

除设计与分包提供的族模型外，总包的 BIM 团队也需要自建部分现车设备、构件的族模型（图 3.37），作为现场 BIM 施工模型的一部分。这部分自建族包括以下内容。

① 施工设备：如汽车吊、塔吊、挖土机、混凝土泵车。

② 现场构件：如劲性结构柱、不规则钢柱、不规则梁。

③ 临时结构：如脚手架、钢平台、临时住房等。

④ 其他设备与构件：如工具式灯架、临时围挡等。

3.3.6.7 工程算量

投资的目的是增值，而不是为节约投资，而实现投资增值的重要手段是对项目实施全过程造价管理。无可置疑工程量计算又是全过程造价管理中最重要的一环，在项目成本控制中

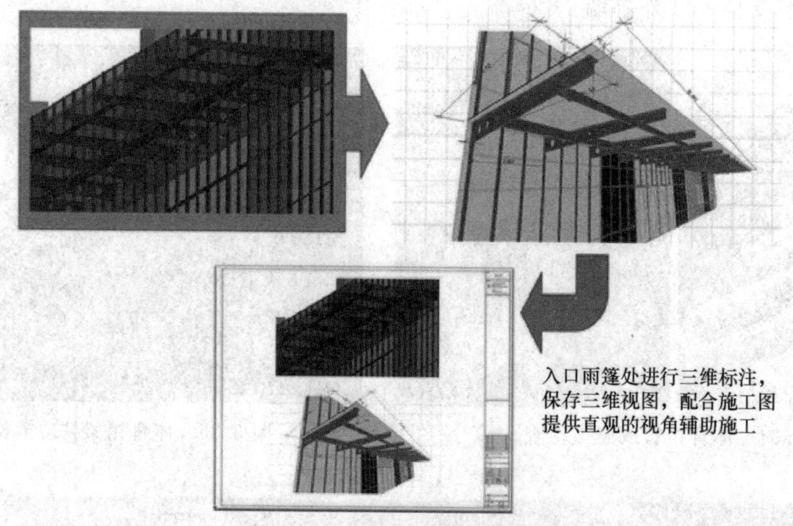

图 3.37　带参数的雨篷族模型

发挥巨大的作用。工程量计算由设计阶段开始贯穿整个生命周期。项目成本控制能力日益成为建筑企业最重要的核心竞争力，但长期以来建筑企业并没有找到有效的项目成本管理办法，其最主要的原因并非流程和方法问题，而是技术手段问题。传统技术手段（手工预算）依赖于手工方式，通过纸质图纸获取造价需要的项目信息，对海量的有机关联成本数据（工程数据）无法实时计算和共享，从而无法实现精细化作业，导致工程现场存在事前拍脑袋、事后算账的情况，而建立基于 BIM 的算量软件将成为解决这一问题的关键。

基于 BIM 的算量软件能创建具体结构化的工程数据库。通过组成建筑物的基本单元——构件，可以将所有关联工程信息数据组织、存储起来，形成一个有机的整体，并对这些数据进行各种计算。而传统工程信息数据处于离散状态，关联性差，散布于图纸、产品说明书、图片及不相关联的电子文档中，数据调取效率极低。同时，基于 BIM 的算量软件具有强大的计算能力，可进行相当复杂的、高效准确的 3D 实体计算，进行任意条件的瞬时统计分析、海量工程数据中的快速搜索等。正因为具备了以上强大的计算功能，基于 BIM 的算量软件无可置疑地将在项目成本控制中发挥出巨大的作用。

（1）实时三算对比　成本管理的核心能力是“实时三算”（设计概算、施工图预算、竣工决算）对比分析。若能在工程进展中对每个项目进行实时三算对比分析，就很容易发现管理的问题所在，就可做到事前控制、计划。

传统手工预算方法很少能达到以上要求，数据都在不关联的介质中，而非数据库，庞大的算量无法做到手工三算对比，而算量软件的应用，能彻底改变这种状况，设计概算（图纸量）、施工预算（计划消耗量）可及时从 BIM 提取所需数据进行三算对比分析，找出成本管理的问题所在。

（2）精确采购、减少损失　手工预算方法常导致在采购环节引发巨大的经济损失，实物量统计不准确，造成多采购或少采购。多采购会导致余料无法处理，浪费采购资金，增加库存成本。少采购会导致增加采购成本（运输、路费），甚至因延误工期造成更大的损失。

算量软件让工程材料用量统计十分准确及时，可使采购很从容地随进度用量准确到位，避免由于数量统计错误导致大量余料库存。

（3）实现限额领料，真正做到事前管控　限额领料是材料消耗成本事前控制的重要手段，是项目成本控制中非常重要的管理工具。项目清包合同虽然有材料损耗奖惩条款，但不事先控制会导致很大的金额损失，会激化与分包队伍的矛盾，使材料损耗奖惩条款落空。很多大型建筑企业十多年前已有预算员手工计算统计各项耗量数据，但无法跟上限额领料管理的数据要求，进度不等人，只能用了再说。

算量软件轻易改变了这一困难局面，BIM创建后，各分部分项甚至具体某细小构件所耗实物量瞬间可统计到，甚至仓库管理人员可通过局域网直接即使查询统计，获得所需数据，预算员完全获得解放。

（4）精确的资源计划，降低损失 工、料、机的准确及时计划、调配、使用是项目成本控制的又一重要方面，工程进度的每一阶段，项目经理最重要的决策工作就是工、料、机资源的计划调配，毛估的资源计划会造成资源占用浪费、存储运输浪费。

工、料、机的资源计划严格依赖于工程实物量计算，BIM的算量软件可以在这方面大显身手。项目各条线（项目经理、经营、施工、技术）可随时向BIM调用数据，而不需要等待预算员人工统计提供。

3.3.7 BIM应用的局限和相应建议

总体上说，BIM技术确实代表今后建筑业的发展方向，理念先进，系统完整，但目前仍然有相当多的不便之处，这些问题可以归纳为技术和管理两大方面。

3.3.7.1 技术问题

（1）工程建模 在技术上，就是没有一个合适的软件整合平台，目前BIM工作室使用Revit作为建模软件，Navisworks作为模型整合和4D模拟软件。然而其他各种专业都有自己的专业软件，钢结构公司常用Xsteel软件，幕墙公司往往使用Rhinoceros软件。Revit和Navisworks都无法完美导入上述两种软件的模型文件，必须转换成DWG文件。经过这样一个中转过程，原来模型中具有的信息数据（非几何尺寸信息）就全部消失了，只留下几何形状。不管使用Navisworks和Revit哪种软件作为整合模型的平台，都无法对导入的模型进行修改。只要其他专业模型有任何微小的修改都必须重新经历一次“导出-导入-校准”的流程，不仅费时，而且还不利于模型相互校核。

在实际施工时应用只局限在三维视图、碰撞检查和施工模拟上，对施工资源、成本控制的技术支持力度不够，信息管理功能未充分发掘。而且国内暂时不可能将三维电子图作为合法图纸处理，导致BIM模型仅能用于参考，在投入产出比例上不尽人意。

针对这些问题，我们首先要做的是普及BIM技术的使用，扩大使用人群，使更多的人体验到BIM技术的方便和先进，为BIM技术取代二维CAD技术做好铺垫。其次是采用一种权宜之计，用标准化的操作流程来规范模型传递和更新，简单地说，就是要求各个专业分包团队做到：

① 使用专业软件导出的DWG模型都必须按照实际的分区进行分层，调整图层的颜色。

② 使用商定的模型原点，并使用文字说明。

③ 模型必须以时间版本进行区分，及时更新。

④ 按时提供模型清单，以便于整理。

最后，在此基础上，最终形成标准化的BIM运行管理模型，同时促进三维电子图的合法化，使BIM技术真正成为建筑业变革的核心。

（2）工程算量 传统工程量统计会花掉造价人员70%左右的时间，如何快速准确地取得项目基础数据，这是摆在面前的一个重大问题。现在一些人尝试用软件计算，算量软件种类繁多，有Excel等通用软件，有表格软件，还有图形软件。非图形软件的数据输入和核查是一个大问题，图形软件的优势是显而易见的，就是可视直观，可导入CAD电子文档，可与钢筋算量等软件互导，然而一般图形软件的复杂性使人望而却步，使用效率并不高。

根据软件发展规律，或是建筑业发展趋势，BIM都将是未来建筑的通用平台，将在工程全生命周期获得广泛应用。BIM模型兼具数据库和图形两大优势，可以为造价人员提供造价管理需要的项目构件和部件信息，从而大大减少工程量统计的工作量。

那么图形算量软件如何做好与BIM的接轨？是在原有软件上增加BIM扩展功能，还是要改变原有的软件构架和模式？各分散的软件是否需要整合？要看到建筑的全貌，包括建筑外表和内部空间，还要能显示隐藏工程内容，使各种各样的软件可以合并在一起，用户可以在同一软件平台上操作，各专业同步更新，但这几个软件整合为一谈何容易，意味着把原来的软件构架推倒重来，软件开发难度将增加数倍，漏洞（BUG）出现的概率也将呈指数增长，并且计算机硬件也承受不了。

以鲁班软件为例，它可以提供BIM浏览器，调用土建、钢筋、安装软件中的模型对原来分散的土建、钢筋、安装软件进行加工处理，生成BIM建筑信息模型，但里面有许多技术难题需要解决，如怎么把分散的土建、钢筋、安装时间进行合成。有几种方案：第一种方案是先后导入，水乳交融，相同构件的几何图形可覆盖、可不导入，但构件的其他属性和参数附加进来，这样在一个建筑模型上可生成多个专业的建筑信息模型BIM，这与同专业不同部位的合并有所不同，但原理差不多，前者是同专业拼装，后者是多专业拼装。既然是多专业拼装，每一构件属性应具有扩展性，这样导入钢筋时能把钢筋信息带过来。第二种方案是分专业图层显示方式，不断切换，按需显示。然后还有约束条件，就是土建、钢筋、安装软件仅提供工程量而不能提供消耗量，只有把工程量套定额，才能得到工程的消耗量。那么BIM系统除了土建、钢筋、安装还需加入计价软件，才能得到工程所需的消耗量。而计价软件模式与算量软件模式有着本质的不同，如何融合？同时还跟施工方法、施工工序、施工条件、施工进度等约束条件有关，在建立BIM模型的标准时都要把这些约束条件考虑进去。

设计师在用BIM模型进行设计的时候不会考虑造价管理对BIM模型的要求，也不会把只是造价管理需要的信息放到BIM模型中去，他只是从设计的角度和业主的要求出发去建BIM模型。但并不是说这个BIM模型对造价人员毫无用处，它仍有极大的利用价值。造价人员基于BIM模型的造价管理工作有以下两种实施方法。

① 向设计师提供的BIM模型里增加造价管理需要的专门信息。

② 把BIM模型里面已经有的项目信息抽取出来和现有的造价管理信息建立连接。

第一种方法是紧密关联型的，优点是设计信息和造价信息高度集成，设计修改能够自动改变造价，反之亦然，造价对设计的影响也能在设计模型中反映出来，缺点是BIM项目模型越来越大，容易超出硬件能力，而且对设计、施工、造价等参与方的协同要求比较高，实现难度比较大。

第二种方法是分离松散型的，优点是软件实现起来相对比较容易，缺点是两者没有关联，设计变化不能引起造价变化，反之，造价变化不导致设计变化，需要进行重复操作。

BIM模型可通过以下手段与造价软件融合。

(1) API（应用编程接口，Application Programming Interface）：由BIM软件提供应用软件编程接口，第三方软件通过API从BIM模型中获取信息，跟造价软件集成，也可以逆向操作，把造价软件中的数据传输到BIM中。

(2) ODBC（开放数据库互联，Open Database Connectivity）：ODBC是数据库访问技术，导出的数据可以和所有不同类型的应用进行集成。缺点是数据库和BIM模型的变化不能同步，需要人工干预。

(3) IFC标准的数据格式：一般来说，公开数据标准的好处是具有普适性，缺点是效率不高。

3.3.7.2 管理问题

BIM技术的应用不应当仅仅限于上述范围，它完全可以在建筑技术文档资料管理、海量工程数据整理分析、工程造价过程管控、工程决策支持方面起到更大的作用。可惜的是，现在的建筑业企业从业人员虽然意识到了BIM技术在这方面的潜力，但是缺乏足够的技术能力（或者仅仅是意愿）将其实现。

就目前BIM技术的发展现状而言，以下几个要素是今后BIM技术在施工管理方面的主要发展方向，而这需要建筑企业和软件企业同心协力进行完善。

(1) 数据库化的施工文档管理　目前几乎所有施工文档都是纸质文档，即使是二维电子档案，施工结束后也都堆在档案馆无法利用，更不用提其使用价值。一旦过了若干年，建筑需要二次施工，或者有突发事件需要查询图纸内容，图纸已经很难进行有效查询。究其原因，是可读性太差，因此无法利用。而基于BIM模型的造价文档管理，将电子文档等通过操作和BIM模型中的相应部位进行链接。

该管理系统中集成了对文档的搜索、查阅、定位功能，并且所有操作在基于四维可视化模型的界面中，充分提高数据检索的直观性，提高相关资料的利用率。当施工结束后，能够自动形成完整的信息数据库，为工程造价管理人员提供快速查询定位。文档内容可包括：

① 勘察报告、设计图纸、设计变更。

② 会议记录、施工声像及照片、签证和技术核定单。

③ 设备相关信息、各种施工记录。

④ 其他建筑技术和造价资料相关信息。

(2) 海量工程基础数据筛选、调用　BIM模型中含有大量的工程相关信息，可以为工程提供强有力的数据支撑。在工程造价中工程量部分可以根据时间维度、空间维度、构件类型等要素进行汇总统计，保证工程基础数据及时、准确地提供，为领导者提供最真实准确的决策环境。

BIM在施工过程中，根据设计优化与相关变更对工程细节进行动态调整，将工程从开工到竣工的全部相关信息、数据资料存储在基于BIM系统的后台服务器中。无论是在施工过程中还是工程竣工后，所有的相关数据资料都可以根据需要进行参数设定，从而搜索得到相应的工程基础数据。工程造价管理人员及时、准确地筛选和调用工程基础数据成为可能。

(3) 基于BIM的4D工程造价过程管控　基于BIM技术的新一代4D（4D是指在原有3D模型基础上，再加上一个时间轴，将模型的成形过程，以动态的三维模型仿真方式表现）工程造价软件可对投标书、进度审核预算书、结算书进行统一管理，并形成数据对比。同时，可以提供施工合同、支付凭证、施工变更等工程附件管理，并对成本测算、招投标、签证管理、支付等全过程造价进行管理。

基于BIM技术的新一代4D工程造价软件可实现企业级的过程管控，可以同时对公司下属管理的所有在建项目和竣工项目进行查阅、对比、审核；可以通过饼状图、树状图等直观了解各工程项目的现金流和资金状况，并根据各项目的形象进度进行筛选汇总，为领导层更充分地调配资源、进行决策创造了条件。基于BIM技术的新一代4D工程造价软件应集动态数据变化与各数据关联体系于一体，图形、报表、公式、价格都是相联动的整体，每一个数据都可以快速追踪到与之相关联的各个方面，尤其对于异常或不合理的数据可以进行多维度的对比审核，从而避免人为造成的错误。

(4) 工程决策支持　基于BIM技术创建的工程造价的相关数据，可以对施工过程中涉及成本和相关流程的工作给予巨大的决策支持。同时及时准确的数据反应速度也大大提高了施工过程中审批、流转的速度，极大地提高了人员工作效率。无论是资料员、采购员、预算员、材料员、技术员等工程管理人员还是企业级的管理人员都能够通过信息化的终端和BIM数据后台将整个工程的造价相关信息顺畅地流通起来，保证了各种信息数据及时准确地调用、查阅、核对。随着BIM的推广和不断发展，建筑工程信息化、过程化、精细化将成为可能，并不断地得到完善。现代化的信息技术和BIM系统的出现必将推动建筑业进入革命时代，而作为工程控制核心的工程造价过程管控必将成为这次变革的先行军。

在此，希望软件厂商在技术上能够进一步开发，提供分布式的工作平台和统一的数据管理平台，为工程项目的远程协同提供可能性，同时开发针对各种数据应用的软件整合技术(如造价管理、ERP系统等)，提高BIM技术的应用范围，为推广BIM技术做出应有贡献。

3.3.8　BIM工程监理应用

BIM应用的发展为建设产能的提高创造了良好的条件，信息时代的最大特征就是几乎所有的信息都能被转化为可被计算机识别和处理的“0”和“1”代码进行管理，应用信息技术手段进行工程监理，利用计算机的强大功能对工程相关信息进行集成化管理，逐步构建过程全数字化的工程监理模式，提高工程监理工作的准确性及高效性，将成为工程监理事业的发展方向。

目前，工程监理过程中的信息化应用主要是通过设置在建筑施工现场较重要、关键点位上的摄像探头，把现场施工情况传送到工程监理部的计算机屏幕上，用于监视工地的施工进度以及安全情况，在引入BIM技术后，将使更多的建设过程信息数字化展现在管理者面前，其内容主要体现在以下方面。

(1) 工程监理信息数字化　通过模型化的数据对比，数字化工程监理模式与传统工程监理模式的最大区别在于其是以数字化信息为主，工程项目所需的各种信息（如设计图纸、规范标准、工程监理中的各种函件以及工程照片、音像等）均能在BIM模型中直接被计算机识别和处理。既可以由单台计算机处理，也可以通过网络进行远程传递和处理。

(2) 工程监理资源虚拟化　数字化工程监理模式是一个开放的过程，其资源共享是数字化工程监理模式的不二法则，各个工程监理公司在维持自身特有的一定量的实体资源的同时，还可通过网络互联，跨省市、跨单位地互借互阅来建立虚拟模型资源，将各自不同的资源作为工程监理网络的一个节点，最终实现资源无限扩大。

(3) 工程监理档案无纸化　数字化工程监理模式在实施过程中直接形成的档案均是能被建筑模型应用识别成构件属性的信息。而对于非工程监理产生的纸质载体档案则用扫描仪等设备转化为电子档案，项目竣工后通过外部存储方式与建筑模型进行间接连接，便于永久保存或连接入网，实现远程访问。

(4) 信息传递网络化　数字化工程监理模式由于其形成的信息是数字式信息，在传递过程中可以进行同时多向传递，形成传递网络。而且通过网络可以很方便地进行远程传递，不受时间和空间的限制。这样，工程监理公司总部可以随时对所承接的不同区域的工程监理任务实现远程监控，还可以利用网络可视电话功能，召开远程会议来解决、处理问题。

（5）信息检索智能化　数字化工程监理模式在资料、档案的检索中通过一致性建筑信息模型进行智能化检索，检索速度快、效率高、范围广。若对以前的工程监理档案进行查阅，或查阅资料，只需登录检索共享建筑信息模型库或相关模型文件即可。

（6）用户使用方便化　监理单位内部用户（包括领导决策时）可以在任何时间任何地点通过网络共享模型文件及时调阅有关信息，当机立断地完成各项决策。而外部用户则可以随时查阅工程监理单位的相关信息（包括企业概况、工程监理业绩、人员专业配备及获奖情况等），为合理、快捷地选择工程监理队伍提供参考信息。

最终实现以BIM化建筑信息模型为基础，以数字化设备为管理手段，以网络传递为利用方式的一种新型工程监理模式，同时形成现代高新技术的数字信息资源，以及无时空限制的、超大规模的高智能、高技术辅助管理系统。

3.3.9 BIM工程监理应用架构

如何建立高效、实用的基于BIM的信息化工程监理模式，并使之形成科学的管理系统，是在建设实践中重点考虑的问题，因为其建立既要考虑信息应用的要求，又要考虑充分利用现有传统模式下的信息基础和物质基础。在没有现成的数字化工程监理模式经验的环境下，在借鉴其他行业和部门的经验的基础上，可以从以下几个方面去构建应用构架：先以工程监理公司为节点，根据各自项目的规模、特点以及施工情况，配备相应的网络传输、信息模型处理服务、现场信息采集装备等，利用采集设备，按照工程监理的“三控一管一协调”要求形成工程监理的管理信息，然后进行分类、筛选、存储。

3.3.9.1 现场工程监理控制的远程监控

通过定期架设在施工现场的质量、安全等关键点位上的现场采集器（如高精度摄像机、全像仪、全景拍摄设备等），把现场施工实况传送到工程监理部的计算机屏幕上，工程监理人员根据需要及时存储，并与建筑模型做好及时关联。

若发现违规操作及时在采集结果中标注，并对标注进行工程监理联系单、通知单的关联，发送给施工单位要求整改、纠正。特别是在工序或部位需要工程监理旁站时，可实现多工作面、多工序的工程监理同步旁站，工程监理只需1人查看计算机屏幕即可，省去较多人力，劳动强度也大大降低。工程监理人员在巡视、平行检查时可利用数码相机将重点部位、关键节点等施工情况拍照后接入计算机进行编码、配文字说明，形成档案资料与验收记录一并永久保存，在今后需要时可以一目了然。

另外，出现质量隐患时能够做到用事实说话，有很强的说服力，当施工单位纠正完后再采集留样，形成前后对比，突出工程监理工作的规范化、科学化。当遇到重大问题时可将取得的信息（如照片、录像、文件等）通过网络传递给公司，便于公司及时了解、掌握、果断处理。

3.3.9.2 计算机处理模型文件，实现无纸化管理

建设项目工程监理工作最终是通过文字和图表来反映的，而文字、图表编印又是日常工作处理的主要内容，从工程监理工作开始的招投标文件、合同文件、会议纪要，到工程监理

规划、工程监理细则、工程监理月报以及工程监理记录、工程监理发出的各种函件、通知单等，都可用建筑信息模型管理工作应用软件来处理。按照预先建立的各文档标准格式和内容，分类归放到相应的文件夹内，清楚明了地分类存放，便于管理和使用。

对于工程监理月报、汇报总结、演示演讲、专题纪要等所用到的提纲、图示图解可用模型虚弱化模拟来制作，与展示设备配合使用，形成图文并茂的工程监理档案。

对于建设单位、施工单位传递来的纸质载体文件则及时用扫描仪录入到计算机内，形成电子工程监理档案，从而完成工程监理档案载体形式上质的飞跃，实现无纸化管理。

3.3.9.3 模型辅助信息计算管理

投资、质量和进度方面计算机辅助监控是工程监理工作的核心，是提高效率、节省资金和变被动为主动控制的捷径。

充分利用计算机的计算、绘图和信息加工功能，能有效地进行辅助管理和监控。如编制工程预算和月度付款审核；排定和优化工程进度计划与投资计划，进行计划与实际对比监控；记录、跟踪质量检测信息，分析对照验收规范对工程质量进行动态管理；建立质量监测知识库或专家系统辅助工程监理人员按每道工序的质量控制要点进行工程监理工作，甚至对工程项目的有关参数和特性利用建筑信息模型来模拟实现。

3.3.9.4 信息资源共享和远程监控

因为每个建设项目工程监理涉及的信息多，如建设法律、法规及规范、标准，建设项目招标投标、合同文件、施工索赔、工程投资与使用、质量测控验收、工程进度、工程监理资料、设计施工图纸和有关的文件资料等，这些信息量大且十分重要，因此可由建筑信息模型来辅助管理，建立专门的信息管理系统来处理。

对于建设法律、法规及规范、标准等信息作为共享资源，可自己开发建立，也可从第三方获得。

对于不同项目形成的工程监理档案可连入公司的主服务器，与公司内部其他项目联网实现计算机资源共享，而且公司管理层也可通过因特网、宽带数据网随时查阅公司所监理各工程的基本概况，在建工程各种数据、图片，各工地施工进度、质量、安全等情况，同时给予相关指示，而不受区域、时间的限制，既减少人员、简化手续，又大大节约工作时间，提高工作效率。

3.3.9.5 BIM技术在建设工程监理环节应用的优点

① 改变目前工程监理在工地的高负荷、高强度的“巡回式”管理模式，使得现场工程监理人员大部分精力不再用于现场巡视，而将多余的精力用于对现场实际提前进行预控或对重要部位、关键工序进行严格把关。不但提高工作效率，而且可相应减少人员配备数量。

② 提高工程监理的工作效率、精度和实时性。就传统的工程现场监理而言，效率不高是一个现实的问题，不少的管理行为都是滞后的。以质量控制为例，一般都要等到错误或违规行为延续了一段时间后才被发现，甚至还需要延迟另一段必要的时间才能有效纠正。而运用数字化工程监理模式，则有可能在第一时间发现并制止质量问题。

③ 有利于提高工程监理工作的规范化、标准化。在建筑工地运用数字化工程监理模式时，首先要求工程监理工作必须及时到位，所下发的函件必须符合规范、标准，而且工程监理工作也必须在规定的程序下或标准下进行，因为记录的大量工程实体同步音像资料可随时再现工程情况，必然要求质量、安全等问题必须按规范、标准去处理。另外，公司的远程监

控对工程监理自身工作也起到很好的约束作用。

虽然基于BIM模型的工程监理模式的实施还会有一些操作性的问题需要解决，但是更重要的或者说起决定性推动作用的是我国建设工程监理要将观念更新换代。

3.3.10 BIM工程监理功能定位

该部分系统功能以工程监理企业实际的管理流程为依据，涵盖项目全生命周期和项目要素，对项目进度、质量、人力资源、风险、文档等领域进行深入管理，帮助工程监理方工作团队合理规划资源使用、跟踪项目进度、监控项目质量与风险，为项目组织中的各个管理层级提供全生命周期的精细化工程监理。

所部署功能结合企业的管理需求，将工程监理团队管理各级部门、项目建设方、设计方等多个层次的主体集中于一个协同平台上，及时地对汇集的现场情况进行模型化对比，灵活适用于两级管理、三级管理、多级管理等多种模式。结合BIM信息模型，其主体功能体现在以下方面。

（1）项目全局管理　系统功能涵盖项目的时间、质量、人力资源、沟通、风险等各个主要管理要素，对各个项目从项目的信息获取、项目开工到竣工验收的全生命周期进行详细管理。

不仅能够管理单个项目，还可以实现公司多层面对多项目的统筹管理。工程监理团队可将BIM实施计划用作协作工作模板，以确定项目各项标准与规范。

BIM实施计划还将帮助团队为各个成员分工角色与责任，确定要创建和共享的信息类型，使用何种软件系统，以及分别由谁使用。还能让项目团队更顺畅地沟通，让团队在建设的各个阶段都能对质量、工作内容和进度驾驭自如。

（2）业务管理自动化　系统功能使得各业务环节相融沟通，所有数据只需一次录入，即可在整个系统中按照需要的形式进行流转、提取、加工。

各层级管理环环相扣，业务按照既定规则自动流转，自动汇总统计，使项目运作效率得到明显提升。

应用BIM对建设项目实施过程化的集中管理，可以克服传统的管理模式和技术在很多方面存在的问题，实现如信息的传递渠道、累积方式等多方面根本性的变化。二维范围表达的工程含义相当有限，大量设计思想、工程实施要通过缺少关联关系的二维图纸、技术文件来表达，表达难度大，沟通成本高，生产效率低，往往为解决某个问题调用大量文件资料，计算过程中发生的差错较多。基于BIM的工程数据管理（BDM），很好地解决了这个问题，不论一个构件关联多少属性数据文件，都很容易实现实时调用。

（3）项目进度管理　系统功能对进度进行动态管理，制订项目计划，合理配置资源，动态掌控项目实际进度，重点防范项目时间风险。不同的参与方以BIM作为沟通和交流的基础，在项目完成后，各方发现了应用BIM的优势所在，熟悉了应用的流程，为以后更好地合作奠定了基础。

基于BIM的虚拟建造技术是将设计阶段完成的3D建筑信息模型附加时间维度，构成模拟动画，并借助于各种可视化设备对项目进行虚拟描述。

其主要目的是按照工程项目的施工计划模拟现实的建造过程，在虚拟的环境下发现施工过程可能存在的问题和风险，并针对问题对模型和计划进行调整和修改，进而优化施工计划。即使发生了设计变更、施工图更改等情况，也可快速地对进度计划进行自动同步修改。

BIM模型是分专业进行设计的，各专业模型整合成为一个完整的建筑模型。计算机可以通过碰撞检查等方式检测出各专业模型在空间位置上存在的交叉和碰撞，从而指导设计师进行模型修改，避免因为碰撞影响各专业之间的协同作业，从而影响项目的进度管理。

（4）项目质量与安全管理　以“制定质量安全计划-计划执行-监督反馈-整改检查”为管控手段，从工序质量到分项工程质量、分部工程质量、单位工程质量的系统控制过程，强调工程质量管理的计划性、可控性。使质量问题及时发现、切实改正，最大限度地降低工程质量风险。重点预防安全风险，落实项目安全管理制度，划清责任范围，规避安全责任风险。利用项目的集成化BIM，能迅速地识别和解决系统冲突，对设计中存在的冲突和矛盾及时地进行修正。

（5）项目风险管理　BIM可帮助管理者综合管控项目风险，即风险管理则是减少项目实施损失，强调项目风险防范、主动风险预警，尽量在风险未发生时或发生初期得到处理，利用质量、进度、投资控制模块，对所有系统模块（此时系统所有模块才全部参与运作）进行有效控制。

在该过程中，随着项目的进展，将产生各种合同文件、物资采购及调用记录、合同及项目设计等的变更记录以及施工进度、投资分析图等一系列系统文件。在有效的系统使用范围内，项目参与各方可以随时调用权限范围内的项目集成信息，有效避免因为项目文件过多而造成的信息不对称。

（6）项目文档资料管理　可以对项目各个环节产生的资料文档进行自动化归档，避免项目资料的遗失，同时也减轻项目竣工时的资料整理工作负担，通过规范的档案管理，大大节约项目资料的整理时间。

（7）项目统计和报表　对项目工程监理过程产生的数据进行综合的统计、分析，为各级领导决策提供依据。相关的统计分析通过报表、柱形图、饼形图等直观的方式展现在管理者的监察界面中。

工程预算存在定额计价和清单计价两种模式。自《建设工程工程量清单计价规范》发布以来，建设工程招投标过程中清单计价方法成为主流。在清单计价模式下，预算项目往往基于建筑构件进行资源的组织和计价，与建筑构件存在良好对应关系，满足BIM信息模型以三维数字技术为基础的特征。

（8）流程协同管理　以工作流引擎为支持，项目的所有环节实现流程化管理，将业务活动贯穿于流程处理中，形成多级组织层级间的项目高效协同管理，使得每个重要的业务环节都能得到有效管控。

BIM可以作为项目各参与方之间进行沟通和交流的平台，通过经常进行3D协同会议，促进项目参与方之间的沟通并使得决策更加容易。利用各种软件工具，项目团队各方可以方便地查看、穿越模型，这使得他们可以更好地理解设计成果信息，并取得更好的建设成果。

3.3.11　基于BIM技术的质量监管

建设工程质量关系到工程的适用性、投资效果和人民生命财产安全，对建设工程质量进行有效控制，确保实现预定目标，是监理工程师进行工程监理的中心任务之一。

质量管理是一个质量保证体系，包括设计质量、施工质量和设备安装质量，是以验收为核心流程的规范管理，主要通过各种质量文档的分类管理来实现。

质量控制模块用于对设计质量、施工质量和设备安装质量等的控制和管理，它的功能是提供有关工程质量的信息。另外，还提供质量控制的分析方法，如排列图法、因果分析图法等，如何搞好工程建设的质量控制工作，就成了一个重要研究方向。

在项目质量管理中，BIM的作用主要体现在冲突识别，如识别管线、设备、构件之间的碰撞、是否满足净高要求等，建立可视化的模拟环境，更可靠地判断现场条件，为编制进度计划、施工顺序、场地布置、物流人员安排等提供依据。

由于建筑信息模型需要支持建筑功率全生命周期的集成管理环境，因此建筑信息模型的结构是一个包含数据模型和行为模型的复合结构。它除了包含与几何图形及数据有关的数据模型外，还包含与管理有关的行为模型，两相结合通过关联为数据赋予意义，因而可用于模拟真实世界的行为，例如模拟建筑的结构应力状况、围护结构的传热状况。当然，行为的模拟与信息的质量是密切相关的。

通过现场施工检查管理与建筑信息模型的结合可辅助工程监理人员进行质量控制，将一些经验性的判断分析以及查找规范条文等烦琐的工作交由模型运算系统完成，从而提高了工作效率和质量。

同时，还可积累质量控制的工作经验，提高工程监理人员的工作能力。BIM环境下，工程监理工作将更为系统、全面和深入。通过对BIM施工组织模拟与建筑系统信息分析方面的应用，工程监理可以在施工阶段及时对一些存在的隐患进行有针对性的监督，有效保证了施工方质量管理的效率和质量。

3.3.12 基于BIM技术的管理协同

在建设实施过程中工程产品不标准，过程变化大，有很多设计变更，施工队伍临时组建，工程建造过程中需要有很多现场信息、数据让各团队成员知晓，这与工业化流水线生产过程有很多不同，工程实施的复杂度、难度也因此而产生，整个工程建造过程沟通协调的成本相当高。传统的管理手段（包括信息化手段）无法突破这一点，工程监理生产力也就无法突破，BIM在这方面有了革命性的进展。

在工程项目全寿命周期内综合考虑工程项目建设的各种问题，使得工程项目的总体目标达到最优。反映在管理信息系统建设上，就是管理信息系统的建设不仅仅是为了工程项目实施过程，同时应考虑管理信息系统在工程竣工后纳入企业运行阶段的应用，这样既可以满足业主实际工作的需要，又为业主、最终用户、承包商、分包商、监理机构、施工方等提供了一些后期总结数据。

基于同一个BIM模型的协同，一旦模型修正方有任何一点变更，其他所有人员调用到的数据就是最新的了。而以往变更，很多部门由于通知不及时，或数据调整得慢，还是按老数据作业，造成经济损失和工期延误。

在建筑施工阶段BIM应用的核心不仅仅是动态的BIM模型，而是BIM模型与实际项目的实时对比。以BIM模型为基础，参比实际项目施工进展，对整个项目实现海量工程数据的管理，实现动态模型和数据的共享，实现项目参与方的协同作业，进行实时协同对比，提供更科学的管理监督手段。

基于BIM技术的工程监理管理方式在共享和协同中能创造出更大的价值面。

① 快速、全面地集成信息、有机关联，形成4D关系数据库，避免或减少人工或以往信息化技术的信息孤岛问题。

② 快速实时提供所需数据。具有强大的查询分析统计功能，为规避工程现场大量存在

的问题起到巨大作用。

③ 让数据信息实现同步共享。实现项目各条线协同作业，减少信息失真、丢失和延误问题，提升沟通协同效率，降低协同成本。

BIM的数据集成特性，可以轻松地为各条线提供管理所需数据，设定任何查询条件，监督管理人员都能实时快速检索、整理、分析，最后提供准确的结果数据。

将建筑模型与现场的设施、设备、管线等信息加以整合，检查空间与空间、空间与时间之间是否有冲突，以便于在施工开始之前就能够发现施工中可能出现的问题来提前处理，也能作为施工的可能性指导帮助确定合理的施工方案、人员设备配置方案等。

3.3.13 基于BIM技术的工程算量

工程量计算和造价预算是工程监理方最关心的事情。BIM技术应用的算量、造价、全过程的造价管理都是在BIM数据和实际项目造价的动态对比之中进行的。

BIM数据显示该花多少钱，实际项目造价显示花了多少钱，实现短周期对资金风险以及盈利目标的控制。

BIM数据库的创建通过建立关联数据库，可以准确快速地计算工程量，提升施工预算的精度与效率。

由于BIM数据库的数据精度达到构件级，可以快速提供支撑项目各条线管理所需的数据信息，因而有效地提升施工管理效率。

BIM模型能够自动生成材料和设备明细表，为工程量计算、造价、预算和决算提供了有力的依据。借助BIM技术，现场监督管理人员直接使用原有的建设模型进行现场建设状况的对比，提高了效率，判断更为科学，管理的支撑是数据，工程监理的基础就是工程基础数据的管理，及时、准确地获取相关工程数据就是工程监理的核心竞争力。

BIM数据库可以实现任一时点上工程基础信息的快速获取，通过合同、计划与实际施工的消耗量、分项单价、分项合价等数据的多算对比，可以有效了解项目运营是盈是亏，消耗量有无超标。

通过BIM模型与实际项目进展的虚实结合，可以进行计算造价与实际造价的动态对比，质量安全的实时监控，计划与实际对比调整，从而提升对于造价、质量、计划的总体管理水平。

3.4 项目运维阶段的BIM应用

3.4.1 BIM技术在建筑运维阶段的探索应用

工程项目运维阶段是现代工程项目管理最为重要的阶段，它直接决定了该建筑的成败。设施管理综合利用管理科学、建筑科学、行为科学和工程技术等多种学科理论，将人、空间与流程相结合进行管理。设施管理服务于建筑全生命周期，在规划阶段就充分考虑建设和运营维护的成本和功能要求。运用BIM技术，实现运营期的高效管理。

3.4.1.1 运维阶段BIM模型的开发应用

（1）BIM在运维阶段的主要运维管理系统　BIM技术的核心就是在建筑的不同阶段和

不同参与方之间对信息的整合、共享和转换，要实现BIM竣工模型的交付以及后期运维模型的开发利用，必须在建筑的设计阶段通过BIM技术在参数化设计、可视化设计、可持续设计、多专业协同等方面的应用提高模型的设计质量、完整性和协调性。

在施工阶段通过BIM技术在施工3D协调、施工深化图、施工现场监控、4D施工模拟、机电安装模拟等方面的应用，对模型进行进一步的优化和完善，同时，实现对建筑的施工质量、成本、进度及安全的有效控制和管理。

为了实现BIM在运维阶段的应用，就必须从项目的前期阶段引入BIM技术，从项目的规划阶段开始对项目的各个参与方进行整合，这也有利于业主从全寿命周期的角度对项目进行开发管理，可以最大限度地实现项目的经济价值。

竣工模型交付给业主之后，在BIM模型和业主的运维管理系统之间基于IFC标准实现数据对接集成的基础上，可以对建筑物进行智慧化运营管理。按照目前BIM技术的应用程度和信息技术发展的情况，商业地产项目可以做到的运维功能主要包括设备运行管理、能源管理、安保系统、租户管理等。

(2) BIM模型在运维管中理的应用与开发　要实现后期BIM模型在运维中的应用，最核心的就是实现真正的信息管理，这就需要BIM在运维管理应用之前满足下面两个条件：

① BIM模型拥有满足运维的信息；

② 运维信息能够方便地被管理、修改、查询、调用。

除此之外，还要对BIM的应用有清晰的规划：

① 如何对BIM信息进行收集；

② 需要收集哪些信息；

③ 需要在项目的哪个阶段收集；

④ 由谁来进行信息收集；

⑤ 如何安排收集的组织流程；

⑥ 怎样保证动态信息的有效性和及时性；

⑦ 何种程度地BIM模型具备运维管理要求的条件；

⑧ 业主如何方便地对BIM模型进行运维管理的应用；

⑨ 业主在运维阶段使用BIM模型会不会加大成本投入。

对于运维阶段模型信息的收集，在设计阶段建模的过程中，按照LOD等级对BIM模型在不同应用层次的具体要求进行不同程度的开发，把建筑物的不同构件、设备的具体信息加入到模型之中，把建筑、结构、MEP分类建模的信息进行集成，完成设计阶段BIM模型的开发。在施工阶段，得设计阶段的模型在项目的施工过程中进一步完善和优化，把参建方和BIM服务商提交的BIM模型与业主的业务和管理系统（包括造价、采购、财务、ERP、项目管理系统等）进行数据集成。在这两个阶段的基础上，才能做到竣工模型在运维阶段的应用。

(3) BIM模型在运维管理中的系统架构　商业地产运维系统的架构主要是通过BIM软件平台和各个运维软件的数据对接来实现的。无论是国外还是国内在运维阶段还没有一款比较成熟的软件来实现运维管理应用，各软件之间信息的整合也是个难点。

目前国内部分学者通过对BIM模型的细化进行新的梳理以及结合第三方软件来架构运维系统。在系统架构的过程中实现了IFC信息的共享接口，使BIM模型实现与运维数据库的对接；基于互联网的BIM安全访问权限机制，做到系统数据的安全性；通过终端移动设备，结合二维码和RFID接口实现运维的简便操作；以及运维信息的动态更新与关联机制。

（4）BIM在运维管理中的具体应用　商业地产项目在后期运维管理阶段可分为多项系统工作，主要涉及设备的运行监控、能源运行管理、建筑空间管理等。

① 设备的运行监控。该系统可以实现对建筑物设备的搜索、定位、信息查询等功能。在运维BIM模型中，在对设备信息集成的前提下，运用计算机对BIM模型中的设备进行操作可以快速查询设备的所有信息，如生产厂商、使用寿命期限、联系方式、运行维护情况以及设备所在位置等。通过对设备运行周期的预警管理，可以有效地防止事故的发生，利用终端设备和二维码、RFID技术迅速对发生故障的设备进行检修。

② 能源运行管理。对于商业地产项目有效地进行能源的运行管理是业主在运营管理中提高收益的一个主要方面。基于该系统通过BIM模型可以更方便地对租户的能源使用情况进行监控与管理，赋予每个能源使用记录表以传感功能，在管理系统中及时做好信息的收集处理，通过能源管理系统对能源消耗情况自动进行统计分析，并且可以对异常使用情况进行警告。

③ 建筑空间管理。大型商业地产对空间的有效利用和租售是业主实现经济效益的有效手段，也是充分实现商业地产经济价值的表现。基于BIM技术业主通过三维可视化模型直观地查询每个租户的空间位置以及租户的信息，如租户名称、建筑面积、租约区间、租金情况、物业管理情况，还可以实现租户的各种信息的提醒功能。同时根据租户信息的变化，实现对数据的及时调整和更新。

3.4.1.2　BIM应用于设施维护管理的机会与挑战

建筑物的生命周期主要分为早期的规划设计阶段、中期的施工阶段及后期的运营维护管理阶段，尤其后期设施维护与管理阶段所经历的时间通常长达几十年，甚至百年以上，占生命周期的绝大部分，不管从成本还是效益的角度来看，都应是不可忽视的重点。然而，因为过去建筑物的产品信息，受限于技术及长久的习惯，多是利用2D工程图来表达并往生命周期的下游传递，一些运营维护阶段所需的信息未能完整且正确一致地被传递下来，也不容易被有效地整合利用，加上此阶段信息产生与变动的量既多又复杂，因此，有效率地进行设施维护与管理，到目前为止仍是件相当不容易的工作。

国际设施管理协会（International Facility Management Association，IFMA）给“设施管理”（Facility Management，FM）的定义是“一门涵盖多学科，并以整合人员、地点、流程及科技，来确保人造环境能充分发挥其应有的功能之专业”（“Facility Management is a profession that encompasses multiple disciplines to ensure functionality of the built environment by integrating people，place，process and technology”）。因此，设施管理的主要目的是确保各设备及设施保持正常运转状态以达到设置功能。而为了有效做好设施维护管理，在初期阶段就要做好设施维护管理的规划设计，以利日后有效管理并节省成本。现今越来越多的企业或组织开始相信，井井有条的管理与高效率的设施对其业务的成功推动是必要的，而随着营建产业规模的增大及架构的复杂化，以电脑信息提升产业效率、走向信息化管理更为其必然之道，但当前值得深思与探讨的问题是，在大量的信息与数据洪流中，如何有效地进行信息整合及视觉化，以及如何利用快速进步发展的新科技，例如BIM（Building Information Modeling）。

目前工程业界已开始积极投入BIM技术的应用与开发，而BIM的技术支援项目涵盖了整体工程的生命周期，期望利用BIM技术中信息整合及视觉化的特点，从规划设计到施工再到营运维护管理，皆能实现BIM的利益。在以BIM技术进行信息整合的过程中，前期所输扩的资料可继续且多次地供后续阶段的其他人员使用，节省资料重制时间，并提高资料的再利用率，光这一点便有助于提高专案信息管理的品质，并减低人力成本与可能的人为错误。不过目前BIM信息模型的建置大多仅供设计及施工阶段使用，尚未全面性地考量后续营运维护所需的信息，因此为了让BIM应用能更全面化，国内外已有越来越多的学者专家开始研究如何应用BIM技术来协助后续的设施维护管理工作。例如，Teicholz P & IFMA Foundation就将目前正尝试应用BIM技术与设施管理的一些实际案例集结成书，说明实施过程中所遭遇的困难与好处，以供各界参考。而在美国的BIM国家标准（National BIM Standard，NBIMS）中，亦分别从建筑生命周期的四个阶段：规划、设计、施工和营运，考量了后续营运维护阶段所需的设施维护管理需求，其内容不止包含BIM模型标准和最佳实务的确立、技术开发、部署/实施方案，以及专案规划和生命周期管理，甚至包含了建筑信息相互操作性标准、必要的工作流程、相关BIM应用软体等，目前已是各国相关BIM标准化的重要参考资料。

从一些调查资料与研究文献中也发现，随着BIM技术的应用在建筑行业中持续加温，已有越来越多的建筑业主，开始探索如何利用BIM模型中信息与视觉化的优势，来维护及管理他们的设施。

（1）BIM技术应用于设施维护管理的机会　BIM技术代表着新的观念和做法，它不但可以大大减少各种重复作业的浪费并提升建筑行业的效能，也有机会大幅改变传统的工程执行模式和商务架构。如今，导入BIM于工程中已是不可抵挡的趋势，除了BIM技术可为设计与施工阶段所带来的已知效益之外，业主们（尤其是政府业主）更看重其后期可为设施管理作业带来的更大的益处与机会。

① 整合运用全生命周期信息，有利于设施维护管理。2005年Howell和Batcheler在The Laiserin Letter（http：//www.laiserin.com/）中所提出的建筑信息模型（Building Information Modeling，BIM）概念，就是期望将建筑工程中的图形与非图形信息整合于资料模型中，而这些资讯不只是可以应用于设计施工阶段，亦可以应用于建筑物的整个生命周期（Building Life Cycle）。生命周期各阶段的相关人员可持续更新与维护BIM模型，最后在建筑物兴建完成后将BIM模型应用于设施管理上，由于其保留了完整的全生命周期信息，便可节省传统设施管理系统中资料必须重制的人力成本与时间，减少人为错误的可能。当然，Howell和Batcheler提出的是一个理想化的概念模型，在BIM的应用实务上，因为不同生命周期阶段对模型的需求并不相同，且考量这样一个贯穿生命周期的单一共享模型的维护成本相当庞大，技术难度也很高，模型的应用效能通常不会很好，所以，目前的实务是将重点放在于生命周期中逐步整合建立一个以设施维护管理为应用目标的BIM信息模型，而非试图建立一个能支援全生命周期中所有应用的单一模型。

② 视觉化管理有利于设施维护效率提升。传统设施管理多凭人工汇报问题与设施位置，然后派人工去现场检视与进行维修决策后，再派人工去现场完成维修工作。此种方法相当耗费人力与时间，不仅无法即时地正确掌握现场状况，且反应时间慢，加上若没有完整正确的相关建筑物或设施信息，便容易发生误判。BIM技术是以3D模型展示为基础，结合设施工程专案等各种相关信息的工程资料模型，可用于建筑物或设施的整合管理，可辅助建筑设施的空间管理，并模拟建筑设施内、外部的视觉效果，亦可清楚显示建筑设施各个功能区的空间分布。当有维修需求时，管理人员可即时通过3D BIM模型检视了解问题发生的正确位

置，并从资料库取得所需的相关建筑信息与维护管理信息，减少需要派工至现场检视调查才能进行维修决策的人力与时间成本，若加上良好的维修记录与备料管理，则更能大幅缩短维修时间，增加管理效率及客户满意度。

③ 知识管理有利于改善管理流程及降低维护成本。目前的设施基础资料、竣工图、设备维护记录等的保存多以人工纸本记录，然而纸本保存不仅容易遗失，且设备发生状况时，维护人员不易立即取得相关信息以进行问题判断与维修决策，进而影响维护管理工作效率。如能利用3D BIM模型于设施营运维护并善用BIM的信息视觉化、电子商务化、可模拟分析性等特点，可大幅改善传统的人工管理流程，并降低设施维护成本。例如，利用以BIM模型为基础的设施维护知识管理平台，使用者可于视觉化的立体场景中自由检视设施位置与相关属性资料（例如品牌、型号、供应商等），利用多形态资料（3D物件、2D图、文件资料等）进行多方向的互动查询，并可从空间与设施系统的角度来进行维修模拟分析；若再辅以历史维护资料与案例查询，应可大幅提升决策判断的品质，降低维护的人力及时间成本。

（2）BIM技术应用于设施维护管理的挑战　应用BIM于设施维护管理虽已经证明可以为业主带来许多好处，但要实现这些好处，仍有多项技术应用上的挑战及课题需要克服。

① BIM模型的正确性与完整性。对于设施维护管理来说，设备信息的正确性与完整性是运营维护管理工作成功的关键，如何确保交付给维护管理者的BIM模型与实际竣工状况一致，仍是一大挑战。尤其是机电与给水管线部分多数隐藏于建筑构件或装修内，必须在施工过程中及时确认其实际位置与模型是否一致，这在目前的工程实务流程上还不易做到。至于所需的模型发展程度或详细程度，则主要与设施管理的视觉化需求有关，应较不难随需求来定原则并进行调整与扩充。未来有必要建立我国的BIM模型交付标准，以协助设计与施工相关单位交付完整可用的BIM模型给业主来进行有效能的设施管理。

② BIM信息的传递、交换与共享。BIM的信息整合概念即是希望能整合设计、施工到运营阶段和管理过程中所产生的信息，并以视觉化的方式完整呈现出来。但项目生命周期长且参与单位众多，普遍遭遇到的即是异质BIM系统所产生的格式相容或互操作性（Interoperability）、不同单位间的信息存取更新、信息的交换与共享等问题。最近美国提出的COBIE（Construction Operations Building Information Exchange）标准，就是期望能提升建筑物整个生命周期纵向跨阶段和横向跨专业间的信息交换，让各专业人员皆能在开放、非独有以及标准化的可存取环境下进行信息交换与共享。BIM软件及营建软件对于COBIE标准的支援程度与本土化等议题皆是未来须面对的挑战。

③ BIM模型维护责任归属。BIM信息模型交付业主后，应在营运管理过程中持续进行维护更新，否则一旦模型信息不再具备足够的完整性与正确性，便失去其价值，且前面的努力也就白费了。但现况通常是缺乏足够的经费与具备足够专业知识及能力的人员来确保此工作的执行。所以业主应制定长期的营运管理与维护计划，明确模型维护的责任归属，并教育员工以分工、分责、分权的方式进行BIM模型的维护，确保BIM模型内容符合现况需求。

④ 设施管理相关BIM应用功能开发。现阶段尚未见到完整建构于BIM信息模型基础上的设施维护管理系统，但从一些文献中描述的案例看来，目前相关的实务系统应用似乎都仍需通过大量的程式开发与客制化过程，由于这样的过程会耗费许多人力、时间及开发成本，自然减少了使用的意愿，也不容易普及。不过，只要业界越来越重视设施管理的持续发展，相信软件公司便会积极开发相关软件，逐步将现有的设施管理相关系统，如电脑化维护管理系统（Computerized Maintenance Management System）、建筑管理系统（Building Management System)、建筑自动化系统(Building Automation System)等,以BIM模型为基础进行信息及功能的整合,最终将可实现新一代视觉化、智慧化、云端化且普及好用的设施维护管理系统。

3.4.2 项目运营阶段BIM应用基础

图3.38和后面的一段话很容易说明项目运营阶段BIM应用的基础在哪里。

“一个建筑项目,在建成之后交付给运营阶段是一般意义上的运营管理的开始,但是这在建筑的全生命周期内,只是狭义时间段上的运营管理,尽管它占据着最长的一段建筑寿命(也消耗着70%的建筑总拥有成本)。现代运营管理体系不仅是指建成后的运营管理(post-construction),它还包括常规设计前针对业主需求的项目策划(Planning and Programming,项目规划和建筑策划,这个阶段也称为‘前设计’,Predesign)。两者虽然在时间上是先后发生的,但是在专业上和理念上是一致的,都属于业主方的企业运营管理工作,都是作为业主方的业务需求与建筑专业之间的桥梁而发挥作用。理解这一点,不仅对于理解运营管理,还对理解BIM在建筑全生命周期内的价值也很重要。”——摘自《BIM总论》。

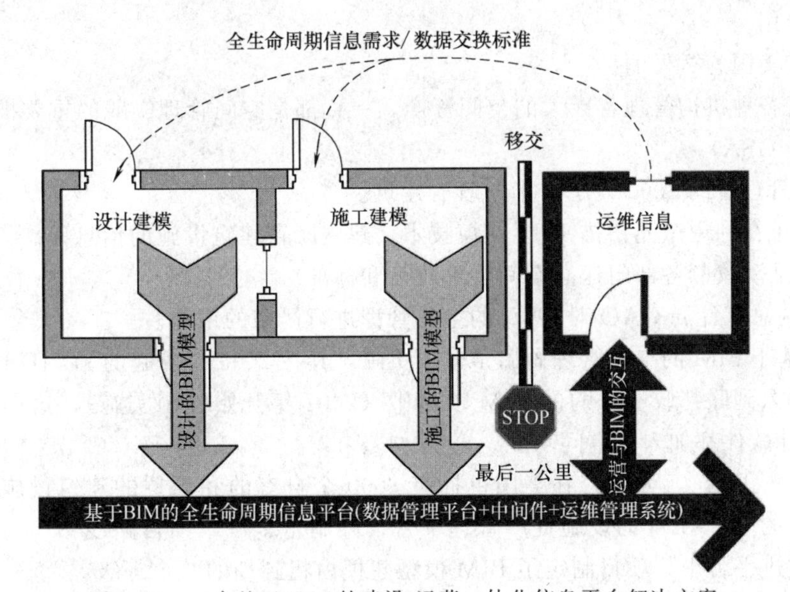

图3.38 一个基于BIM的建设-运营一体化信息平台解决方案

项目运营阶段BIM应用基础总结如下。

① 任何错误的信息、不全的信息、遗失的信息以及矛盾的信息,都是导致运营管理无法正常开展的罪魁祸首。

② 现在工程界普遍发生的资料不全、信息丢失、图纸错误,都是在图中“最后一公里”发生的。运营阶段的BIM来自于竣工模型,但是其内容或者要求都是根据运营需要提出的。

③ 运营管理要求是在项目策划(Planning and Programming)阶段需要落实清晰的,而不是在项目建设阶段边做边考虑。

④ BIM应用离不开信息化工具的使用,而信息化工具最基本的操作对象本质是其复杂的数据库,数据库的完善度决定了BIM应用范围的广度。

下面举几个例子。

① 若要在运营阶段实现空间中租户区管理,那么就要把某个建筑空间相关的所有BIM

构件信息整合在一起，如地板、天花板、门、窗、家具、设施设备、管道等。而且需要达到能够作为一个BIM构件选取，具备相应的参数信息。假设设计阶段对于以上某个小构件（暂且如此称呼）诸如管道、地板，是贯穿大空间整体设计及构件标识的话，那么无法打散或者无法组合就是运营阶段BIM应用首先要解决的问题。若不解决，“空间”就仅是一个物理数字“平方米”了。

② 若要在运营阶段实现设施设备管理中的关联性查找功能，如水泵、阀门和管路，那么就需要把相关的垂直管道、水平管道组成大的构件，赋予更多的构件关联信息。如果在设计阶段采用按楼层逐步逐段设计管路的话，关联性就只能在本层查找了。

③ 若要在运营阶段实现能源管理分析相关功能，那么除了几何模型、气候条件、空调系统和模拟参数外，似乎运营策略和计划必不可少，但是不是足够了呢？相关设施设备的运行效率、运行参数、可承受的运行时间是不是也要考虑在内？那么在设计或者竣工的BIM模型中有没有这些信息呢？

这样的话，结论就明显了，项目运营阶段如果要实现BIM应用，那么最晚起步阶段在于项目设计阶段进行应用规划及需求提出，在项目竣工阶段对BIM模型进行检查，在运营阶段再叠加应用。

我们看看美国怎么做的。

美国政府各种机构管理着庞大的空间资产，一直都是空间管理实践的重要推动者（特别是美国总务署GSA）。

① GSA管理着约3000万平方米的政府建筑。

② GSA正在利用激光扫描-BIM建模技术，建立既存建筑设施的信息库。

③ GSA推动政府各部门建立空间管理政策和标准。

④ 国会的总审计局GAO对GSA的空间管理进行严格的审计。

GSA对基于BIM的空间管理做出了较大贡献，其在2003年发起的3D-4D-BIM项目中，将空间需求写入到联邦政府采购的BIM项目中（2007年开始强制实施），这一举措迫使主流的BIM设计软件都加入了空间功能。

美国海岸警卫队（USCG）在美国也拥有8000个自有的和租赁的建筑设施，它部署了一套覆盖全美的基于BIM的设施资产管理平台，并制定了一个项目路线图。为了将现有建筑设施全部放进平台中，项目制定了BIM模型建模由粗到细的3个等级：

① 利用平面、简单体量来描述一个建筑设施。

② 各种功能性空间划分。

③ 增加墙体、门窗洞口和各种构件的详细模型。

这几种等级适用于不同的空间需求。第1级可以用于在全国电子地图上查看所有设施的位置；第2级可以用于计算空间利用率、检查是否符合GSA空间标准，以及可以指导新建军用设施的快速设计；第3级则可以进行更多细节的管理。

图3.39是一个典型的空间管理实体框架。一个按照项目阶段分类的图形报表，链接到数据库中的空间库存属性信息，经过数据库的筛选查询功能及图形显示技术，最终展现在图形报表中。这里值得注意的是：在BIM软件的空间性能提升后，设计阶段就可以将这些本来要在运营阶段才录入的房间属性信息放进BIM模型了，这个模型连同空间信息一直被带到运营管理系统中，这就为运营管理系统的初始数据建立节约了大量时间，这也是GSA推动BIM软件加入空间功能的一个原因。

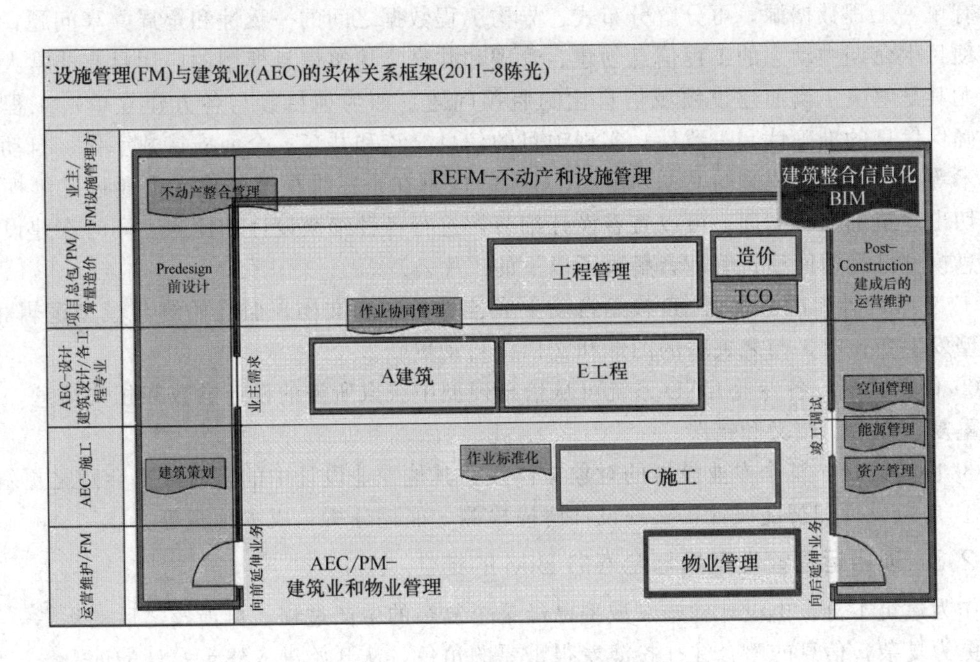

图 3.39 空间管理实体框架

由此我们了解到：

① BIM在运营阶段的应用做了早期规划，也就是使用需求的细分，可以提高工作效率。

② BIM在运营阶段的充分应用可以极大地提高工作效率。

③ BIM在运营阶段的应用，如果在设计阶段就进行相关属性信息的规划和实施，则可以极大地提高工作效率。

3.4.2.1 项目运营阶段BIM模型的建立

建筑信息模型设施运营的BIM建立需要从建设单位、管理单位、运营单位等各个层面上由专门的机构对其进行研究和管理，以协调各单位部门的数据收集、录入、使用权限设置研究，第一时间里将增减的数据进行适时更新，保证其正确和精确，不断推出带有编号的新版本以及正在更新版本时的信息公告等；需要建立一个适时更新制度和管理流程，因为所涉及的有建设方面的内容。各个运营管理单位和部门所需的数据各不相同，但针对的往往是一个共同的对象，只要提出需求，都将通过BIM的建立，将所需要的海量数据完整地标示出来，为各个单位和部门所共享。

运营基础设施乃至其他各类管理需要的数据是以实物量为根本，工程构件纵横交错，必须要计算出实物量才有意义，体积、面积、长度均如此。因此，首先BIM的数据应是可运算的系统，能像人脑一样知晓各构件之间的空间关系；其次要用大规模布尔算法，因工程规模越来越大，布尔算法对CPU、内存资源的需求十分惊人，研发高效率算法、增量计算技术十分重要。

3.4.2.2 建设期BIM与运营阶段BIM的结合

以三维数字技术为基础，集成了建筑工程项目各种相关信息的建筑数据模型，它将连接建筑项目生命不同阶段的数据、过程和资源，可被建设项目各参与方普遍使用。建筑信息模型具有单一工程数据源，可分解分布式、异构工程数据之间的一致性和全局共享问题，支持建设项目生命期中动态的工程信息创建、管理和共享。建筑信息模型的应用具有非常大的价值，尤其是解决了当前建设领域信息化的瓶颈问题。如为项目参与各方建立单一工程数据源，确保信息的准确性和一致性；实现项目的信息交流和共享；全面支持数字化、自动化设计技术等。建筑信息模型与CAD施工图最大的区别在于三维模型的建立，通过三维模型可以剖切出建筑剖面、立面，可以查看设计细节，进行各种细微设计和检测。同时在建设期建筑信息模型已经帮助建筑管理者解决了以下的工序。

① 三维设计：能够根据3D模型自动生成各种图形和文档，而且始终与模型逻辑相关，当模型发生变化时，与之关联的图形和文档将自动更新。

② 信息共享：各专业CAD系统可从信息模型中获取所需的设计参数和相关信息，减少数据重复、冗余、歧义和错误。

③ 协同设计：某个专业设计的对象被修改，其他专业设计中的该对象都会随之更新。

④ 虚拟设计和智能设计：实现设计碰撞检测、能耗分析、成本预测等。

3.4.2.3 项目运营管理工具与全寿命BIM的结合

作为建筑本身，由设计到施工成型已经是个复杂的生产过程，再涉及之后的运营，其流程将更为复杂，信息的整合往往扮演着很重要的角色。从开始进入建筑设计的前身——开发规划阶段来说，需要不同专业的信息收集整合，如土地使用计划、市场经济需求、投资资金应用、开发可行性等不同的知识介入，这是属于信息的发展式整合。在设计阶段是属于虚拟信息的创造式整合，将项目的需求、环境的特色、各顾问意见的考量融入设计者的创造概念里。在施工阶段是属于由虚拟信息变成实质产品的转换式整合，必须拆解设计信息，再透过能执行的施工方法建构出实体。在运营管理阶段，将更多地直接或间接获取建筑信息，从而为建筑运营服务，这则属于应用性整合。在这些过程中信息整合的方式，参与团队及目标着眼点皆不相同，必须了解各阶段目标本身的特殊性，也需要有不同的辅助工具配合架构出不同的互动环节平台。

建筑生命周期管理要求实现在项目生命周期内项目各参与方之间的建设工程信息共享，即逐渐积累起来的建设工程信息能根据需要对不同阶段参与项目的设计方、施工方、材料设备供应方、运营方等保存较高的透明性和可操作性。这需要应用最新的IT方法和手段为信息的交流和利用提供有力的技术支持。建筑信息模型是集成了建筑工程项目各种相关信息的工程数据模型，是对该工程项目相关信息的详尽表达。建筑信息模型是数字技术在建筑工程中的直接应用，以解决建筑工程在软件中的描述问题，使设计人员和工程技术人员能够对各种建筑信息做出正确的应对，并为协同工作提供坚实的基础。

3.4.3 项目运维阶段BIM应用需求

因为BIM发展有一定的阶段性，在起步阶段的应用不能也不可以太前瞻或者太理想化，因为这样对于项目运维阶段的BIM应用发展是会起阻碍作用的。

BIM的应用需求业界一直在热烈讨论，而且不断和新的技术进行结合，比如BIM与物联网、BIM与云计算、虚拟现实VR等。

以下一系列思考的角度，有助于仔细分析项目运营阶段BIM应用的需求点。

角度一：项目是不是已经开工，是不是已经在项目设计、施工阶段运用了BIM？

角度二：项目在现阶段BIM应用程度如何？最重要的阻碍在哪里？

角度三：BIM协同工作平台是否已经建立，数据库是否统一管理？再深一点，模型每个构件的标识是否统一，相关构件的勾连是否完成？模型信息的深度、广度在哪个程度？

角度四：项目预计什么时候完工？3年还是5年？届时，BIM工具会怎么发展？信息化、物联网、RFID、云计算会如何发展？

角度五：运营管理团队是否已经或者准备组建？使用BIM方对他们在运营管理过程中的任务或者目标是否已经想明白？

表3.4 项目运营管理阶段BIM应用需求

序号	项目运营阶段应用功能		使用方		应用目标	应用基础	
	大类	小类	物业	业主	明确定义	应用软件基础	BIM模型基础
1	空间管理	新建项目	√	√		可视化表达； 构件表达； 空间定位； 更新信息维护； 分析比较	固定资产构件信息的广度和深度；关联度； BIM信息与客户管理信息整合； BIM与企业成本相关信息整合
		空间改造	√	√			
		建筑翻新	√	√			
		大型搬迁	√	√			
		公共空间维护	√	√			
2	房地产和租赁	销售		√		可视化表达； 构件表达； 空间定位； 更新信息维护； 固定资源管理； 资源信息统计（水/电/气/暖等）	BIM与租售成本要素信息整合； 空间构件信息； 设施设备构件信息； 设施设备运行统计信息
		成本分析		√			
		租售组合管理		√			
		收费管理		√			
		客户信息管理		√			
3	设施运行维护	日常维护		√		可视化表达； 构件表达； 列表表达； 空间定位； 设备信息维护； 设备关联性分析； 设备或系统模拟运行表达； 统计报表表达	BIM与物业管理流程的信息整合； BIM与设施设备运行监控系统的信息整合； BIM与设备设施标识信息的整合； 设备设施BIM模型深度要求； 设备设施关联性要求
		应急维修		√			
		优化运行		√			
		人员培训		√			
		运行状态监控		√			
		备品备件管理		√			
4	运营管理战略规划	空间、时间、员工、队伍、成本综合管理		√		BIM与ERP等管理软件结合，数学分析模型	需要整合除BIM外的其他资源信息
5	建筑物优化管理	能耗分析	√	√		可视化表达； 构件表达； 列表表达； 空间信息； 设备信息表达； 设备或系统模拟运行表达； 周边环境信息表达； 运行策略及计划表达； 分析工具，分析模块，优化算法等	BIM与设施设备运行监控系统的信息整合； BIM与设备设施标识信息的整合； 设备设施BIM模型的深度要求； 设备设施关联性要求； BIM信息表达与分析工具数据输入的信息整合
		室内环境优化管理	√	√			
		照明优化管理	√	√			
		能源优化运行管理	√	√			
		负荷预测	√	√			
		设施设备优化运行策略	√	√			
		结构安全性态监测	√	√			
6	建筑物综合指挥及管理	公共安全监控	√	√		可视化表达； 构件表达； 空间定位； 实时人数统计； 人流模拟	BIM与设施设备运行监控的信息整合； BIM信息表达与分析工具数据输入的信息整合
		设施设备安全监控	√	√			
		应急预案管理	√	√			
		应急疏散拟真	√	√			
		应急综合指挥	√	√			

角度六：使用BIM方是代表物业管理还是业主方?

如果上述一系列问题清楚了，就可以一起来看看表3.4的内容了。表3.4列举了一些常见的运营管理BIM应用需求，涵盖的并不是项目运营阶段BIM的全部应用，它的意义在于指导开展BIM应用前的思路整理，可以根据需要在横向和纵向进行扩展。不过，其中应用目标（明确定义）一列是每个项目运营管理BIM应用的关键内容，最好是定量化的表达。

3.4.3.1 空间管理

BIM将建筑的非几何属性与实体模型元素产生一致性关联（图3.40），具有设计参数化、数据可视化、统计自动化、工作协同化等技术特点，可以解决传统数据库之间的“信息孤岛”和信息管理环节中的“信息断流”问题，为建筑空间管理提供新的发展方向。

图3.40 非几何属性与实体模型关联

建筑空间管理的信息不仅包括对其当前的状态进行记录、测绘、勘察、评估而形成的“现状信息”，对其过往的各种状态进行追溯，对其未来的管理、利用进行整体规划的“计划信息”，且涵盖了对建筑常态及受干预状态进行实时跟踪监测和记录的“监测与干预信息”。通过专业的BIM管理构想的引入，能够建立起包含相互关联信息的逻辑模型，借助协同、检索和展示平台的设立，完成建筑空间各阶段的记录、维修、改造、监测、管理行为的数据集成、共享和更新，可主导空间管理信息的快速更新，协助建筑资产的风险防范，形成信息管理的通畅途径。与目前的主流空间信息管理系统相比，BIM技术在建筑资产本体与相关行为信息的管理方面具备以下特点。

（1）与GIS技术相比，管理范围各有侧重 GIS技术是空间数据处理、集成和可视化最成功的技术之一。其优势在于大范围、大区域的地理分布数据的采集、存储、管理、运算、分析、显示和描述，其在建筑空间信息管理领域常用于建筑周边环境信息的宏观管理。而对于建筑本体而言，无论是采用CAD数据建立盒状模型，利用航空遥感图像建立逼真的表面模型，利用激光扫描技术获取的3D点群数据建立几何表面模型，还是应用3ds Max软件虚拟建筑模型，GIS始终停留在建筑外部空间数据的获取和管理，而无法真正从建筑构件入手，将各类信息植入构件属性当中，建立起一套完整的建筑内外空间数据关系体系，可全面地获取、管理、展示和分析建筑的各类空间和构造特征。GIS是管理建筑外部空间的恰当手段，BIM则适合管理建筑内部空间数据。

(2) 改进了传统数据库的管理功能　基于关系型数据库的传统建筑空间信息管理平台主要收录二维图纸、文字和照片。同一数据库的各类数据之间、不同的空间管理层级数据库之间、物业信息管理流程与数据库之间、建筑修缮更新设计与数据库之间均存在着严重的“信息孤岛”现象（相互之间在功能上不关联互助、信息不共享互换以及信息与业务流程和应用相互脱节的计算机应用系统）。这种二维、静态、孤立的数据系统从根本上无法实现建筑资产全生命周期管理所需的建筑工程的网上审批、建筑结构的监测与风险防范、建筑管理信息的实时更新等功能。

BIM技术通过统一的三维数据模型，为相关数据建立了丰富的关系数据表，将如上三类信息有机整合在几何模型与构件属性中，为对比数据、生产明细表、提取构件等查询分析活动建立有效的方式，同时，借助用户的人性化参数实时输入和更新功能，真正实现数据管理及成果表达向三维、动态、交互式的转变。

3.4.3.2 运营管理

现有的运营管理模式多为专业分控系统（如楼宇自控系统BA、火灾自动报警系统FA、安全防范系统SA等），结合中央集控系统、物业管理系统等进行设备、使用空间、人流、车流等各种楼宇相关信息层面的管理。随着楼宇智能化管理模型的日益普及和深化，BIM在设计和施工阶段所累积的建筑构件信息源，在建筑运营期的作用也日益增大，通过建立基于IFC标准的建筑物业信息模型、IFC解析器以及数据接口，实现了建筑设计、施工与物业管理信息的共享和交换。同时应用中间技术建立楼宇自控、楼宇安防、楼宇消防等智能子系统汇集的信息集成平台，实现了建筑设备的监控和集成管理，如图3.41所示。

所构建的系统建立IFC解析器，可实现对IFC数据文件的读取，并在系统中产生基于IFC标准信息模型的数据类实体，为运营提供主体管理对象。同时还可以将信息模型的数据类实体保存为IFC数据类文件，其他系统通过读取并识别该文件内容，提取出相关的数据信息，从而实现不同系统之间的数据交换，在运营过程中实现设备、空间信息的“上传下达”，实现运营管理过程中的信息交换通路，在系统中也将以更为形象的图文视角将其合理地予以展示（图3.42）。

根据建筑信息模型基于IFC标准信息模型所建立的智能楼宇管理系统，将帮助楼宇运营者完成系统管理、日常维护、服务管理等运营过程，系统也将更好地结合智能化设备信息及建筑信息模型中对应的空间、设施信息实现设备管理及维护、设备数据实时显示、设备控制策略配置、设备任务管理、设备监控报警、日志管理、历史数据记录、设备故障预警预报等更为具体的运营管理工作。

3.4.3.3 资产管理

当前的资产信息主要是由档案室的资料管理人员或录入人员采取纸媒质的方式进行管

理，这样既不容易保存，更不容易查阅，一旦人员调整或周期较长会出现遗失或记录不可查询等问题，造成工作效率降低和成本提高。

由于上述原因，公司、企业或个人对固定资产信息的管理正在逐渐从传统的纸质方式中脱离，不再需要传统的档案室和资料管理人员。信息技术的发展使基于 BIM 的物联网资产管理系统（图 3.43）可以通过在 RFID 的资产标签芯片中注入用户需要的详细参数信息和定期提醒设置，同时结合三维虚拟实体的 BIM 技术，使资产在智慧建筑物中的定位和相关参数信息一目了然，可以精确定位，快速查阅。

新技术的产生使二维的、抽象的、纸媒质的传统资产信息管理方式变得鲜活生动。资产的管理范围也从以前的重点资产延伸到资产的各个方面。例如，对于机电安装的设备、设施，资产标签中的报警芯片会提醒设备需要定期维修的时间以及设备维修厂家等相关信息，同时可以报警设备的使用寿命，以便及时进行更换，避免发生伤害事故和一些不必要的麻烦。

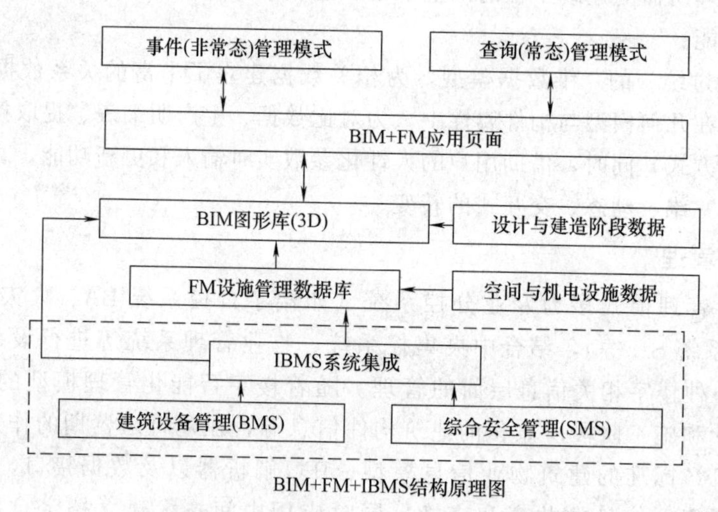

图 3.41　BIM、FM 和 IBMS 集成

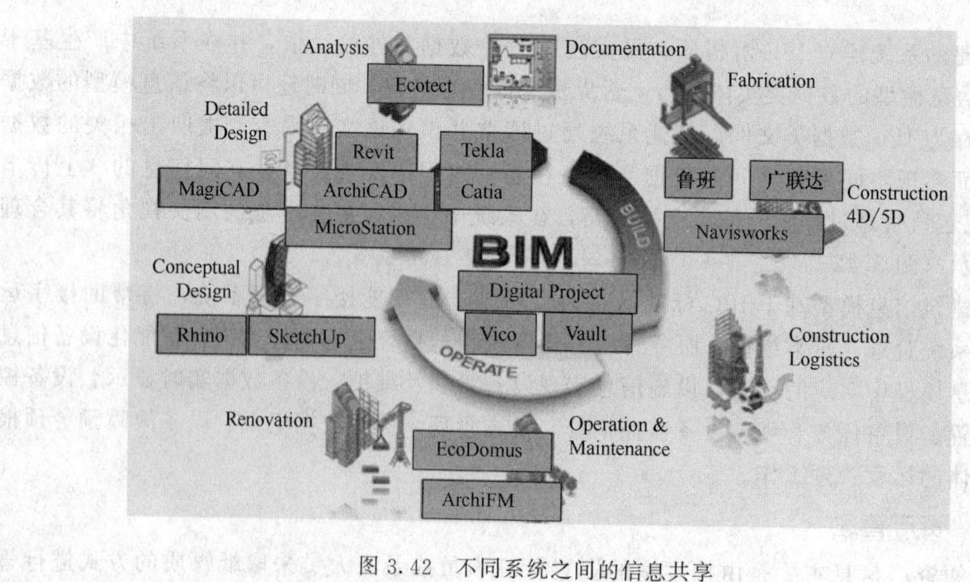

图 3.42　不同系统之间的信息共享

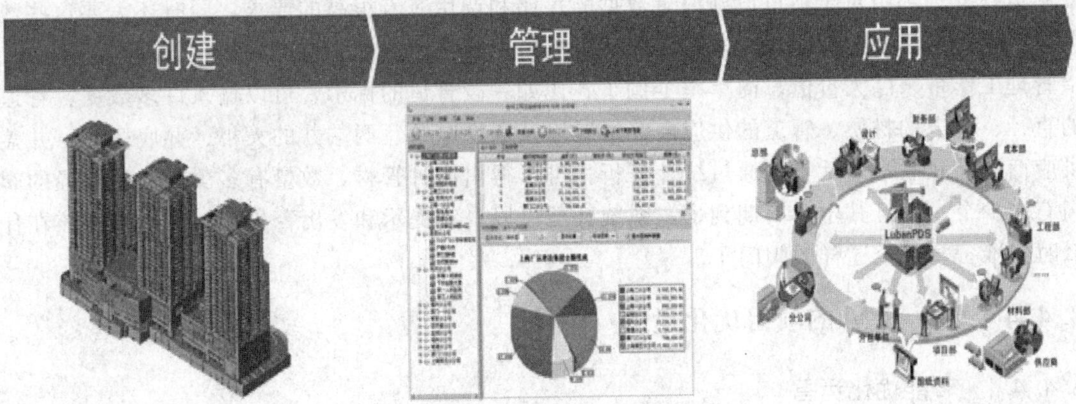

创建 管理 应用

- 创建预算、施工BIM模型
- 清单、定额自动套
- 准确快速计量、资源分析

- 企业级7D BIM数据库
- 基于互联网应用
- 严格授权和安全保障

- 按需共享数据、提高协同效率
- 各部门、各岗位直接调用模型
- BIM数据二次挖掘、应用

图 3.43 基于 BIM 的资产管理

3.4.3.4 维护管理

建筑信息模型将为建筑内的设备（设施）维护创造一个更便捷的环境，管理者通过调用、修改、增补建筑信息模型中的实体构件记录下实施过程几乎所有的关联数据（图 3.44）。

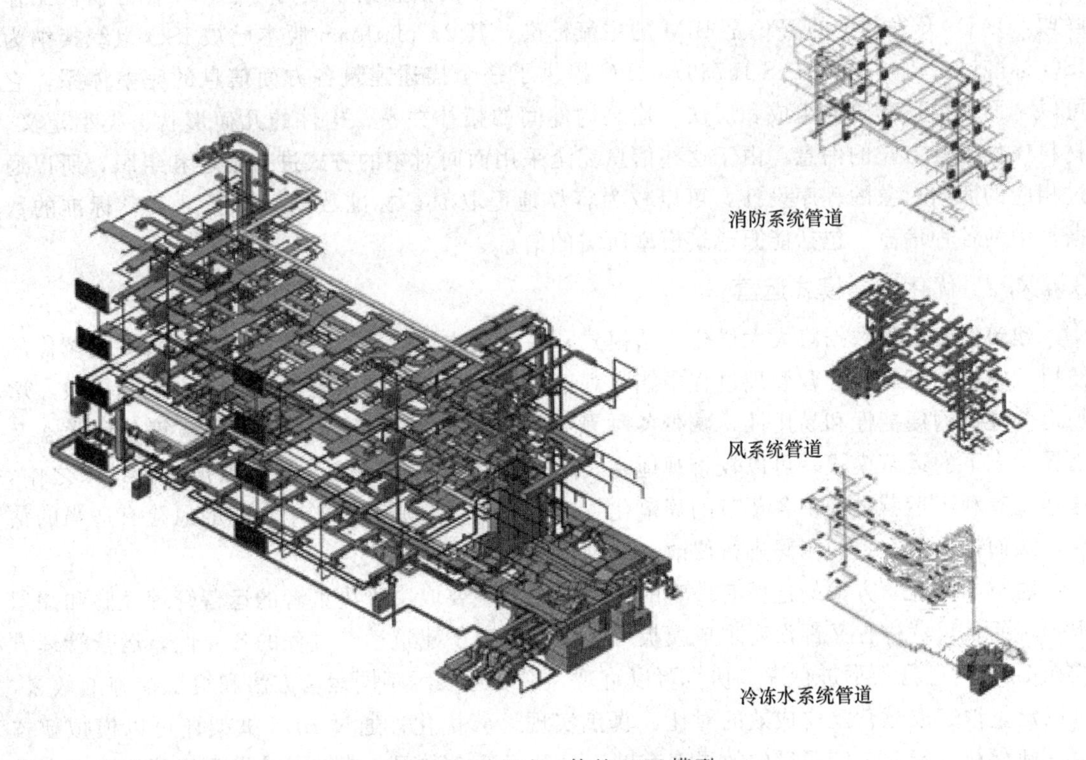

图 3.44 集成一体的 BIM 模型

运营管理部门对于项目设施海量数据的存储和调用有着很高的要求，同时还需要这些数据与工程信息模型构件相关联，达到创建以后可以被实时调用、统计分析、管理与共享，将给管理工作带来巨大价值。简单举个例子，比如一段管道的标示，可以输入许多数据：管道的直径、管道的材质、管道的供应商等情况以及联系电话，两端井的大小、井底标高，井盖供应商情况及联系电话等。通过统计分析，可以得出何种管材，数量有多少，何种口径的阀门有多少个，一旦其生命周期到了，系统甚至可以自动提示和发出警告，就可以知道该在什么时候准备多少个这样的阀门了。

3.4.4 基于BIM的项目优化运营

3.4.4.1 节能优化运营

建筑信息模型将更好地协同能耗测算软件进行建筑节能化运营的计算，用来模拟建筑及系统的实际运行状况，从而预测年运行能耗，找到重要的耗能点，为节能寻找依据。一般来说，建筑能耗模拟软件主要有以下4种功能。

① 负荷模拟。模拟计算建筑在一定时间段中的冷热负荷，反映建筑围护结构和外部环境、内部使用状况之间在能量方面的相互影响。

② 系统模拟。模拟空调系统的空气输送设备、风机盘管及控制装置等功能设备。

③ 设备模拟。模拟为系统提供能源的锅炉、制冷机、发电设备等。

④ 经济模拟。评估建筑在一定时间段为满足建筑负荷所需要的能源费用。

建筑信息模型正是用对象化的方式将建筑信息各组成部分及其相互关系按照一定的标准进行描述的数据模型，其使得各建筑专业间实现真正的信息共享成为可能。由国际协同工作联盟（IAI）开发制定的IFC是BIM的主流标准，其2x platform版本已被ISO组织接纳为ISO标准讨论稿（ISO/PAS 16739）。IFC提供了一个描述建筑各方面信息的完整体系，它可以全面地描述建筑的组成和层次、建筑构件间的拓扑关系、构件的几何形状、类型定义、材料属性等全方位的信息。由于这些信息完全采用面向对象的方式进行描述和组织，所以通过相应的面向对象的程序设计，可以较为容易地提取IFC标准数据（即满足IFC标准的数据）中的各种信息，包括能源建筑模型所需的信息。

3.4.4.2 优化安全模式运营

建筑信息模型数据将大大优化运营模式，在建筑本体运营的各阶段都是运营模式调优的便捷、安全的工具。运营管理过程中能直观地对比各设施、各步骤的方式、方法和成效，增加运营环节的便捷性和易用性，减少各种意外因素的发生、在BIM模型中演算各种常态及临界状态下的运营模式，可以较直观地将实际操作环节中的瑕疵暴露在虚拟运行结果之中，这样既有利于运营过程中各环节的规范化管理，又可以对原有模式中存在的风险有适当的估算，从而指出不合理的步骤进行修改，达到优化安全运营模式。

建筑本体运营方案的选择有一定的局限性，它主要取决于决策者的运营管理经验和知识水平，而且运营过程又都没有现成模板可遵循，决定了建筑运营过程的各异性，运营管理方式在BIM信息框架下进行虚拟仿真可以直观、科学地展示不同运营方法和组织措施的效果，可以定量地完成运营工作成效的对比，真正实现运营优化；通过BIM框架还可以模拟新技术、新材料、新工艺应用后的效果，有助于管理运营全过程，能够提前发现运营管理中在质量、安全等方面存在的隐患。管理人员可以采取有效的预防、加强措施，提高工程运营质量和管理效果。其效果可体现在以下几个方面。

(1) 评价运营安全情况　在运营过程中出现危险事故的原因主要有人的不安全行为、物的不安全状态、环境隐患和组织管理不力等。可以根据这四个因素的重要程度进行各个方面的安全价值分析，制定不同的安全方案，达到资金与安全程度的最大优化。

(2) 各种运营过程中设施的操作训练　尤其是某些重要部分中要采用先进的特种设备，而这些设备不允许出现失误且需要不断反复地操作训练。采集BIM中相应设备（设施）的构件信息开发相应的设备模型，用户通过各种传感器及输入装置与虚拟场景的交互，使之通过虚拟的设备得到“真实”的训练。还可以观察操作过程中存在哪些不规范的操作，提前改正，还可以观察一些设备的操作隐患，并采取相应的措施预防和加强。

(3) 进行按事故过程模拟　有经验的运营管理人员了解运营过程中哪些部位容易出现隐患，哪些部位容易发生事故，比如爆炸、坍塌、坠落等。利用BIM信息可协助建立安全事故发生过程三维动态仿真模型，为以后类似事故的分析、运营管理者安全教育提供有力的工具支撑。

(4) 模拟紧急逃生演练　BIM建筑信息模型使用户和系统之间可以交换信息。通过建立建筑物的事故模型，可以训练现场人员在事故发生时自救、逃生路线的选择和应急行动的实施，以此来降低事故发生时的损失。

(5) 进行安全教育　由于基层运营工作者的文化素质参差不齐，进行书本安全知识讲解是比较困难的，应该采取各种真实的或者能引起人们兴趣的手段来保证学习的效果，如安全事故过程的仿真、设备操作的虚拟等。这样，BIM信息模型和现场实时获取的工况组态就提供了很好的现场信息支撑。

建筑信息模型为安全运营提供了良好的建筑原始信息的供给，也给运营模式的调整与优化提供了完备的技术支撑，通过更广领域建筑关联信息的链接，它将帮助运营管理者更好地对建筑实施安全运营管理。

3.4.4.3 应急管理

建筑信息模型技术管理的优势在于没有任何盲区。作为人流聚集区域，突发事件的应对能力非常重要。传统的突发事件处理仅仅关注响应和救援，而全信息化运维对突发事件的管理包括预防、警报和处理。

以消防事件为例，基于BIM的运营管理系统可以通过喷淋感应器感应信息，如果发生着火事故，在建筑的信息模型界面中，就会自动进行火警警报，着火的三维位置和房间立即进行定位显示，控制中心可以及时查询相应的周围情况和设备情况，为及时疏散和处理提供信息支撑。类似的还有水管、气管爆裂等突发事件，通过BIM系统可以迅速定位控制阀门的位置，避免了在一屋子图纸中寻找资料，甚至还找不到资料。如果不及时处理，将酿成灾难性事故。

3.4.5 项目运营、BIM与物联网

物联网在楼宇智能管理、物业管理和建筑物的运行维护方面将发挥更大的作用。仅从建筑物外表不可能了解其真面目，因为有许多管线都是隐蔽在楼板和墙体中，众多开关阀门遍布于建筑物的各个角落，如果没有图纸要找某个阀门几乎是不可能的，特别是一些复杂结构的建筑，而图纸一般都保存在档案馆内，要去查阅，手续是极为麻烦的，那么有什么好的办法实现对楼宇内相关物体的即时查找和定位呢？只有把建筑物数字化，建立整个建筑信息模

型，才能实现更有效的管理。BIM是物联网应用的基础数据模型，是物联网的核心和灵魂，正如BIM是ERP的基础数据一样，物联网应用不能脱离BIM。没有BIM，物联网的应用就会受到限制，就无法深入到建筑物的内核，因为许多构件和物体是隐蔽的，存在于肉眼看不见的深处，只有通过BIM模型才能一览无遗，展示构件的每一个细节。这个模型是三维可视和动态的，涵盖了整个建筑物中所有信息，展示构件的每一个细节，然后与楼宇控制中心集成关联。在整个建筑物生命周期中，建筑物运行维护的时间段最长，所以建立建筑信息模型显得尤为重要和迫切。建筑信息模型目前在设计阶段应用较多，但还没有建造和运维阶段的应用，一旦在建造和运维阶段得到应用将产生极大的价值。

BIM与物联网二者的结合，将智能建筑提升到智慧建筑新高度，开创智慧建筑新时代，是建筑业的下一个重要发展方向。

“物联网”概念的问世，将彻底颠覆之前的传统思维方式。过去的思路一直是将物理基础设施和IT基础设施分开：一方面是建筑物、公路等，而另一方面是数据中心、网络等。而在“物联网”时代，把感应器等芯片嵌入和装备到铁路、桥梁、隧道、公路、建筑、供水系统、电网、大坝、油气管道、钢筋混凝土、管线等各种物体中，然后将“物联网”与现有的互联网整合为统一的基础设施，实现人类社会与物理系统的整合，达到对整合网络内的人员、机器、设备和集成设施实施实时的管理和控制的目的。物联网就是把物体数字化，在此意义上，基础设施更像是一块新的地球工地，世界的运转就在它上面进行，其中包括经济管理、生产运行、社会管理乃至个人生活等方方面面。

BIM技术作为信息时代建筑业发展的新趋势，已经应用在国内外工程建筑领域，从建筑的全寿命周期来看，运维阶段BIM的应用才能更加实现它的应用价值。

对于商业地产项目来说，从建筑物全寿命周期的角度来使用BIM技术，不仅会在设计和施工阶段实现成本节约，在建筑的运维阶段充分开发利用BIM技术的运维管理系统将会在后期的使用过程中产生更大的经济效益。

鉴于BIM技术的重要性和建筑业向绿色、节能、智能化方向发展的趋势，以及物联网技术的发展，BIM在运维阶段的应用研究会迎来一个新的起点。

第4章 BIM软件操作实训

4.1 利用Revit软件建模

4.1.1 绘制标高和轴网

标高用来定义楼层层高及生成平面视图，标高不是必须作为楼层层高；轴网用于为构件定位，在Revit中轴网确定了一个不可见的工作平面。轴网编号以及标高符号样式均可定制修改。

在本章节中，需重点掌握轴网和标高的2D、3D显示模式的不同作用，影响范围命令的应用，轴网和标高标头的显示控制，如何生成对应标高的平面视图等。

4.1.1.1 新建项目

① 鼠标左键双击“Revit Architecture 2014”软件快捷启动图标，进入主界面后选择左上角“应用程序菜单”→“新建”→“项目”命令，打开“新建项目”对话框，如图4.1所示。

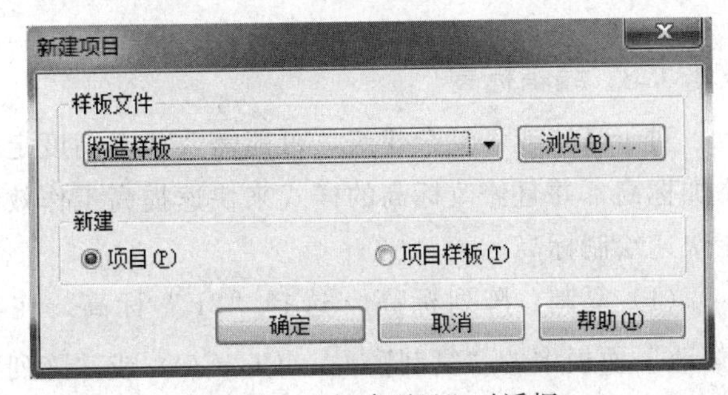

图4.1 “新建项目”对话框

② 在“Revit Architecture 2014”中，软件默认提供了四种样板文件，分别是“构造样板”、“建筑样板”、“结构样板”、“机械样板”，在设计不同专业时，选择不同样板文件。为方便读者学习，本书使用软件默认提供的“构造样板”，鼠标左键单击“确定”后进入工作界面。

4.1.1.2 绘制标高

① 在项目浏览器中展开“立面（建筑立面）”项，鼠标左键双击视图名称“南”进入南立面视图。项目样板默认提供了6个标高，根据本书所用案例的实际情况，保留“标高1”，其他5个标高单击鼠标左键选中后删除。同时，鼠标左键单击“标高1”，选中后将其修改为“1F”。

② 鼠标左键单击“建筑”选项卡下“基准”面板中的“标高”命令，在选项栏中勾选“创建平面视图”☑创建平面视图，绘制“2F”标高，将一层与二层之间的层高修改为3.5m，如图4.2所示。

③ 绘制标高“3F”，修改临时尺寸标注，使其间距“2F”为3200mm；绘制标高“4F”，修改临时尺寸标注，使其间距“3F”为2800mm，将标高名称“4F”改为“RF”。

④ 利用“复制”命令，创建地坪标高。选择标高“1F”，单击“修改 | 标高”上下文选

项卡下“修改”面板中的“复制”命令，移动光标在标高“1F”上单击捕捉一点作为复制参考点，然后垂直向下移动光标，输入间距值 450，单击鼠标放置标高，同上修改标高名称为“0F”，完成后的标高如图 4.3 所示。

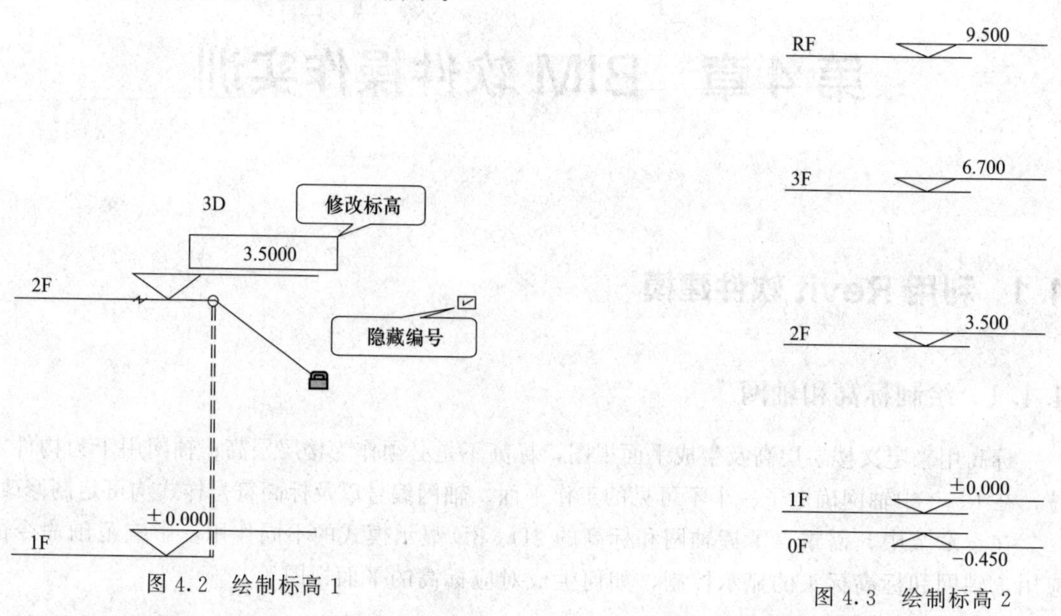

图 4.2　绘制标高 1

图 4.3　绘制标高 2

4.1.1.3　编辑标高

对于高层或者复杂建筑，可能需要多个高度定位线，除了直接绘制标高，那如何来快速添加标高，并且修改标高的样式来快速提高工作效率？下面将通过举例应用复制、阵列等功能快速绘制标高。

(1) 复制、阵列标高　选择“3F”标高，在激活的“修改 | 标高”选项卡下，单击“修改”面板中的“复制”(CC/CO) 或“阵列”(AR) 命令，快速添加标高。

① 复制标高。如果选择“复制”，在选项卡中会出现 修改 | 标高 约束 分开 多个，勾选“约束”，可垂直或水平复制标高，勾选“多个”，可连续多次复制标高。都勾选后，鼠标左键单击“3F”上的一点作为起点，向上拖动鼠标，直接输入临时尺寸的值，单位为 mm，输入后回车则完成一个标高的绘制，如图 4.4 所示。继续向上拖动鼠标输入数值，则可继续绘制标高。

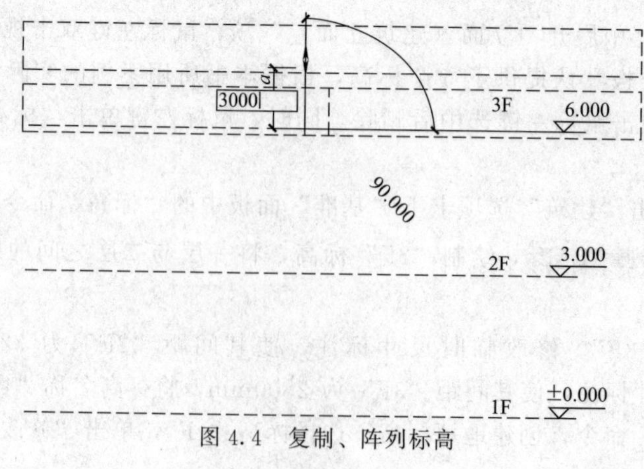

图 4.4　复制、阵列标高

② 阵列标高。如果选择“阵列”，则适用于一次绘制多个等距的标高，选择后在选项卡中会出现 修改|标高 ☑成组并关联 项目数: 2 移动到: ◉第二个 ○最后一个 ☑约束 激活尺寸标注 ，勾选“成组并关联”，则阵列的标高为一个模型组，如果要编辑标高名称，需要解组后才可编辑；项目数为包含原有标高在内的数量，如项目数为3，则为3F、4F与5F；选择“移动到：第二个”则在输入标高间距“3000”并按回车后3F、4F与5F间的间距均为3000mm，若选择“最后一个”，则3F与5F间的距离共3000mm，如图4.4所示。

（2）添加楼层平面

① 在完成标高的复制或阵列后，在“项目浏览器”中可以发现均没有4F、5F的楼层平面。因为在Revit中复制的标高是参照标高，因此新复制的标高标头（4F、5F）都是黑色显示，如图4.5所示，而且在项目浏览器中的“楼层平面”项下也没有创建新的平面视图，如图4.6所示。

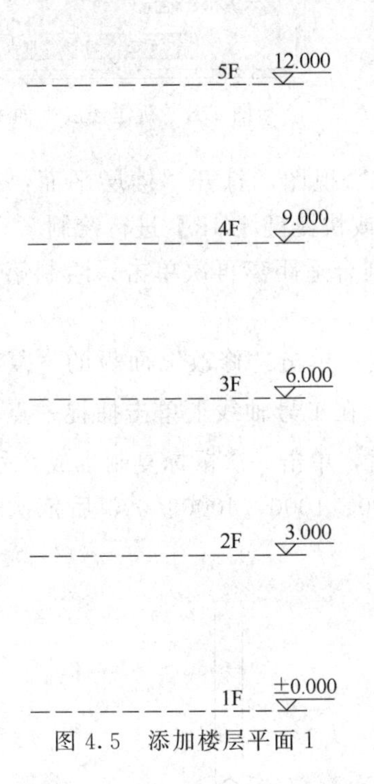

图4.5 添加楼层平面1

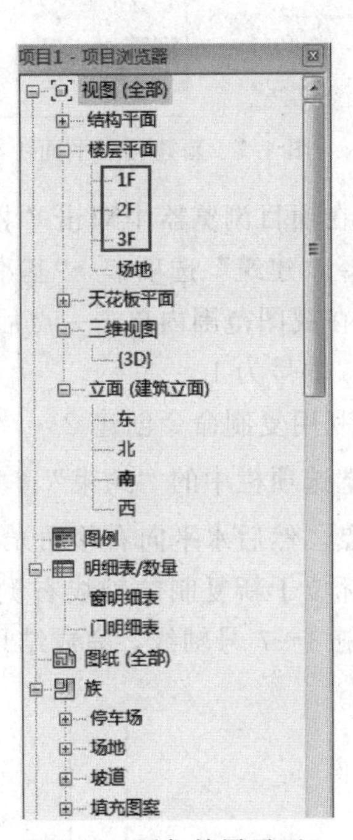

图4.6 添加楼层平面2

② 鼠标左键单击选项卡“视图”→“平面视图”→“楼层平面”命令，打开“新建楼层平面”对话框，如图4.7所示。从列表中选择“4F、5F”，如图4.8所示。单击“确定”后，在项目浏览器中创建了新的楼层平面“4F、5F”，并自动打开“4F、5F”平面视图。此时，可发现立面中的标高“4F、5F”蓝显。

4.1.1.4 创建轴网

在Revit 2014中轴网只需要在任意一个平面视图中绘制一次，其他平面和立面、剖面视图中都将自动显示。轴网可分为2D和3D状态，单击2D或3D可直接替换状态。2D与3D的区别在于：2D状态下所做的修改仅影响本视图；在3D状态下，所做的修改将影响所有平行视图。在3D状态下，若修改轴线的长度，其他视图的轴线长度对应修改，但是其他的修改均需通过“影响范围”工具实现。仅在2D状态下，通过“影响范围”工具能将所有的修改传递给当前视图的平行视图。

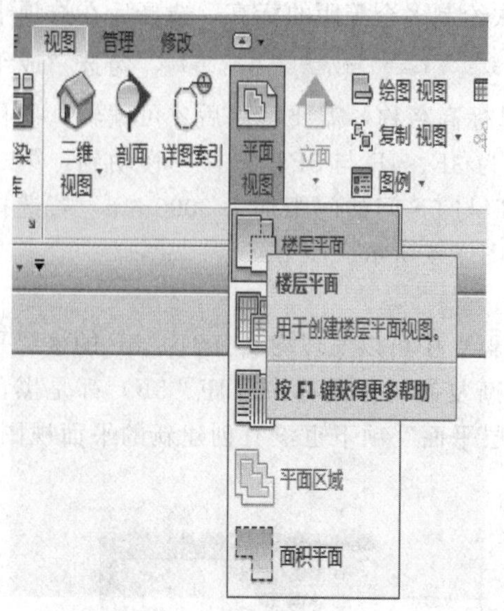

图 4.7 新建楼层平面 1

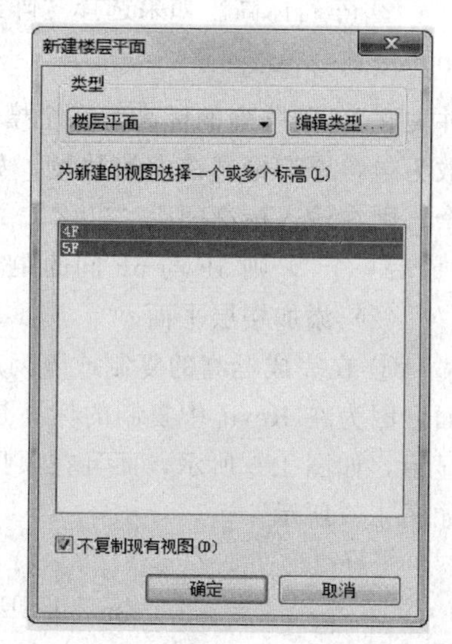

图 4.8 新建楼层平面 2

① 在项目浏览器中双击“楼层平面”项下的“1F”视图，打开“楼层平面：1F”视图。选择“建筑”选项卡→“基准”面板→“轴网”命令或快捷键【GR】进行绘制。

② 在视图范围内单击一点后，垂直向上移动光标到合适距离再次单击，绘制第一条垂直轴线，轴号为 1。

③ 利用复制命令创建 2～7 号轴网。选择 1 号轴线，单击“修改”面板的“复制”命令，勾选选项栏中的“约束” 修改 | 轴网 ☑约束 □分开 ☑多个，在 1 号轴线上单击捕捉一点作为复制参考点，然后水平向右移动光标，输入间距值 1200 后，单击一次鼠标复制生成 2 号轴线。保持光标位于新复制的轴线右侧，分别输入 3900、2800、1000、4000、600 后依次单击确认，绘制 3～7 号轴线，完成结果如图 4.9 所示。

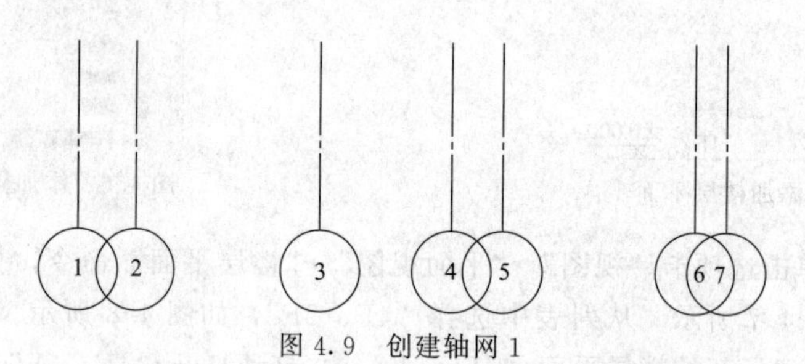

图 4.9 创建轴网 1

④ 继续使用“轴网”命令绘制水平轴线，移动光标到视图中 1 号轴线标头左上方位置，单击鼠标左键捕捉一点作为轴线起点。然后从左向右水平移动光标到 7 号轴线右侧一段距离后，再次单击鼠标左键捕捉轴线终点，创建第一条水平轴线。

⑤ 选择刚创建的水平轴线，修改标头文字为“A”，创建 A 号轴线。同上绘制水平轴线步骤，利用“复制”命令，创建 B～E 号轴线。移动光标在 A 号轴线上单击捕捉一点作为复制参考点，然后垂直向上移动光标，保持光标位于新复制的轴线上侧，分别输入 2900、3100、2600、5700 后依次单击确认，完成复制。

⑥ 重新选择 A 号轴线进行复制，垂直向上移动光标，输入值 1300，单击鼠标绘制轴

线，选择新建的轴线，修改标头文字为“1/A”。完成后的轴网如图 4.10 所示。

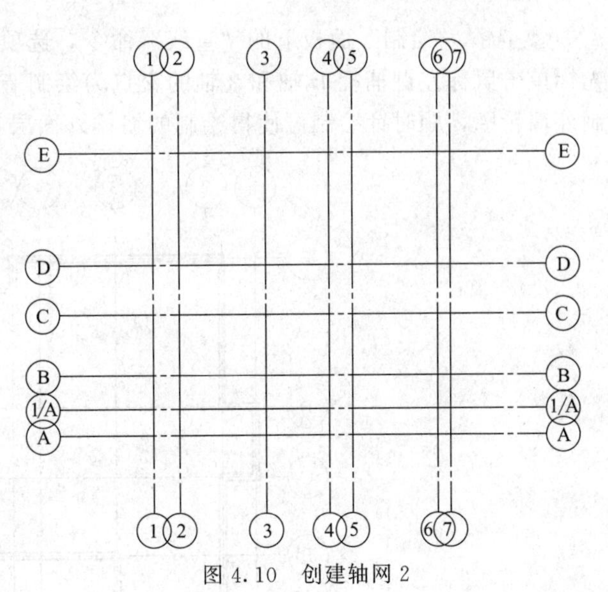

图 4.10　创建轴网 2

4.1.1.5　编辑轴网

① 绘制完轴网后，需要在平面图和立面视图中手动调整轴线标头位置，解决 1 号和 2 号轴线、4 号和 5 号轴线、6 号和 7 号轴线等的标头干涉问题。

② 选择 2 号轴线，单击靠近轴号位置的“添加弯头”标志（类似倾斜的字母 N），出现弯头，拖动蓝色圆点则可以调整偏移的程度。同理，调整 5 号、7 号轴线标头的位置，如图 4.11 所示。

③ 标头位置调整。选中某根轴网，在“标头位置调整”符号（空心圆点）上按住鼠标左键拖拽可整体调整所有标头的位置；如果先单击打开“标头对齐锁”，然后再拖拽即可单独移动一根标头的位置。

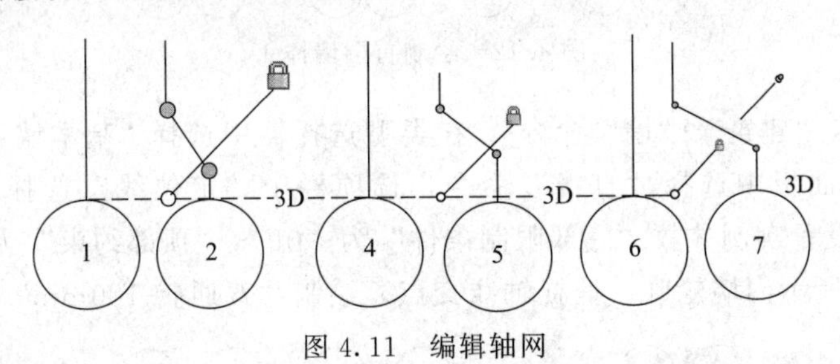

图 4.11　编辑轴网

④ 在项目浏览器中双击“立面（建筑立面）”项下的“南立面”进入南立面视图，使用前述编辑标高和轴网的方法，调整标头位置、添加弯头。用同样的方法调整东立面或西立面视图标高和轴网。

⑤ 标高和轴网创建完成，回到任一平面视图，框选所有轴线在“修改”面板中单击图标，锁定绘制好的轴网（锁定的目的是为了使得整个的轴网间的距离在后面的绘图过程中不会偏移）。

4.1.2　绘制首层构件

4.1.2.1　绘制首层墙体

① 进入平面视图中，单击“建筑”选项卡→“墙”的下拉按钮。有“建筑墙”、“结构墙”、“面墙”、“墙饰条”、“墙分隔缝”五种选择，“墙饰条”和“墙分隔缝”只有在三维视图下才能激活亮显，用于墙体绘制完后添加。其他墙可以从字面上来理解，“建筑墙”主要是用于分割空间，不承重；“结构墙”用于承重以及抗剪作用；“面墙”主要用于体量或常规模型创建墙面。

② 单击选择“建筑墙”后，在“属性”框中的“类型选择器”中选择“叠层墙”，在墙“属性”框中，设置实例参数“底部限制条件”为“0F”，“顶部约束”为“直到标高 2F”。

③ 选择“绘制”面板下的“直线”命令，选项栏中“定位线”选择“墙中心线”，移动光标单击鼠标左键捕捉E轴和2轴的交点为绘制墙体起点，按照图4.12所示顺时针方向绘制外墙轮廓，顺时针绘制可使得绘制的墙体外面层朝外。

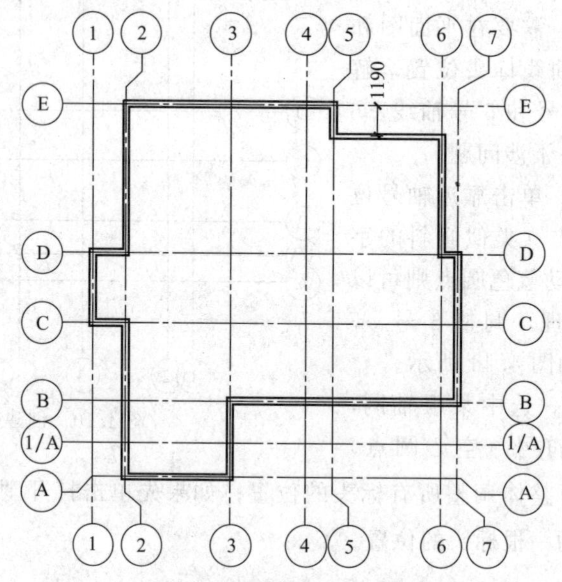

图4.12　绘制首层墙体1

④ 单击选项卡“建筑”→“墙”命令，在类型选择器中选择“基本墙：普通砖-180mm”类型。在“绘制”面板中选择“直线”命令，选项栏中“定位线”选择“墙中心线”，在“属性”框中直接设置实例参数“底部限制条件”为“0F”，“顶部约束”为“直到标高2F”。

⑤ 按图4.13所示内墙轮廓，捕捉轴线交点，绘制“普通砖-180mm”地下室内墙。

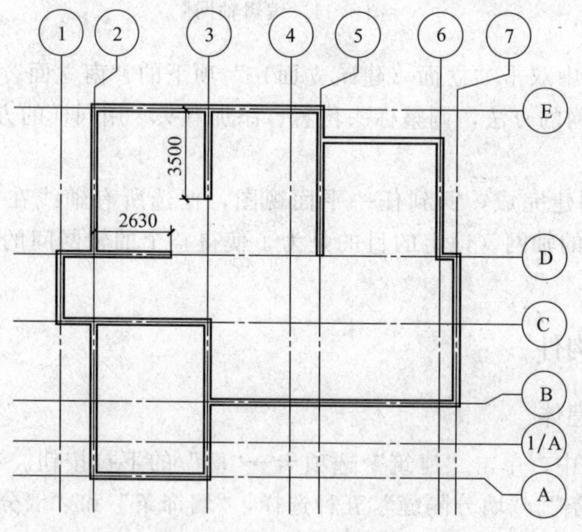

图4.13　绘制首层墙体2

⑥ 在类型选择器中选择“基本墙：普通砖-100mm”，选项栏中“定位线”选择“核心面-外部”，单击“属性”框，设置实例参数“基准限制条件”为“0F”，“顶部限制条件”为“直到标高2F”。

⑦ 按图 4.14 所示内墙位置捕捉轴线交点，绘制“普通砖-100mm”地下室内墙。标注均为墙中线与墙中线、轴网的间距。

⑧ 完成后的首层墙体如图 4.15 所示。

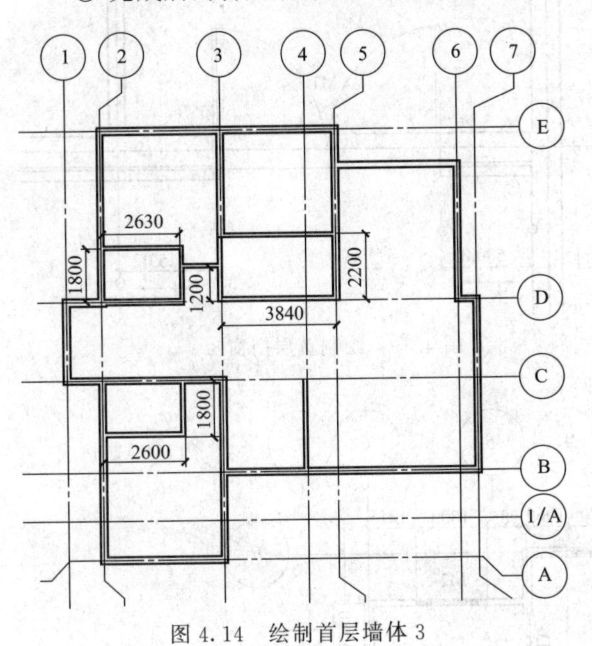

图 4.14　绘制首层墙体 3

图 4.15　完成后首层墙体

4.1.2.2　绘制首层门窗

① 接上节练习，打开“1F”视图，单击选项卡“建筑”→“门”命令，或使用快捷键【DR】，在类型选择器下拉列表中选择“硬木装饰门 M1”类型。

② 在“修改 | 放置　门”选项卡中单击“在放置时进行标记”命令，便对门进行自动标记。要引入标记引线，选择“引线”并指定长度 12.7mm，如图 4.16 所示。

图 4.16　绘制首层门窗 1

③ 将光标移动到 B 轴线 3、4 号轴线之间的墙体上，此时会出现门与周围墙体距离的灰色相对临时尺寸，如图 4.17 所示。这样可以通过相对尺寸大致捕捉门的位置。在平面视图中放置门之前，敲击空格键控制门的开启方向。

④ 在墙上合适位置单击鼠标左键以放置门，调整临时尺寸标注蓝色的控制点，拖动蓝色控制点移动到 4 轴，修改距离值为“615”，得到“大头角”的距离，如图 4.18 所示。“硬木装饰门-M1”修改后的位置见图 4.19。

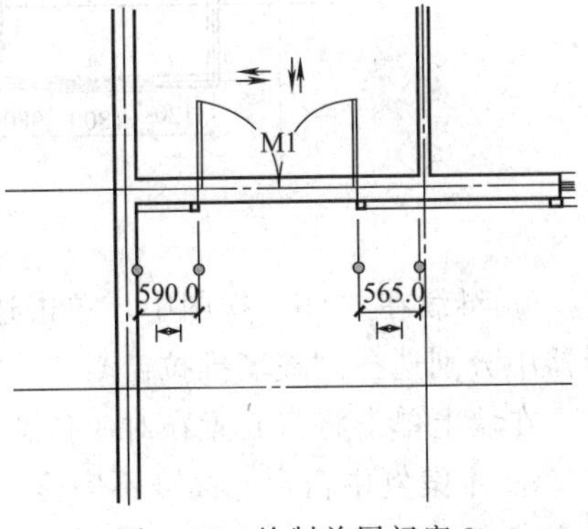

图 4.17　绘制首层门窗 2

⑤ 同理，在类型选择器中分别选择“硬木装饰门 M1”、“铝合金玻璃推拉门 M2”、“双扇推拉门 M3”、“装饰木门 M4”“装饰木门 M5”类型，按图 4.20 所示位置插入到首层墙上。

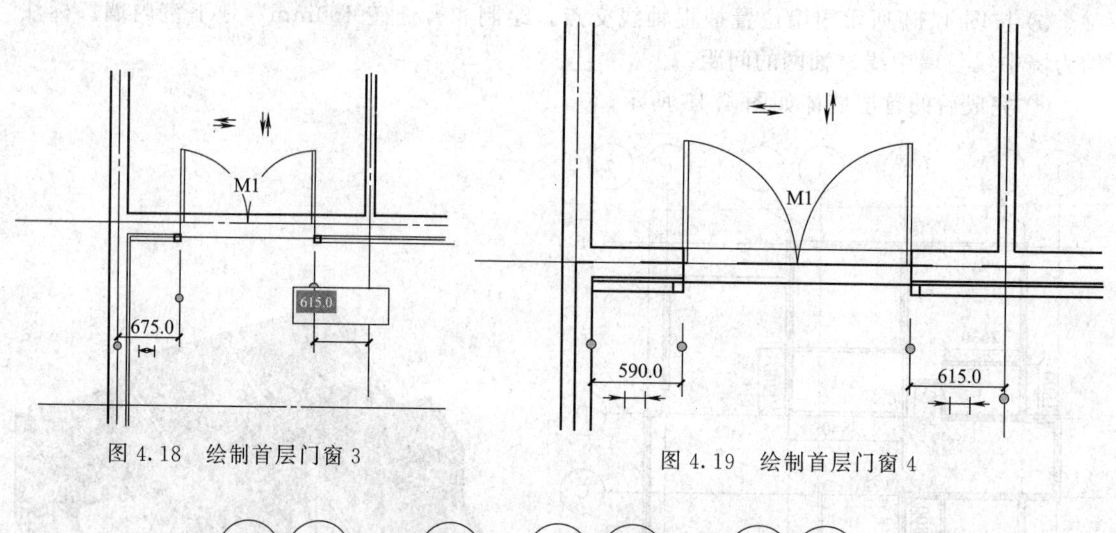

图 4.18　绘制首层门窗 3

图 4.19　绘制首层门窗 4

图 4.20　绘制首层门窗 5

⑥ 继续在“1F”视图中，单击选项卡“建筑”→“窗”命令或快捷键【WN】。在类型选择器中分别选择“玻璃推拉窗 C4”、“双扇推拉窗 C6”类型，按图 4.20 所示窗 C4、C6 的位置，在墙上单击将窗放置在对应位置。

⑦ 本案例中窗台底高度不完全一致，因此在插入窗后需要手动调整窗台高度。几个窗的底高度值为：C4 900mm 、C6 900mm。在任意视图中选择“双扇推拉窗 C6”，在“属性”框中直接修改“底高度”值为 900，如图 4.21 所示。

⑧ 同样编辑其他窗的底高度，编辑完成后的首层门窗如图 4.22 所示。

图 4.21 绘制首层门窗 6

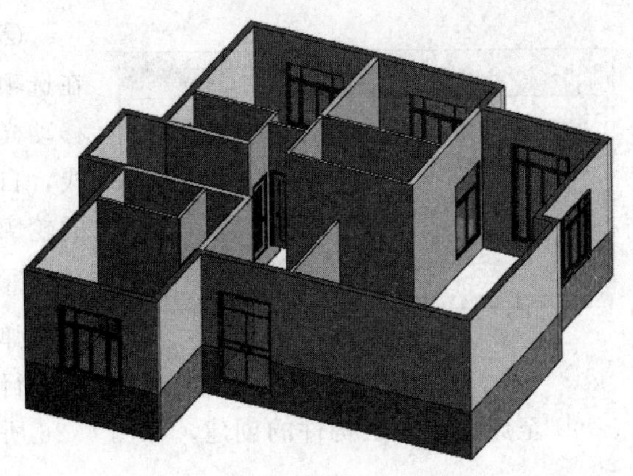

图 4.22 完成首层门窗

4.1.2.3 绘制首层楼板

① 单击选项卡“建筑”→“楼板”命令，进入楼板绘制模式。在“属性”中选择楼板类型为“楼板常规-200mm”。

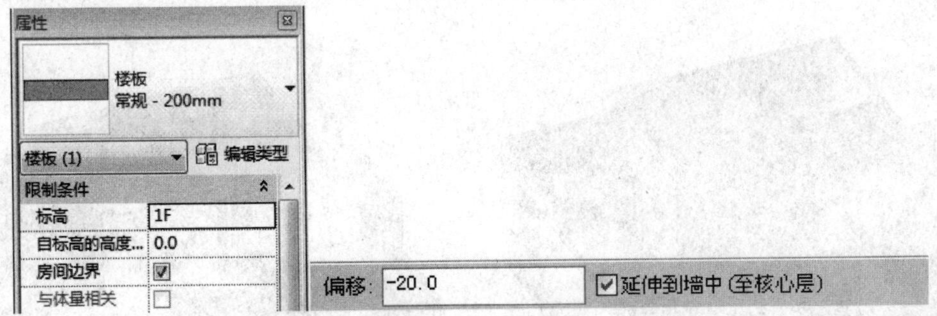

图 4.23 绘制首层楼板 1

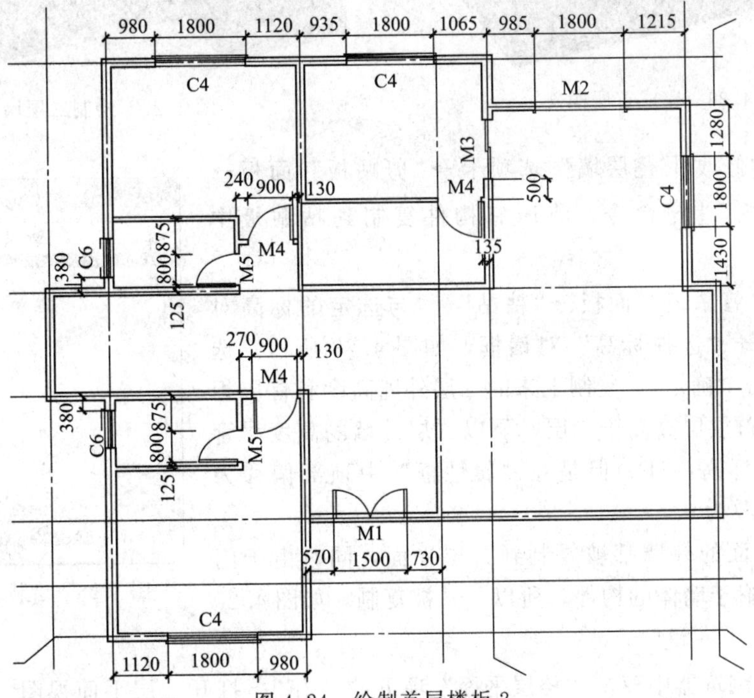

图 4.24 绘制首层楼板 2

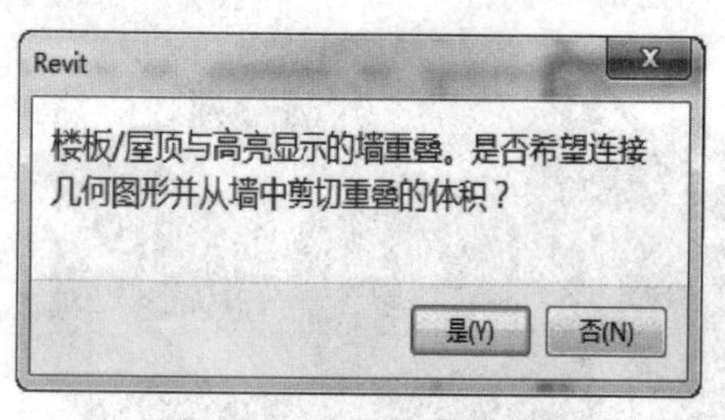

图 4.25 绘制首层楼板 3

② 在“绘制”面板中，单击“拾取墙”命令，在选项栏中设置偏移为“－20”，如图 4.23 所示，移动光标到外墙外边线上，依次单击拾取外墙外边线，自动创建楼板轮廓线（图 4.24）。拾取墙创建的轮廓线自动和墙体保持关联关系。

③ 单击“完成”按钮，完成创建首层楼板。弹出如图 4.25 所示的对话框，选择“否”（若要进行工程算量，则选择“是”）。

④ 至此完成首层构件的创建，如图 4.26 所示。

4.1.3 绘制二层构件

4.1.3.1 绘制二层墙体

① 切换到三维视图，将光标放在首层的外墙上，高亮显示后按【Tab】键，所有外墙将全部高亮显示，单击鼠标左键，首层外墙将全部选中，构件蓝色亮显，如图 4.27 所示。

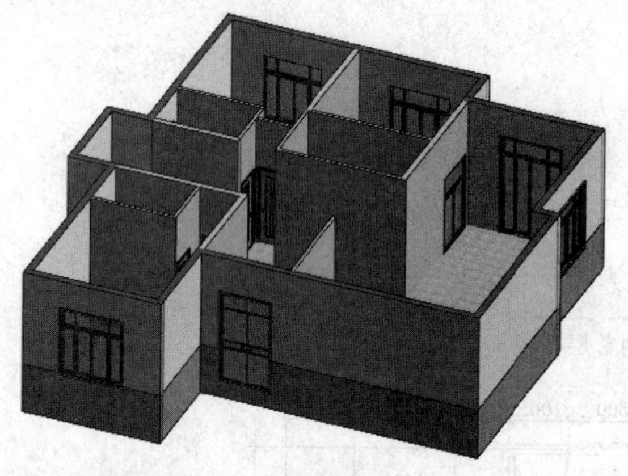

图 4.26 完成首层构件

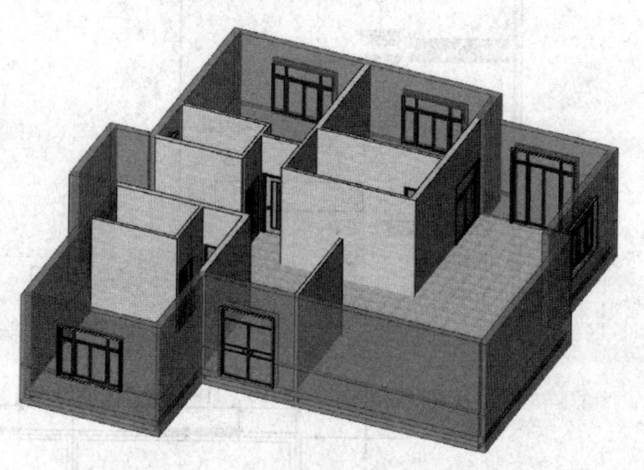

图 4.27 绘制二层墙体 1

② 单击“修改 | 叠层墙”选项卡→“剪贴板”面板→“复制到剪贴板”命令，将所有构件复制到粘贴板中备用。

③ 单击“剪贴板”面板→“粘贴”→“与选定的标高对齐”命令，打开“选择标高”对话框，如图 4.28 所示。选择“2F”，单击“确定”。复制上来的二层外墙高度和首层相同，但是由于首层层高高于二层，所以二层外墙的高度尽管是顶部约束到标高：3F，但是在“属性框”中顶部偏移为 750mm，需要改为 0。

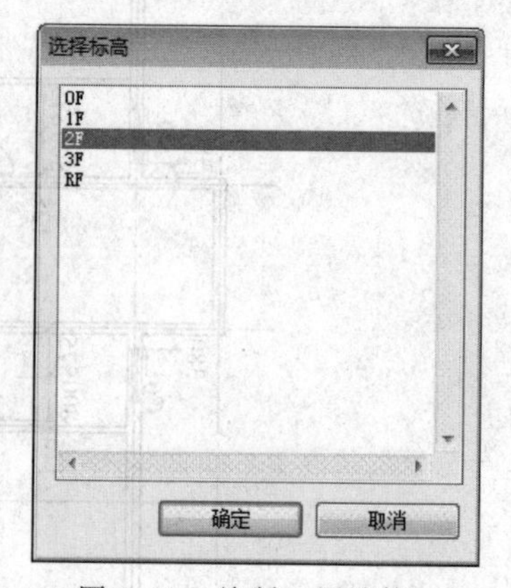

图 4.28 绘制二层墙体 2

④ 首层平面的外墙都被复制到二层平面，同时由于门窗默认为是依附于墙体的构件，所以一并被复制，如图 4.29 所示。

⑤ 在项目浏览器中双击“楼层平面”项下的“2F”，打开二层平面视图。如图 4.30 所

示，框选所有构件，单击右下角的漏斗状按钮，打开“过滤器”对话框，如图 4.31 所示，取消勾选“叠层墙”，单击“确定”选择所有门窗。按【Delete】键，删除所有门窗。

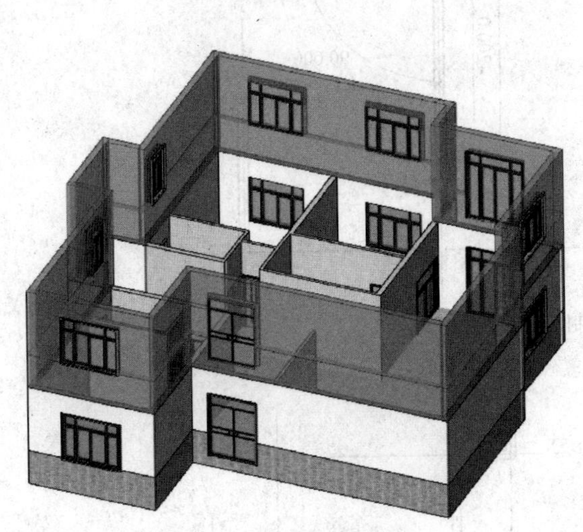

图 4.29　绘制二层墙体 3

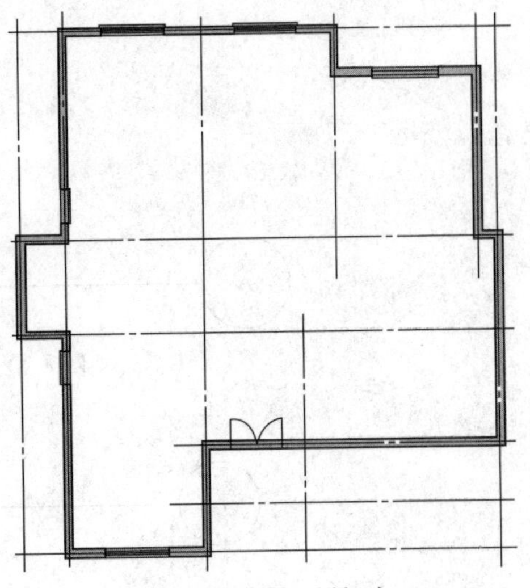

图 4.30　绘制二层门窗 1

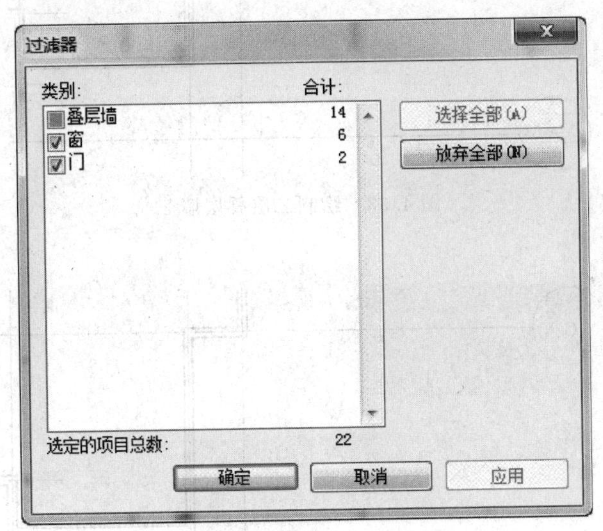

图 4.31　绘制二层门窗 2

⑥ 选中 A 号轴线上 2、3 轴线之间的叠层墙，按【Delete】键删除，选中 2 号轴线上 A、C 轴线之间的叠层墙，向上拖动端部蓝色圆点，将其长度修改为 4200，如图 4.32 所示。

⑦ 选择“建筑”选项卡→“墙”→“叠层墙”，在上述墙的拖曳端点单击鼠标左键，水平向右移动绘制墙，至与右侧的墙相交，如图 4.33 所示。

⑧ 选择“修改”选项卡→“修改”面板→“修剪”命令，快捷键【TR】。依次单击上述新绘制的墙体和 3 轴上墙 B、1/A 轴之间墙体，结果如图 4.34 所示。

⑨ 单击选项卡“建筑”→“墙”命令，在类型选择器中选择“基本墙：普通砖-180mm”，在“绘制”面板中选择“直线”命令，选项栏中的“定位线”选择“墙中心线”。在“属性”栏中，设置实例参数“底部限制条件”为“2F”，“顶部约束”为“直到标高：3F”，如图

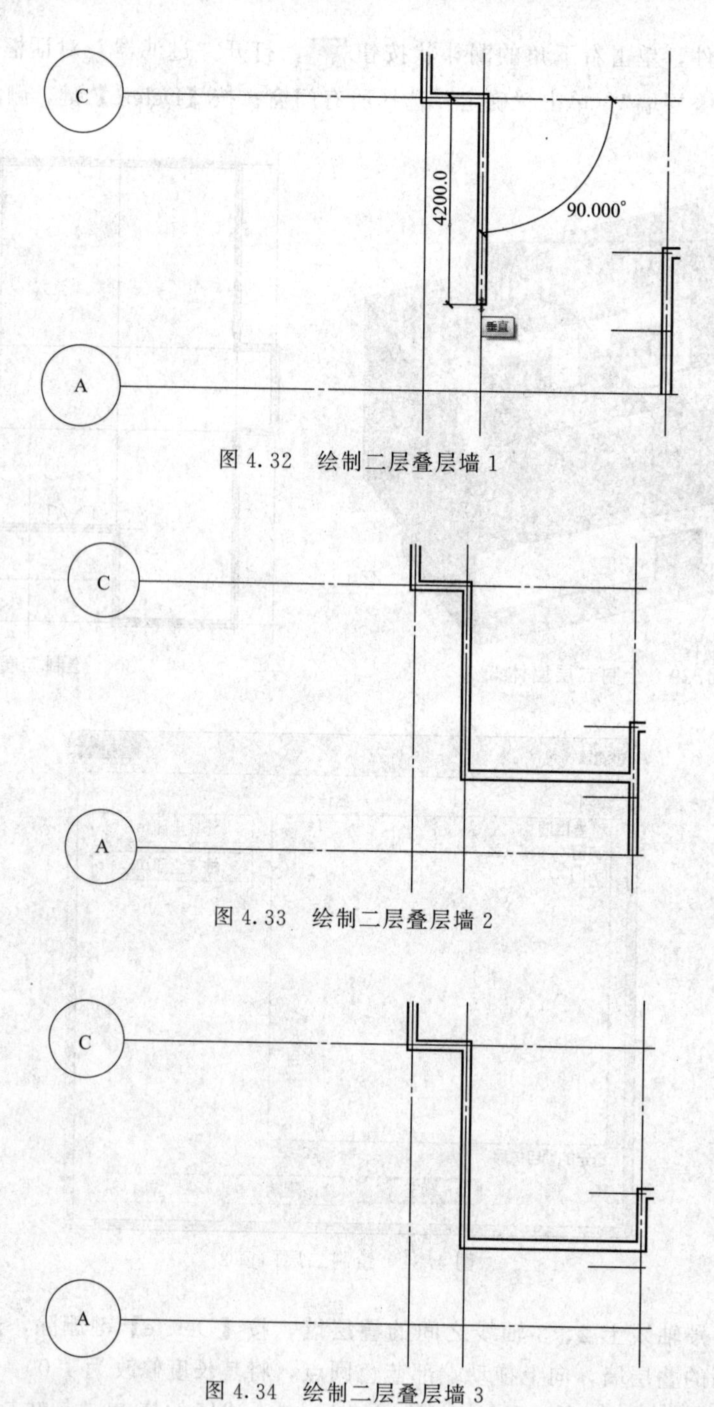

图 4.32　绘制二层叠层墙 1

图 4.33　绘制二层叠层墙 2

图 4.34　绘制二层叠层墙 3

4.35 所示，绘制 180mm 内墙。

⑩ 在类型选择器中选择“基本墙：普通砖-100mm”类型，“绘制”面板中选择“直线”命令，选项栏中“定位线”选择“墙中心线”。在“属性”框中，设置实例参数“底部限制条件”为“2F”，“顶部约束”为“直到标高：3F”，绘制如图 4.36 所示内墙。

编辑完成二层平面内外墙体后，即可创建二层门窗。门窗的插入和编辑方法同前述首层门窗的创建相同。

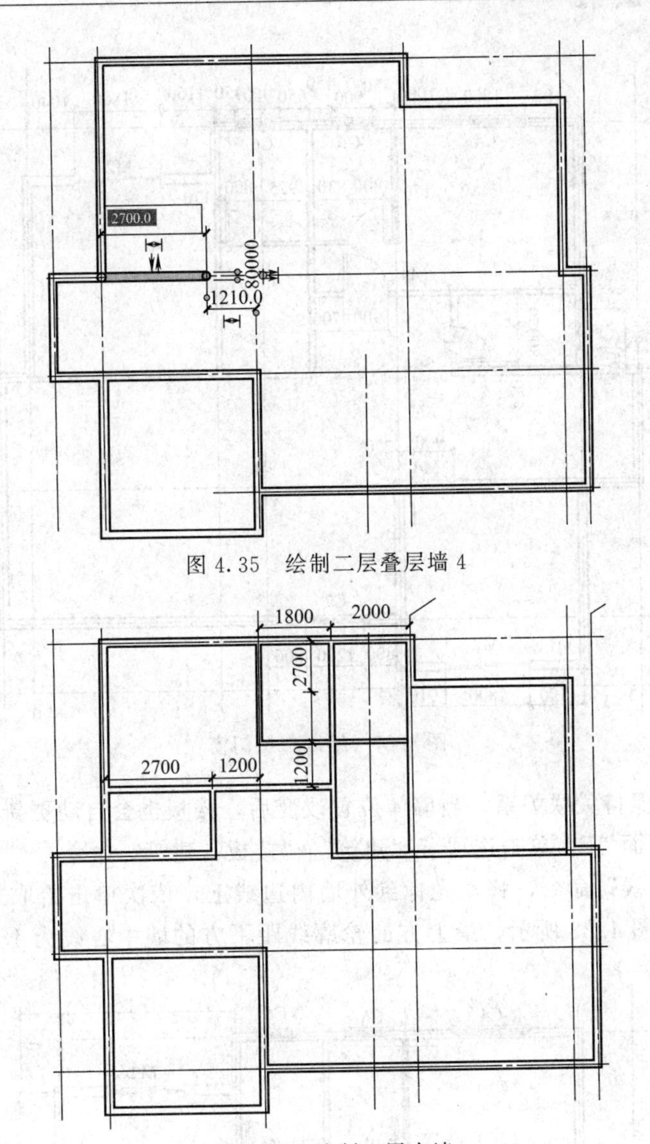

图 4.35　绘制二层叠层墙 4

图 4.36　绘制二层内墙

4.1.3.2　绘制二层门窗

① 在“项目浏览器”→“楼层平面”项下双击“2F”，打开二层楼层平面。单击选项卡“建筑”→“门”命令，在类型选择器中分别选择门类型：“铝合金玻璃推拉门 M2”、“装饰木门 M4”、“装饰木门 M5”，按图 4.37 所示位置移动光标到墙体上单击放置门并进行精确定位。

② 放置窗。单击选项卡“建筑”→“窗”命令，在类型选择器中分别选择窗类型“玻璃推拉窗 C4”、“双扇推拉窗 C6”、“凸形装饰窗 C7”，按图 4.37 所示位置移动光标到墙体上单击放置窗并进行精确定位。

③ 编辑窗台高。在平面视图中选择窗，在“属性”栏中，修改“底高度”参数值，调整窗户的窗台高。各窗的窗台高为：C4 900mm 、C6 900mm 、C7 1300mm。

4.1.3.3　绘制二层楼板

① 下面给别墅创建二层楼板。Revit 可以根据墙来创建楼板边界轮廓线自动创建楼板，

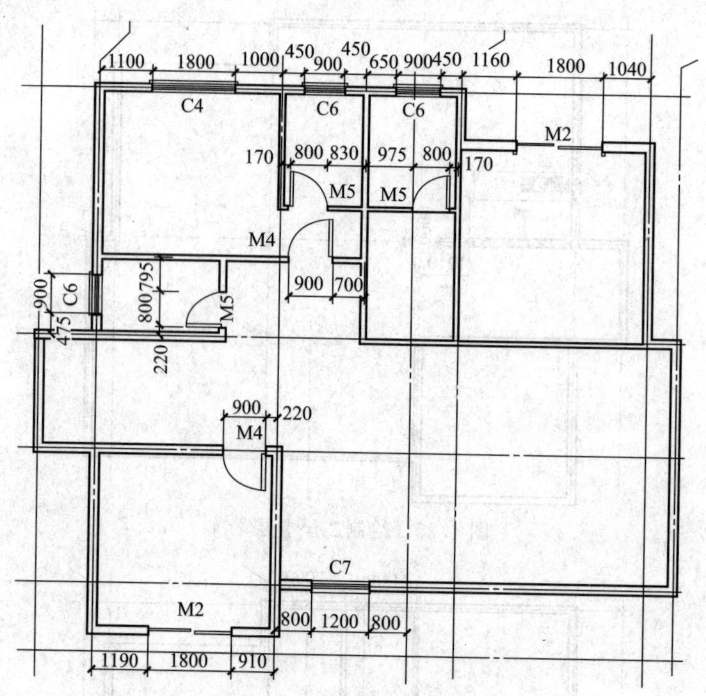

图 4.37 绘制二层门窗

在楼板和墙体之间保持关联关系，当墙体位置改变后，楼板也会自动更新。

② 打开二层平面 2F。单击选项卡“建筑”→“楼板：建筑”命令。

③ 单击“拾取线”命令，移动光标到外墙内边线上，依次单击拾取外墙内边线自动创建楼板轮廓线，如图 4.38 所示，最上方的轮廓线距下方的墙中心线为 1805mm，最下方的

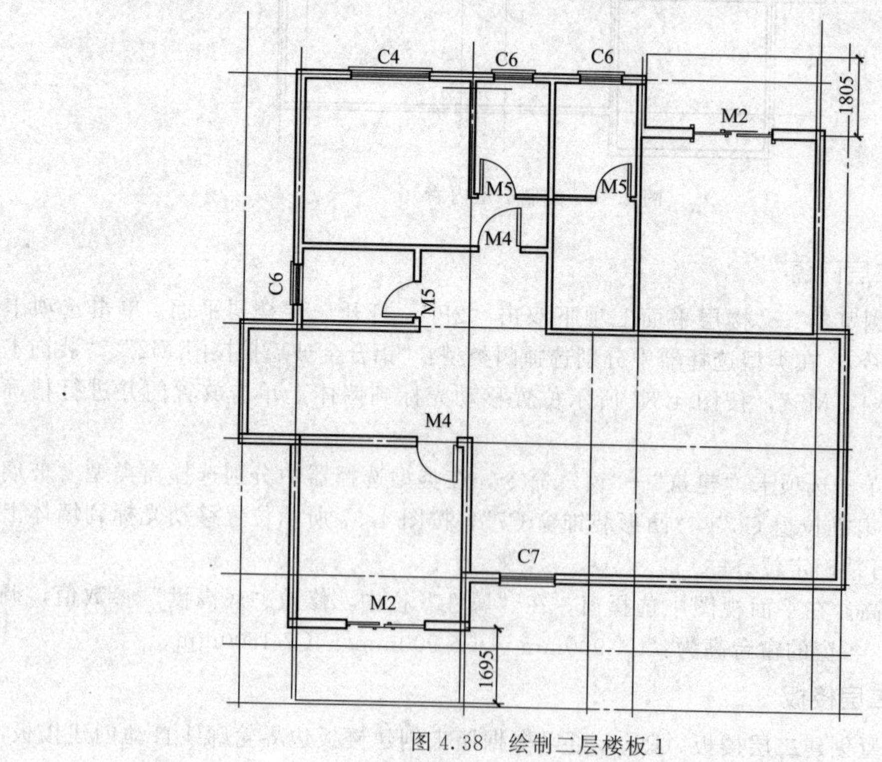

图 4.38 绘制二层楼板 1

轮廓线距上方的墙中心线为1695mm，拾取墙创建的轮廓线自动和墙体保持关联关系。

④ 检查确认轮廓线完全封闭。可以通过工具栏中的“修剪”命令，修剪轮廓线使其封闭，也可以通过光标拖动迹线端点移动到合适位置来实现，Revit将会自动捕捉附近的其他轮廓线的端点。当完成楼板绘制时，如果轮廓线没有封闭，系统会自动提示。

⑤ 也可以单击绘制栏“拾取线”或“直线”命令，绘制封闭楼板轮廓线。单击“完成绘制”绿色按钮创建二层楼板，结果如图4.39所示。

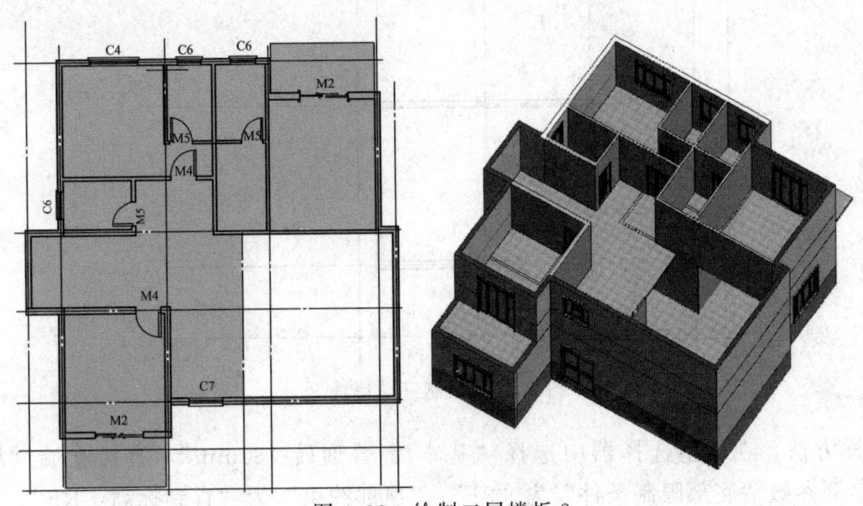

图4.39 绘制二层楼板2

4.1.4 绘制三层构件

4.1.4.1 绘制三层墙体

① 展开“项目浏览器”下的“楼层平面”项，双击“3F”，进入“楼层平面：3F”视图。

② 绘制墙：单击选项卡“建筑”→“墙”命令或者输入快捷键【WA】，在类型选择器中选择“基本墙常规-200mm”，直接在墙“属性”栏中，设置实例参数“底部限制条件”为“3F”，“顶部约束”为“直到标高：RF”。绘制如图4.40所示的外墙。

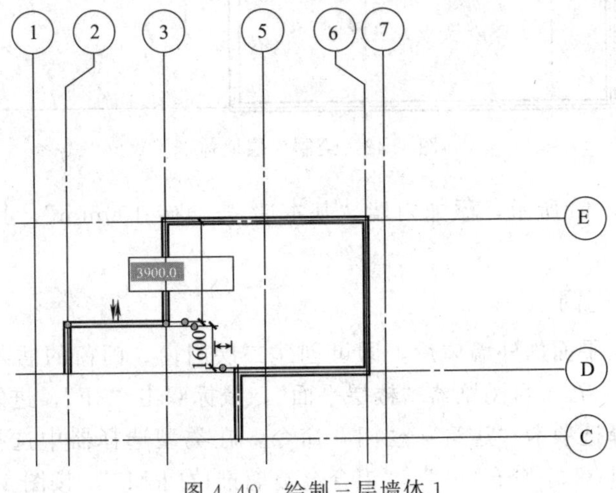

图4.40 绘制三层墙体1

③ 类似地，在类型选择器中选择“叠层墙 外部叠层墙-米黄 1000mm＋奶白色石漆饰面”，直接在墙“属性”栏中，设置实例参数“底部限制条件”为“3F”，“顶部约束”为“直到标高：RF”，添加如图 4.41 所示的外墙。

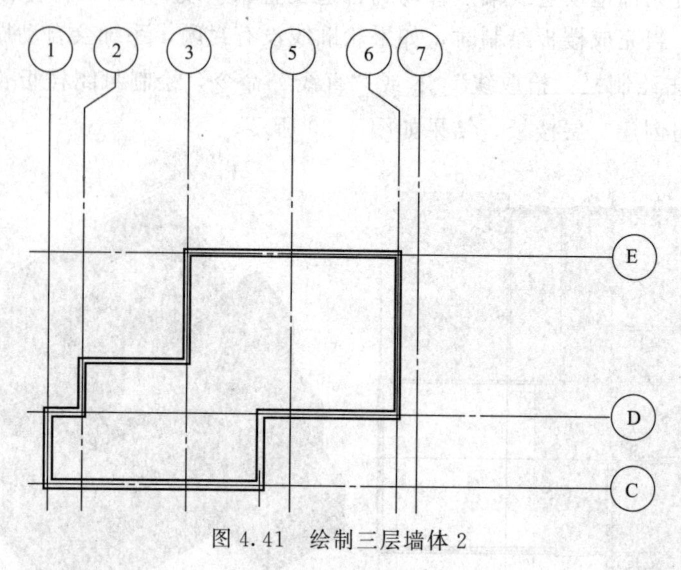

图 4.41　绘制三层墙体 2

④ 同样方法，在类型选择器中选择“基本墙 普通砖-180mm”，直接在墙“属性”栏中，设置实例参数“底部限制条件”为“3F”，“顶部约束”为“直到标高：RF”。添加如图 4.42 所示的内墙。

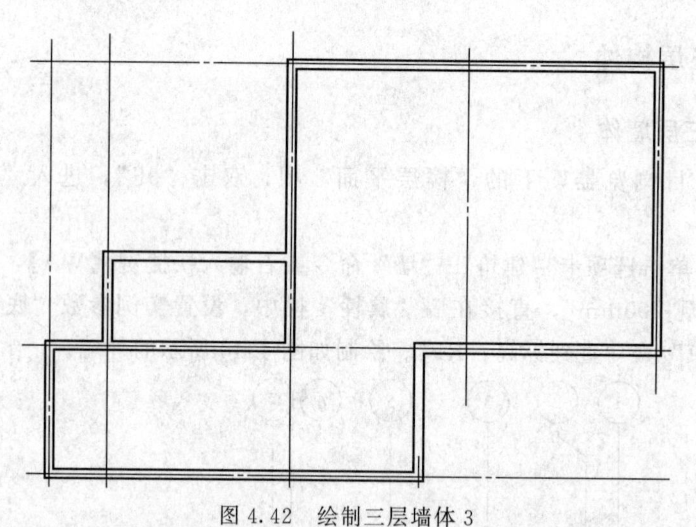

图 4.42　绘制三层墙体 3

⑤ 同理，如图 4.43 所示，添加内墙“基本墙 普通砖-100mm”，其标注值为到轴线的距离。

4.1.4.2　绘制三层门窗

① 编辑完成二层平面内外墙体后，即可创建二层门窗。门窗的插入和编辑方法同前述章节，本节不再详述。在项目浏览器“楼层平面”，鼠标双击“3F”，进入楼层平面：3F。

② 放置门。选择选项卡“建筑”→“门”命令，在类型选择器中选择“装饰木门 M4”、“装饰木门 M5”、“门-双扇平开 M6 ”、“铝合金玻璃推拉门 M7”，按图 4.44 所示位置，移动

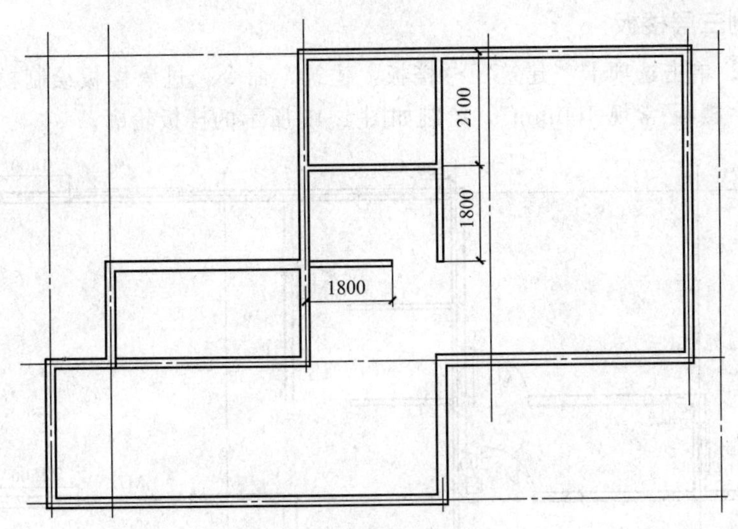

图 4.43 绘制三层墙体 4

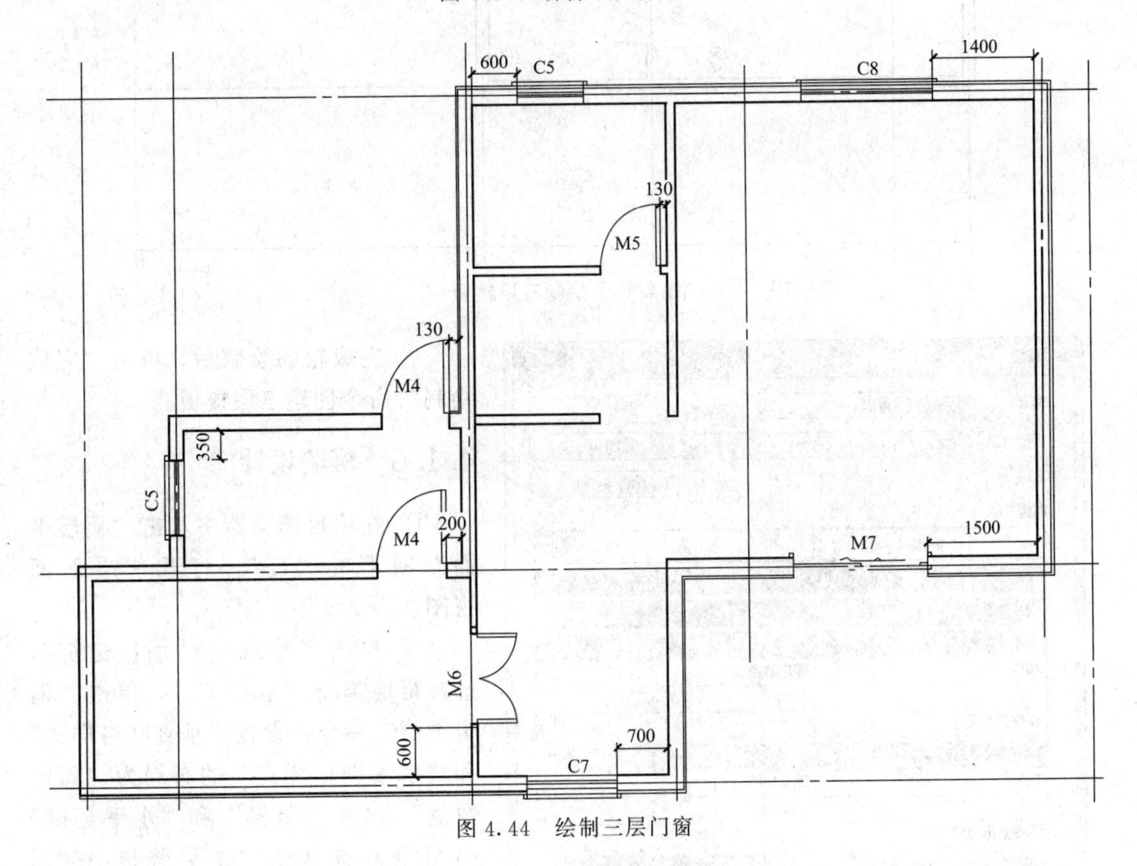

图 4.44 绘制三层门窗

光标到墙体上单击放置门，并编辑临时尺寸位置精确定位。

③ 放置窗。选择选项卡“建筑”→“窗”命令。在类型选择器中选择“双扇推拉窗 C5”、“凸形装饰窗 C7”、“玻璃推拉窗 C8”，按图 4.44 所示位置，移动光标到墙体上单击放置窗，并编辑临时尺寸位置精确定位。

④ 编辑窗台高。在平面视图中选择窗，在“属性”栏中，修改“底高度”参数值，调整窗户的窗台高。各窗的窗台高为：C5 900mm、C7 1000mm、C8 900mm。

4.1.4.3 绘制三层楼板

① 绘制板。单击选项卡“建筑”→“楼板：建筑”命令，进入楼板绘制模式后，在“属性”栏中选择“楼板 常规-100mm”，绘制如图4.45所示的楼板轮廓。

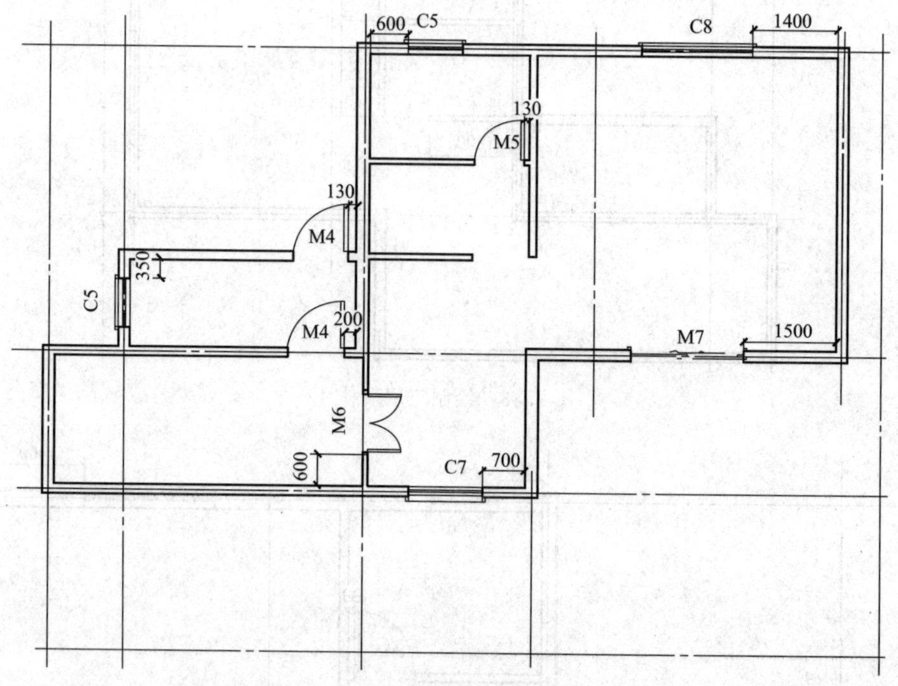

图4.45 绘制三层楼板

类型属性

族(F)：系统族：幕墙 载入(L)...

类型(T)：C2 复制(D)...

重命名(R)...

类型参数

参数	值
构造	
材质和装饰	
垂直网格样式	
布局	固定数量
间距	1500.0
调整竖梃尺寸	☐
水平网格样式	
布局	固定数量
间距	1500.0
调整竖梃尺寸	☐
垂直竖梃	
内部类型	矩形竖梃：50 x 100mm
边界1类型	矩形竖梃：50 x 100mm
边界2类型	矩形竖梃：50 x 100mm
水平竖梃	
内部类型	矩形竖梃：50 x 100mm
边界1类型	矩形竖梃：50 x 100mm
边界2类型	矩形竖梃：50 x 100mm

图4.46 绘制幕墙1

② 完成轮廓绘制后，单击“完成绘制”命令创建三层楼板。

4.1.5 幕墙设计

① 在项目浏览器中双击“楼层平面”项下的“1F”，打开首层平面视图。

② 单击“建筑”→“墙：建筑”，选择幕墙类型“幕墙 C2”，单击“编辑类型”命令，设置“垂直网格样式”和“水平网格样式”的布局为“固定数量”，“垂直竖梃”和“水平竖梃”类型全部选择为“矩形竖梃：50×100mm”，如图4.46所示，完成后确定。

③ 在“属性”栏设置相应参数，如图4.47所示。在7轴与B轴和D轴相交处的墙上单击一点，拖动鼠标向上移动，使幕墙宽度为1500.0mm，

调整幕墙位置使幕墙距 B 轴线的距离为 900mm，单击双向箭头调整幕墙的外方向。

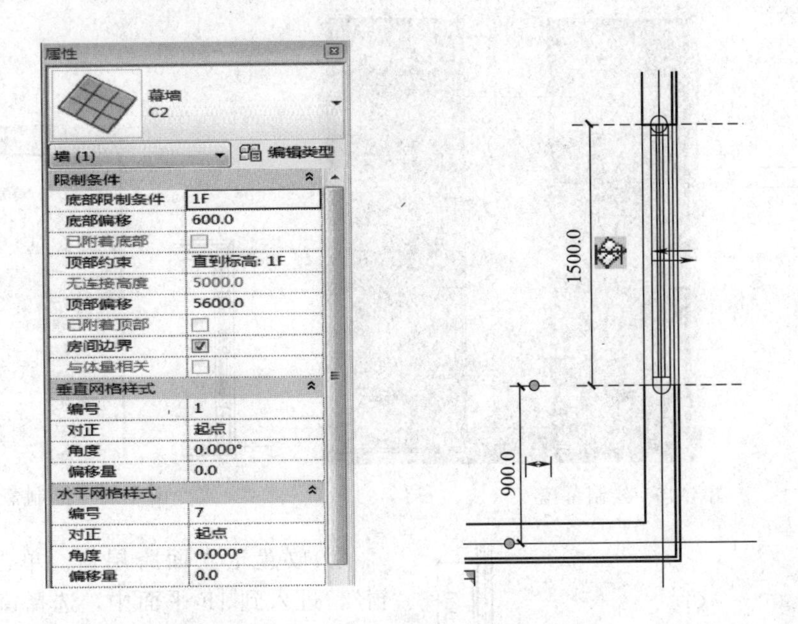

图 4.47　绘制幕墙 2

④ 编辑幕墙。切换到三维视图，上述步骤完成后的幕墙如图 4.48 所示，将鼠标移动到幕墙的竖梃上，循环单击【Tab】键，至出现“幕墙网格：幕墙网格：网格线”的提示，单击鼠标选中网格线，出现“修改｜幕墙网格”选项卡，单击“添加/删除线段”命令，再单击需要删除的网格线，则网格线和相应的竖梃同时被删除。

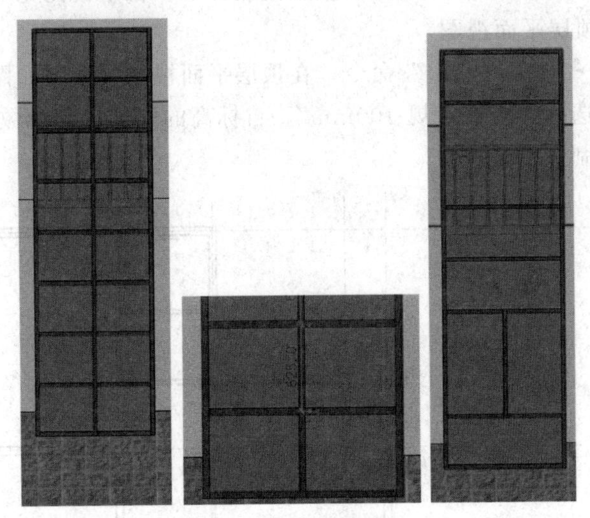

图 4.48　绘制幕墙 3

⑤ 切换到 2F 楼层平面视图，选择上述绘制的幕墙，单击“修改”面板的复制命令，指定幕墙的下端点为复制基点，垂直向上移动鼠标 2400.0mm 后单击放置幕墙。完成后，两块幕墙的三维效果如图 4.49 所示。

⑥ 放置西立面幕墙。选择幕墙类型“幕墙 C3”，在 1 轴与 C 轴和 D 轴相交处的墙上单击放置幕墙，并在属性栏调整位置，如图 4.50 所示。

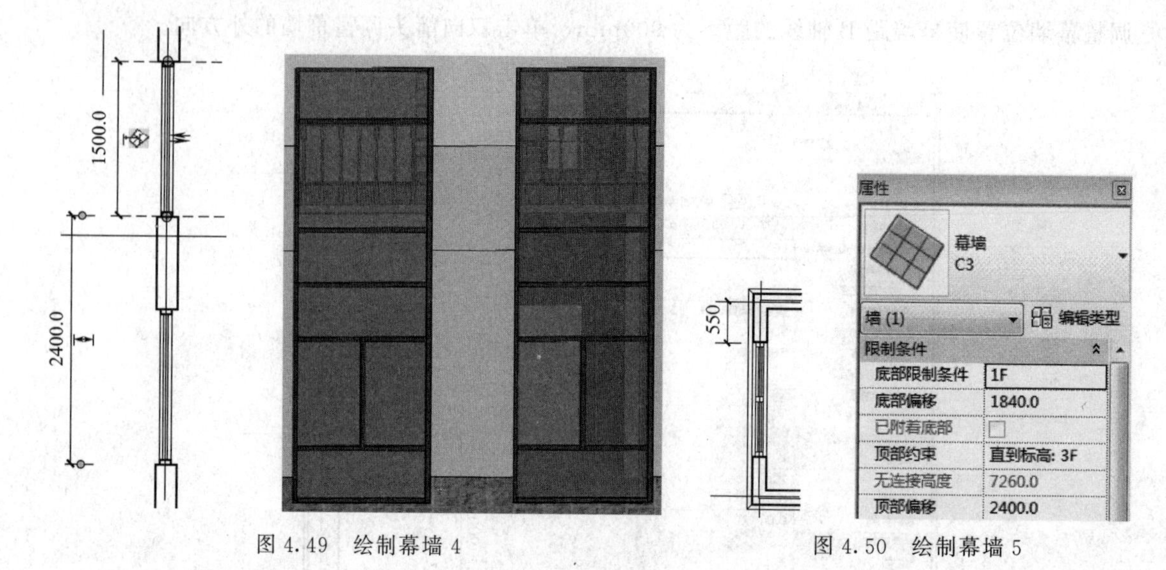

图 4.49　绘制幕墙 4

图 4.50　绘制幕墙 5

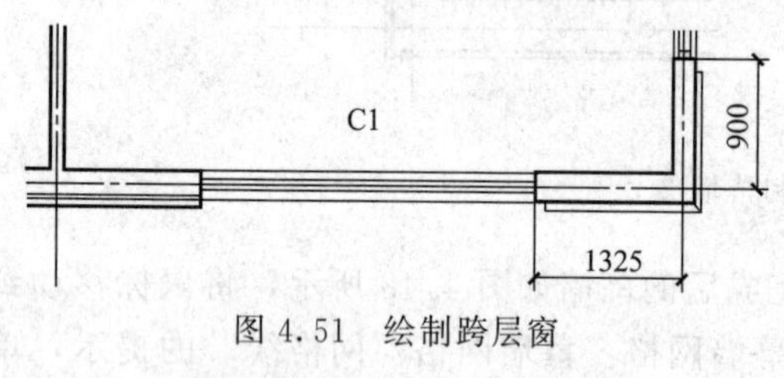

图 4.51　绘制跨层窗

⑦ 放置正立面跨层窗。单击“建筑”→“窗”，进入到 1F 平面中，选择窗类型“跨层窗 C1”，在 B 轴与 4 轴和 7 轴相交处的墙上单击放置跨层窗，并在属性栏修改参数，“底高度：600”，如图 4.51 所示。

4.1.6 创建屋顶

① 在创建屋顶前，将最后一块楼板即顶层楼板补上。在项目浏览器中双击“楼层平面”项下的“RF”，打开顶层平面视图。

② 单击“建筑”→“楼板：建筑”命令，在顶层平面视图中绘制如图 4.52 所示的顶层楼板轮廓，在属性栏中选择“楼板常规-100mm”，自标高的底部偏移参数值为“−400”，点击完成编辑按钮完成绘制。

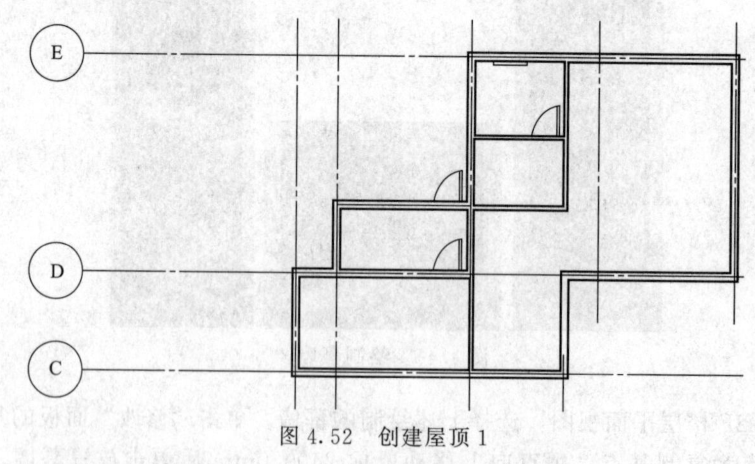

图 4.52　创建屋顶 1

③ 按住【Ctrl】键，选中与上述所绘制楼板相交的五面墙（除去右边纵向的一面墙），修改“顶部偏移”为“400”。

④ 在 RF 平面中，选择“建筑”选项卡→“构建”面板→“屋顶”下拉列表→“迹线屋

顶”命令，在“绘制”面板中选择“拾取线”命令，在选项栏中勾选“定义坡度”，设置“偏移量”为“500”，即 ☑定义坡度 偏移量: 500 ，在属性栏中选择“基本屋顶 常规-100mm”，并修改限制条件“自标高的底部偏移”参数值为“400”，绘制迹线轮廓图，如图4.53所示。完成后在属性栏中设置“坡度”为“1∶2.00”，单击“完成编辑”按钮，完成屋顶绘制。

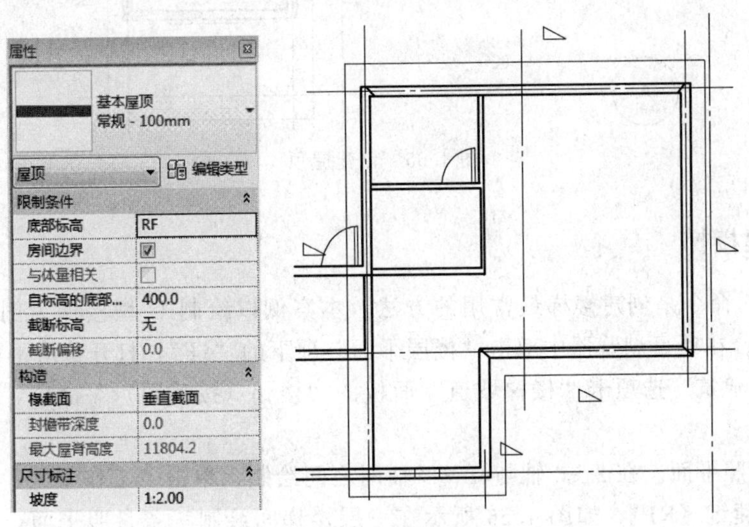

图4.53 创建屋顶2

⑤ 观察上述所创建的屋顶，发现屋顶并没有同下方墙体连接，不符合现实情况。按住【Ctrl】键，选中上述所绘制屋顶包络住的墙，单击“修改墙”面板的“附着顶部/底部”命令后，在选项栏中选择“顶部” 附着墙: ⊙顶部 ○底部 ，再单击上述绘制的屋顶，则墙顶部发生偏移而附着到屋顶上，如图4.54所示。

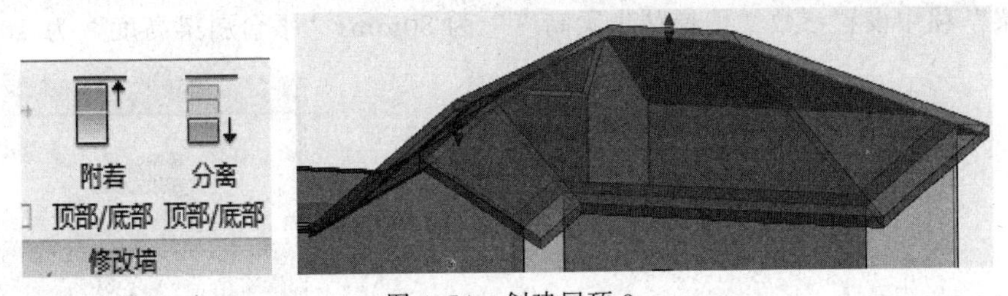

图4.54 创建屋顶3

⑥ 在项目浏览器中双击“楼层平面”项下的“3F”，打开三层平面视图。单击“建筑”选项卡“屋顶”下拉菜单选择“迹线屋顶”命令，进入绘制屋顶轮廓迹线草图模式。

⑦ 屋顶类型仍选择“基本屋顶 常规-100mm”。在“绘制”面板选择“拾取线”命令，同之前操作，在选项栏中设置偏移量“500”，在绘制纵向迹线时勾选“定义坡度”选项，“自标高的底部偏移”参数值为“0”，并设置坡度大小为“1∶2”。在绘制横向迹线时则取消勾选“定义坡度”，屋顶迹线轮廓如图4.55所示。

⑧ 同前所述选择屋顶下的墙体，选择“附着”命令，拾取刚创建的屋顶，将墙体附着到屋顶下。

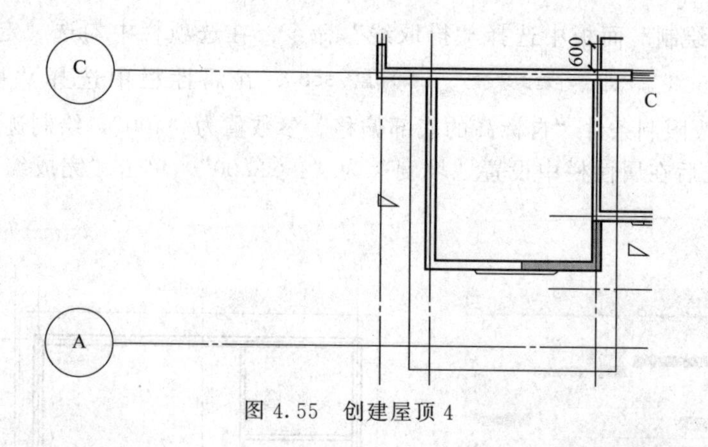

图 4.55　创建屋顶 4

4.1.7　创建楼梯

①“梯段”命令是创建楼梯最常用的方法，本案例以绘制 U 型楼梯为例，详细介绍楼梯的创建方法。在项目浏览器中双击“楼层平面”项下的“1F”，打开首层平面视图。

② 单击“建筑”选项卡“楼梯坡道”面板的“楼梯（按草图）”命令，进入绘制草图模式。

③ 绘制参照平面。在 2～3 轴与 C～D 轴网之间绘制，单击“工作平面”面板“参照平面”命令或快捷键【RP】，如图 4.56 所示在一层楼梯间绘制三条参照平面，并用临时尺寸精确定位参照平面与墙边线的距离。其中上下两条水平参照平面到墙边线的距离 590mm 为楼梯梯段宽度的一半。

④ 楼梯实例参数设置。在“属性”框中选择楼梯类型为“整体式楼梯”，设置楼梯的“底部标高”为 1F，“顶部标高”为 2F，梯段“宽度”为 1180.0mm，“所需踢面数”为 21、“实际踏板深度”为 260.0mm，如图 4.57 所示。

⑤ 楼梯类型参数设置。在“属性”栏中单击“编辑类型”打开“类型属性”对话框，在“梯边梁”项中设置参数“楼梯踏步梁高度”为 80mm，“平台斜梁高度”为 100mm。在

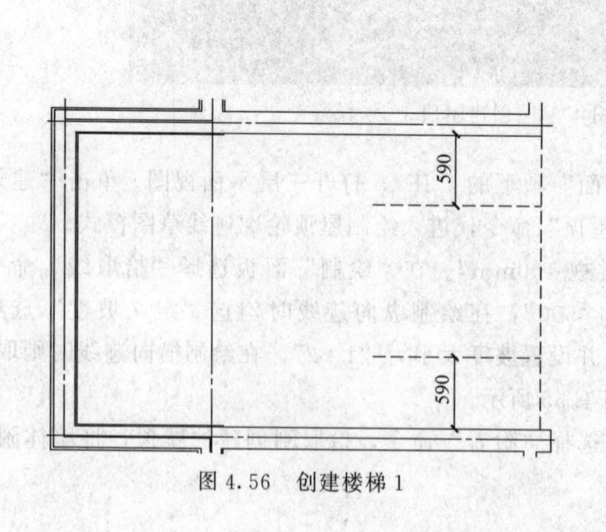

图 4.56　创建楼梯 1

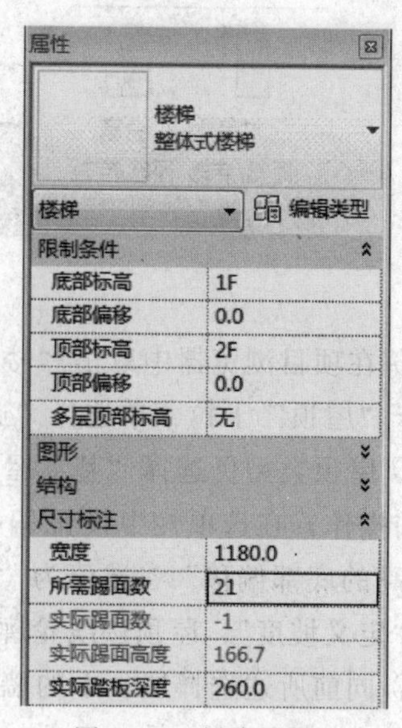

图 4.57　创建楼梯 2

“材质和装饰”项中设置楼梯的“整体式材质”参数为“大理石抛光”。在“踢面”项中设置“最大踢面高度”为180mm，勾选“开始于踢面”，不勾选“结束于踢面”。完成后单击“确定”关闭对话框。

⑥ 单击“梯段”命令，默认选项栏选择“直线”绘图模式，移动光标至下方水平参照平面右端位置，单击捕捉参照面与墙的交点作为第一跑起跑位置。

⑦ 向左水平移动光标，在起跑点下方出现灰色显示的“创建了11个踢面，剩余11个”的提示字样和蓝色的临时尺寸，这表示从起点到光标所在尺寸位置创建了11个踢面，还剩余11个。单击捕捉该交点作为第一跑终点位置，自动绘制第一跑踢面和边界草图。

⑧ 垂直向上移动光标到上方水平参照平面左端位置（此时会自动捕捉与第一跑终点平齐的点），单击捕捉作为第二跑起点位置。向右水平移动光标到矩形预览图形之外单击捕捉一点，系统会自动创建休息平台和第二跑梯段草图，如图4.58所示。

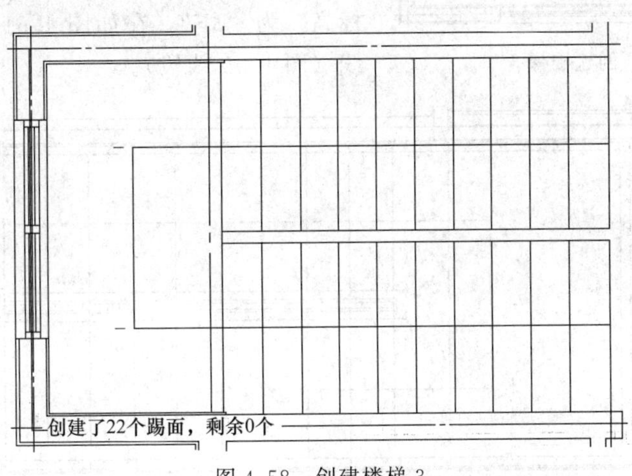

图4.58 创建楼梯3

⑨ 单击选择楼梯顶部的绿色边界线，鼠标拖曳其和左边的墙体内边界重合。单击“完成编辑”按钮，创建U型等跑楼梯。

⑩ 扶手类型。在创建楼梯的时候，Revit会自动为楼梯创建栏杆扶手。要修改栏杆扶手，可选择上述创建楼梯时形成的栏杆扶手，从属性栏中选择需要的扶手类型（若没有，则可以用编辑类型命令，新建符合要求的类型）。这里，直接选用默认附带的栏杆扶手，同时选择靠近墙体内边界的栏杆扶手，按【Delete】键删除。

⑪ 其他层楼梯。接上节练习，在项目浏览器中双击“楼层平面”项下的“2F”，打开二层平面视图。类似于首层楼梯的创建，使用“楼梯（按草图）”→“梯段”命令，选择“楼梯 整体式楼梯”类型，修改“底部标高”、“顶部标高”和“所需踢面数”的参数设置，如图4.59所示。在与首层楼梯相同的平面位置，采用相同方法绘制2F到3F楼层的楼梯。

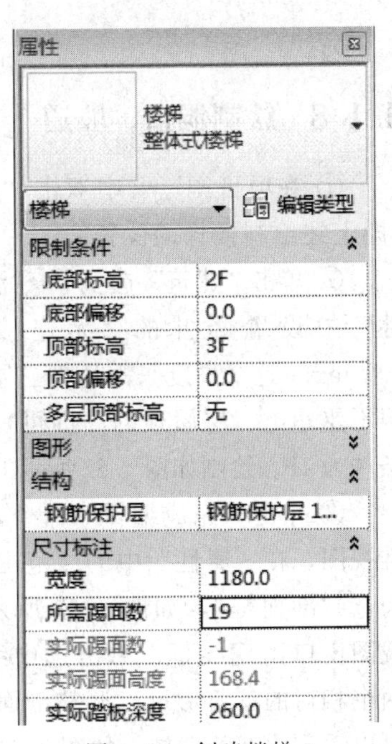

图4.59 创建楼梯4

⑫ 从项目浏览器中双击“楼层平面2F”进入2F平面

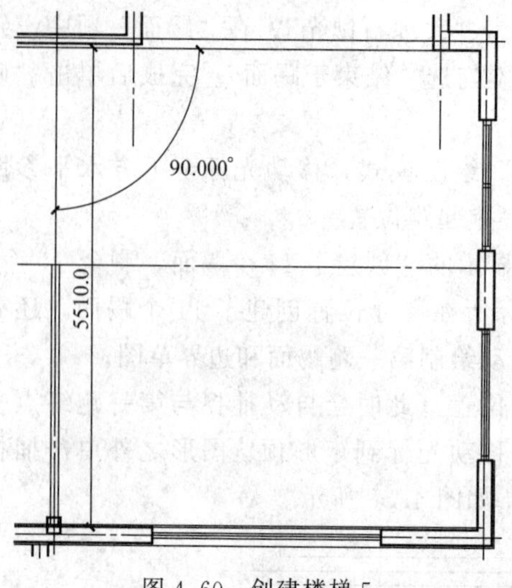

图 4.60 创建楼梯 5

视图，依次选择“建筑”选项卡→“楼梯坡道”面板→“栏杆扶手”→“绘制路径”。

⑬ 从属性栏类型选择器中选择“栏杆扶手 楼层”，设置“底部标高”为“2F”。选择“直线”绘制命令，以 4 轴和 D 轴上墙段的交点为起点，垂直向下移动至 B 轴上墙面边界单击结束，如图 4.60 所示，单击“完成编辑”按钮。

⑭ 切换到 3F 楼层平面视图，依次选择“建筑”选项卡→“楼梯坡道”面板→“栏杆扶手”命令→“绘制路径”，从“属性”框中的类型选择器中选择“栏杆扶手：中式扶手顶层”，设置“底部标高”为“3F”，在如图 4.61 所示的位置绘制直线（图中 *ab* 线段）。

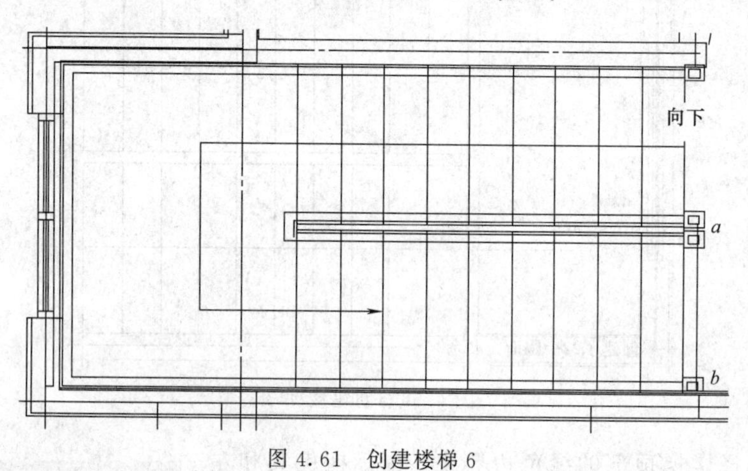

图 4.61 创建楼梯 6

4.1.8 绘制洞口、坡道

① 在项目浏览器中双击“楼层平面”项下的“1F”，打开首层平面视图，找到楼梯间(即上述绘制楼梯的位置)。

② 单击“建筑”选项卡→“洞口”面板→“竖井”命令，进入竖井边界绘制模式。如在“属性”中设置竖井的“无连接高度”为 7000mm（这个高度只需达到三层板的高度，但不要超出三层屋顶的高即可），底部限制条件为 1F。绘制如图 4.62 所示的边界。

③ 单击“完成编辑”命令，切换到三维视图，在“属性”中的“范围”选项中，勾选“剖面框”，如图 4.63 所示。小别墅视图窗口出现线框，单击选中线框，拖动两个相对的三角形可以调整剖面框的范围，可以看到内部的楼梯，如图 4.64 所示。

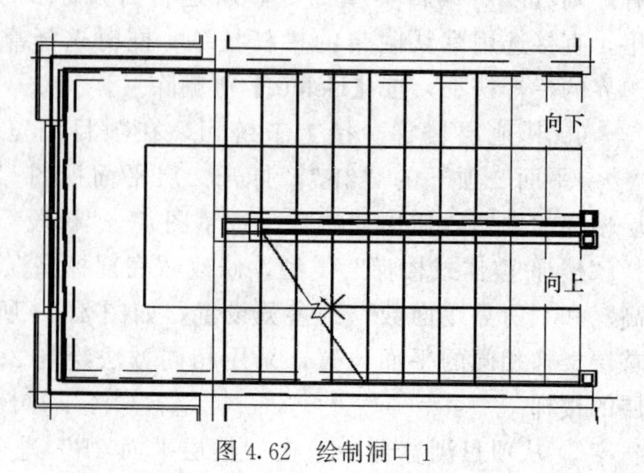

图 4.62 绘制洞口 1

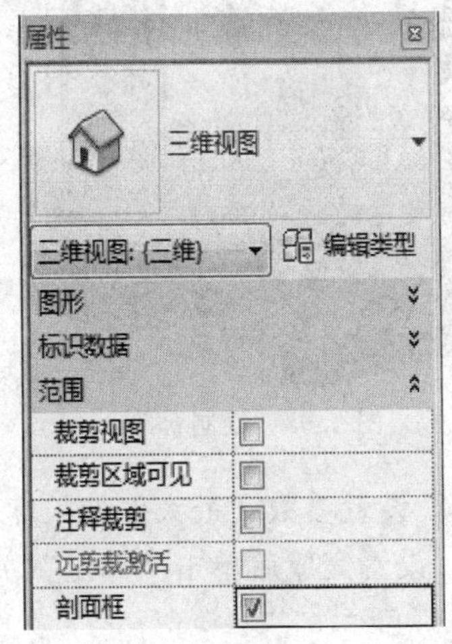

图 4.63 绘制洞口 2

图 4.64 绘制洞口 3

④ 在项目浏览器中双击“楼层平面”项下的“0F”，打开“楼层平面：0F”平面视图。首先绘制北面主入口处的室外楼板。单击“建筑”→“楼板”命令，在“属性”栏中，选择楼板类型为“常规-450mm”，“自标高的高度偏移”设置为 450mm，用“直线”命令绘制如图 4.65 所示楼板的轮廓，楼板左边界与墙外边界平齐，右边界与 4 号轴线平齐，宽度为 1000mm。单击“完成编辑”，完成室外楼板。

⑤ 添加台阶。单击“建筑”选项卡“楼板”命令下拉菜单中的“楼板：楼板边”命令，从类型选择器中选择“楼板边缘-台阶”类型。

⑥ 移动光标到上述所绘制楼板的水平上边缘处，边线高亮显示时单击鼠标放置楼板边缘，用“楼板边缘”命令生成的台阶如图 4.66 所示。

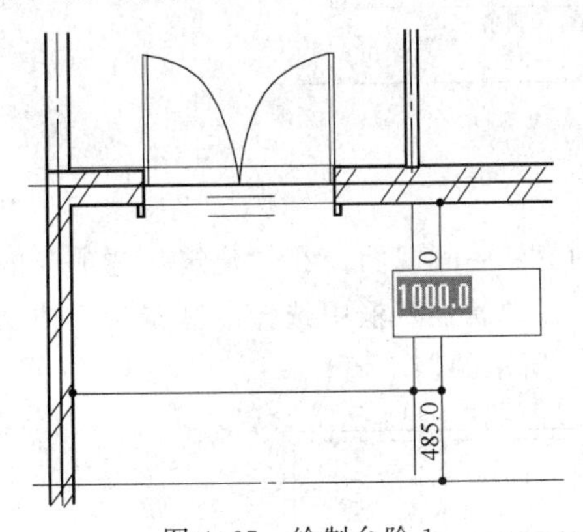

图 4.65 绘制台阶 1

图 4.66 绘制台阶 2

⑦ 类似地，创建北面的入口台阶。先绘制楼板，楼板的长宽边界参照与之紧密相邻的墙的外边界，如图 4.67 所示，完成绘制后，采用同样的命令“楼板边缘”放置台阶，结果如图 4.68 所示。

⑧ 在项目浏览器中双击“楼层平面”项下的“0F”，打开“楼层平面：0F”平面视图。

⑨ 单击“建筑”选项卡→“楼梯坡道”面板→“坡道”命令，进入绘制模式。在“属性”框中，设置参数“底部标高”为 0F，“顶部标高”为 1F、“底部偏移”和“顶部偏移”均为 0、“宽度”为 900mm。

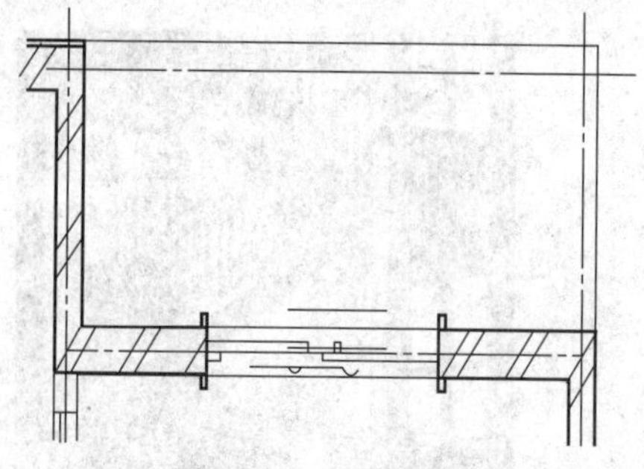

图 4.67　绘制台阶 3

图 4.68　绘制台阶 4

⑩ 单击“编辑类型”按钮，打开坡道“类型属性”对话框，设置参数“最大斜坡长度”为 6000mm、“坡道最大坡度（1/X）”为 10、“造型”为实体。设置完成后单击“确定”关闭对话框。

⑪ 单击“工具”面板“栏杆扶手”命令，弹出“栏杆扶手”对话框，在下拉菜单中选择“1100”，单击“确定”。

⑫ 单击“绘制”面板的“梯段”命令，选项栏选择“直线”工具，移动光标到绘图区域中，从右向左拖曳光标绘制坡道梯段，如图 4.69 所示（框选所有草图线，将其移动到图示位置），单击“完成坡道”命令，创建坡道。

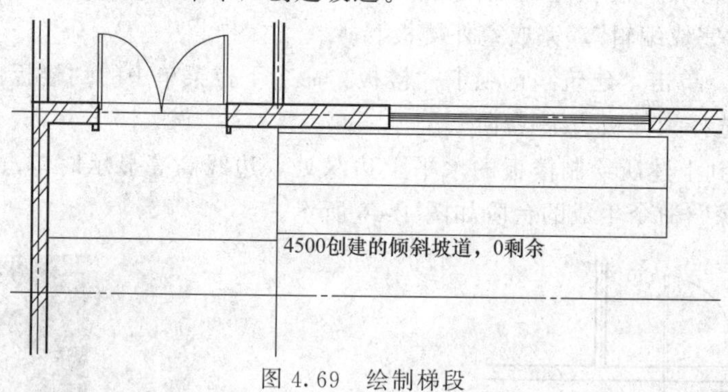

图 4.69　绘制梯段

⑬ 在项目浏览器中双击“0F”进入“楼层平面：0F”平面视图，在“建筑”选项卡的“构建”面板单击“墙”下拉列表，选择“墙：建筑”，在“属性”框中选择“基本墙：挡土墙”，“无连接高度”设置为 4000mm，并绘制如图 4-70 所示的挡土墙。

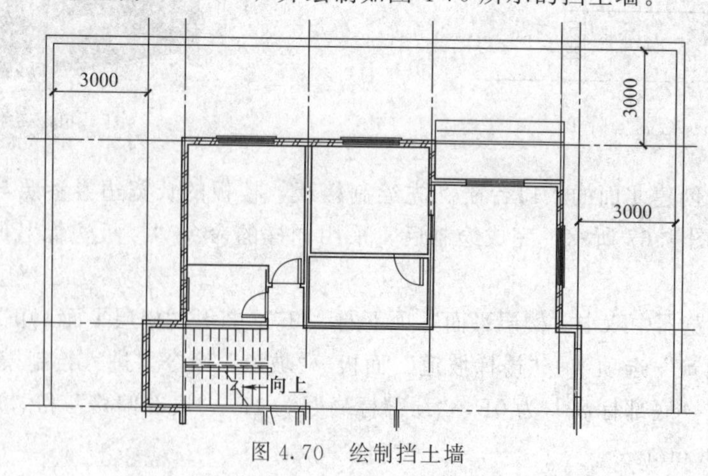

图 4.70　绘制挡土墙

4.1.9　绘制柱、扶手

4.1.9.1　绘制柱

① 在项目浏览器中双击“楼层平面”项下的“0F”，打开“楼层平面：0F”平面视图。

② 单击“建筑”选项卡中的“柱”命令下拉菜单，选择“柱：建筑柱”，在类型选择器中修改柱类型参数为“矩形柱-350×350mm”，在A轴与2轴、3轴的交点处单击放置柱（可先放置柱，然后编辑临时尺寸调整其位置）。

③ 选择上述放置的建筑柱，在属性栏中依次调整各参数：“顶部标高”、“顶部偏移”、“中部扩宽厚度”、“中部扩宽底部偏移量”，“中部扩宽”为2F、1300mm、100mm、800mm、50mm。

④ 同样方法，选择“矩形柱 250×250mm”类型，在上述位置处依次单击放置两根建筑柱，在属性栏调整“底部标高”、“底部偏移”、“顶部标高”为2F、1300mm、3F。

⑤ 按住【Ctrl】键，选择上述刚绘制的两根建筑柱“矩形柱 250×250mm”，在“修改柱”面板中选择“附着顶部/底部”命令，在选项栏中将“附着柱”设置为“顶”，将“附着对正”设置为“最大相交”，即 附着柱: ◉ 顶 ○ 底 附着样式: 剪切柱 附着对正: 最大相交，最后效果如图4.71所示。

⑥ 添加正面入口台阶处的建筑柱，选择“柱”→“柱：建筑”命令，仍然选择“矩形柱-顶部扩宽 350×350”类型，在入口台阶的两边单击放置柱，使柱的角点和台阶的角点重合，如图4.72所示。在属性栏中，修改柱的各个参数值（顶部标高、顶部偏移等），如图4.73所示。

⑦ 选择建筑柱类型为“矩形柱 250×250mm”，在上述绘制的两根建筑柱中心分别单击进行放置（光标移到附近时会有相应提示），之后在属性栏统一修改柱的参数，具体参数设置如图4.74所示。

图4.71　绘制柱1

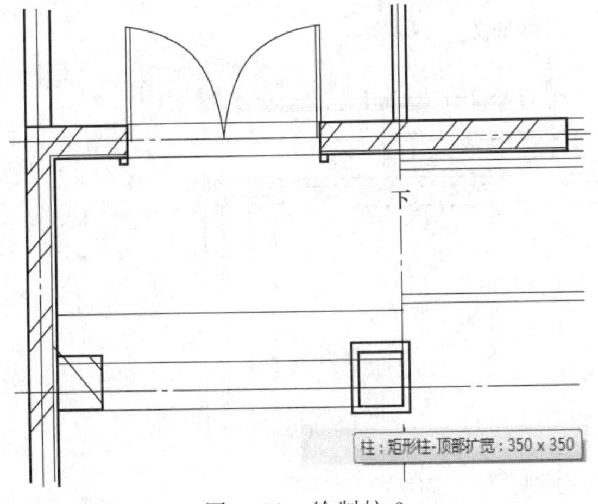

图4.72　绘制柱2

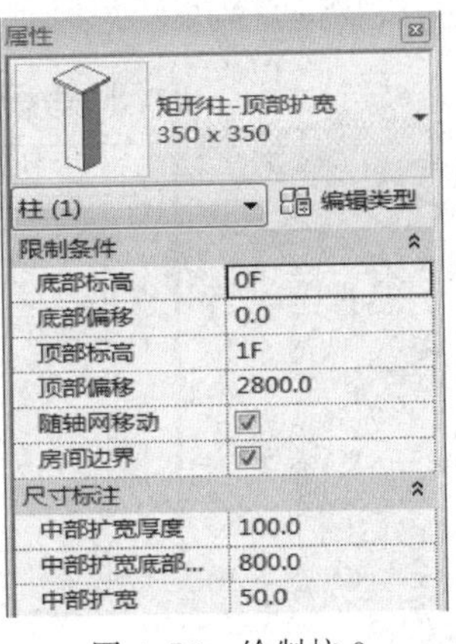

图4.73　绘制柱3

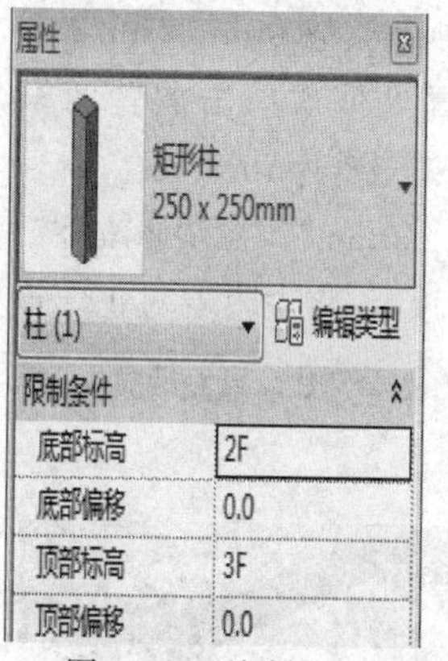

图 4.75　绘制柱 5

⑧ 切换到 2F 楼层平面视图，选择同样类型的建筑柱，设置属性栏参数如图 4.75 所示。将鼠标移到 C7 左边附近，至出现如图 4.76 所示的横向和纵向虚线，即“延伸和最近点”提示时，单击放置柱。

⑨ 同理，在 C7 的右边“延伸和最近点”位置，放置柱(图 4.77)。

⑩ 选择绘制的建筑柱，单击“对齐”命令，使柱的上边界和墙的内边界对齐，如图 4.78 所示。

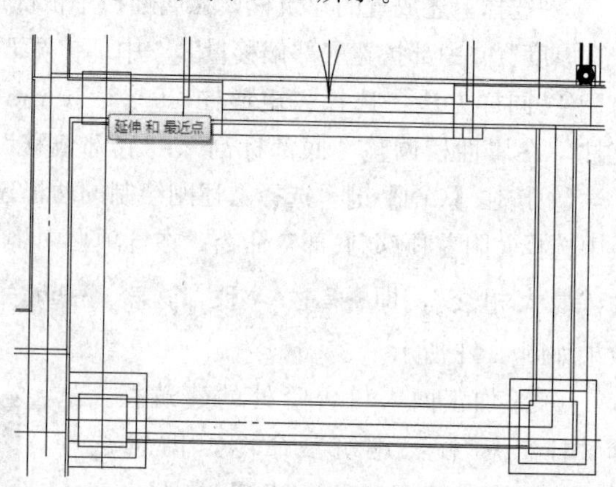

图 4.76　绘制柱 6

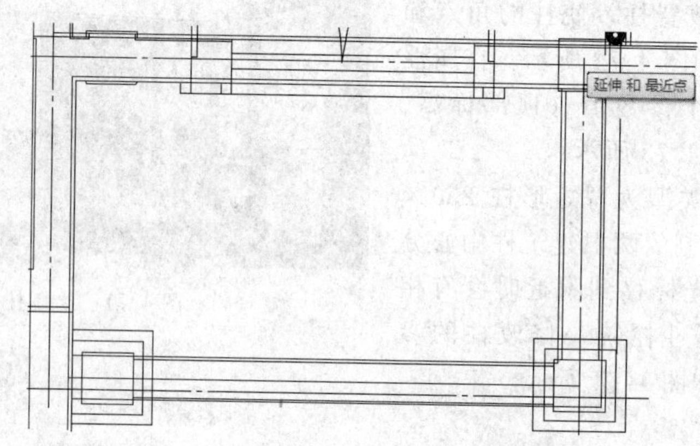

图 4.77　绘制柱 7

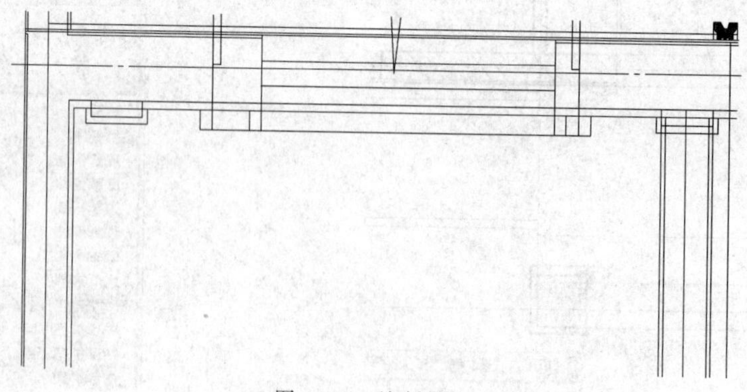

图 4.78　绘制柱 8

⑪ 切换到3F楼层平面，同样选择建筑柱类型为“矩形柱 250×250mm”，属性栏参数设置如图4.79所示。分别在3轴与C轴的交点、4轴与C轴的交点单击放置柱，并如图4.80所示调整对齐位置。

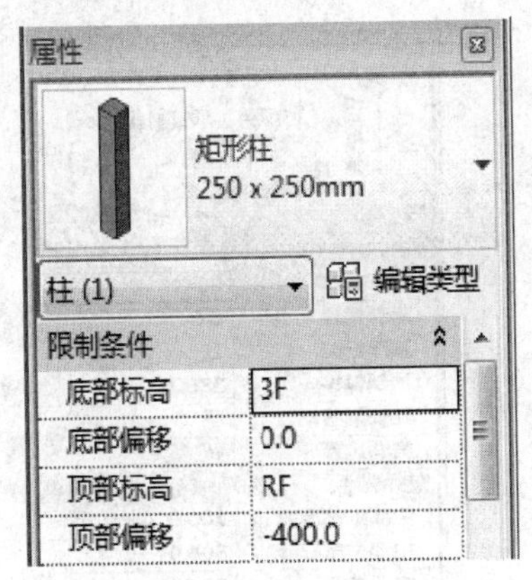

图4.79 绘制柱9

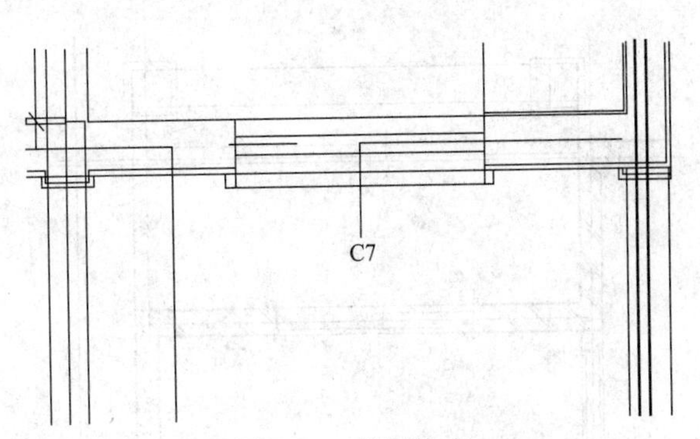

图4.80 绘制柱10

⑫ 添加正面三层阳台的建筑柱。从项目浏览器中双击“3F”进入三层平面视图，操作方法同上，选择“矩形柱-顶部扩宽 500×500”类型，先在7轴与B轴的交点附近单击放置柱，再采用修改面板的“移动”命令调整位置，使柱的右下角点同7轴与B轴的交点重合，如图4.81所示。按照图4.82在属性栏中修改柱的各个参数值。选择放置完成的柱，单击“修改”面板的“复制”按钮，单击柱的中心点作为复制基点，向上移动光标，输入值“5000”，单击鼠标放置柱；再重新选择原来的柱，同样以柱的中心为复制基点，水平向左移动光标，输入值“5300”，单击鼠标放置柱。

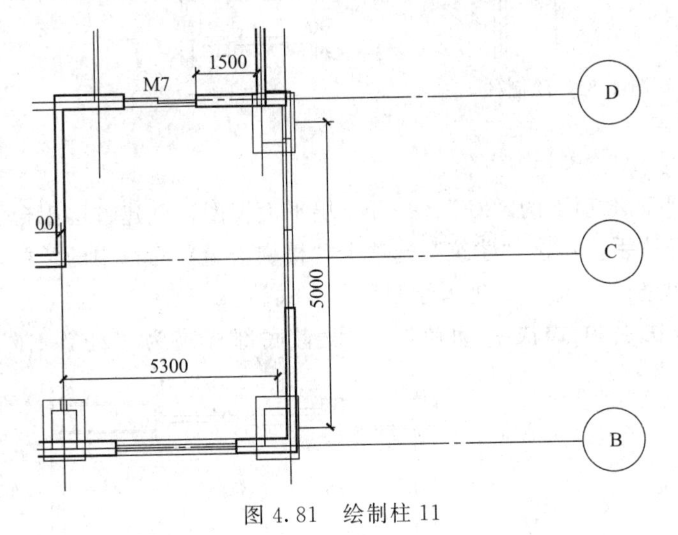

图4.81 绘制柱11

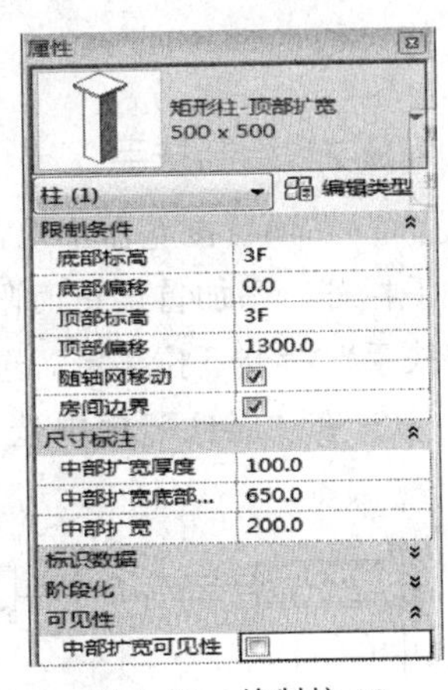

图4.82 绘制柱12

⑬ 添加背面入口处的建筑柱。同上操作，选择“矩形柱-顶部扩宽 350×350”类型，在入口台阶处单击放置柱，调整柱的位置，使柱的角点同台阶的角点重合，如图4.83所示。如图4.84所示，在属性栏中修改柱的各个参数值。

⑭ 添加背面三层阳台的建筑柱。选择“矩形柱-顶部扩宽 500×500”类型，在2轴和E轴的交点处单击放置柱，调整柱的位置，使柱的左上角点同墙的外边界交点重合，如图

4.85 所示。参照正面三层阳台建筑柱的参数，在属性栏中设置此柱的参数。

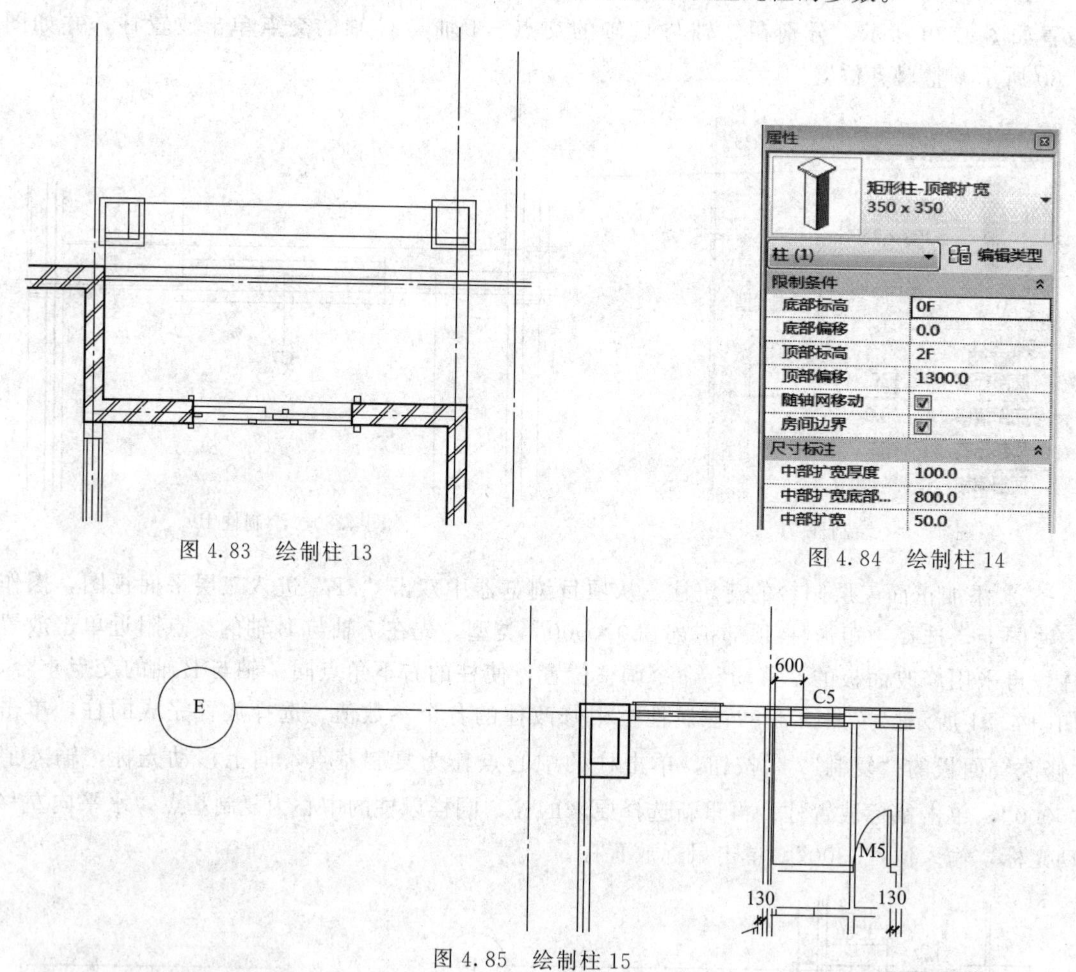

图 4.83　绘制柱 13

图 4.84　绘制柱 14

图 4.85　绘制柱 15

4.1.9.2　绘制扶手

① 在项目浏览器中双击“楼层平面”项下的“2F”，打开二层平面视图，创建首层阳台扶手栏杆，添加首层正面阳台的栏杆扶手。单击“建筑”选项卡“楼梯坡道”面板中的“栏杆扶手”命令下拉菜单，选择“绘制路径 ”命令，进入绘制草图模式。

② 在“属性”栏中选择“栏杆扶手 中式扶手-葫芦形”，设置底部标高为“2F”。在

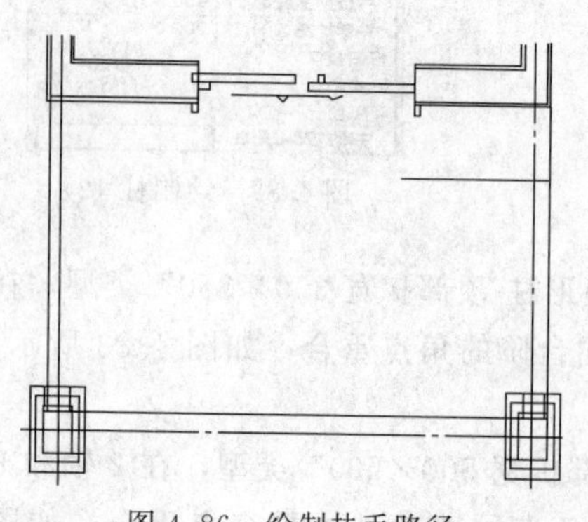

图 4.86　绘制扶手路径

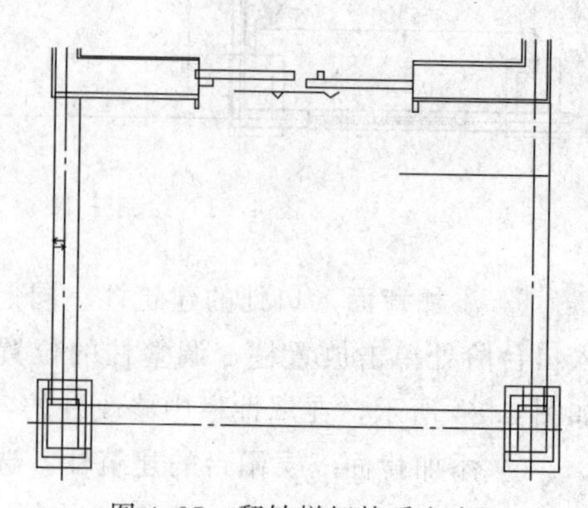

图 4.87　翻转栏杆扶手方向

“绘制”面板中选择“直线”命令，先绘制如图 4.86 所示的路径，单击“完成”命令，栏杆扶手变为蓝色双线显示，点击双箭头，可以“翻转栏杆扶手方向”，如图 4.87 所示。

③ 同样操作，依次绘制另外两处的栏杆扶手，平面图如图 4.88 所示。

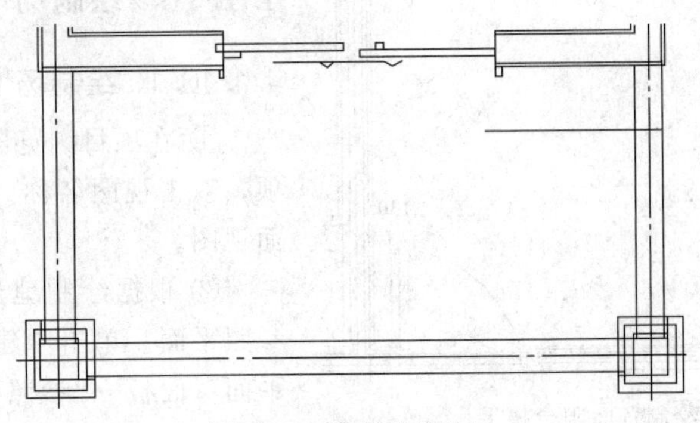

图 4.88　绘制其他扶手

④ 添加首层背面阳台的栏杆扶手。同上操作，进入栏杆扶手绘制模式后，依次绘制三条栏杆路径，并分别单击“完成”命令，再采用“修改”面板的“对齐”命令分别调整栏杆位置使栏杆边界和楼板外边界对齐，如图 4.89 所示。

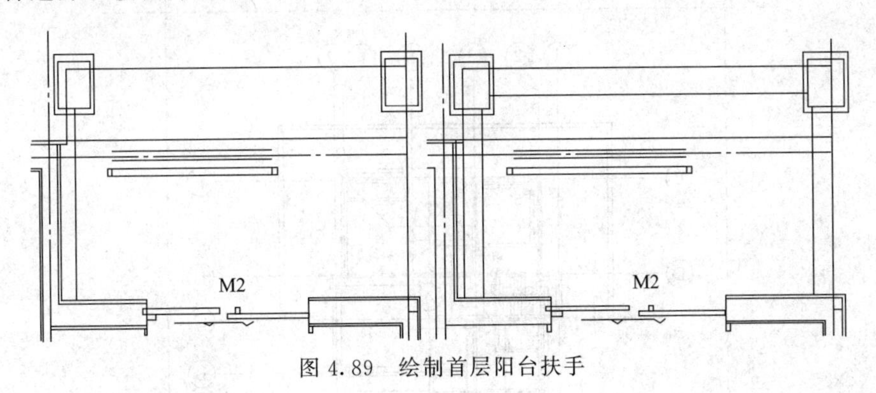

图 4.89　绘制首层阳台扶手

⑤ 在“项目浏览器”中双击“楼层平面”项下的“3F”，打开三层平面视图，创建三层阳台的扶手栏杆。同上述绘制栏杆扶手步骤，采用同样的栏杆扶手类型，依次先绘制出一条栏杆路径（图 4.90），再绘制另外两条栏杆路径（图 4.91）。

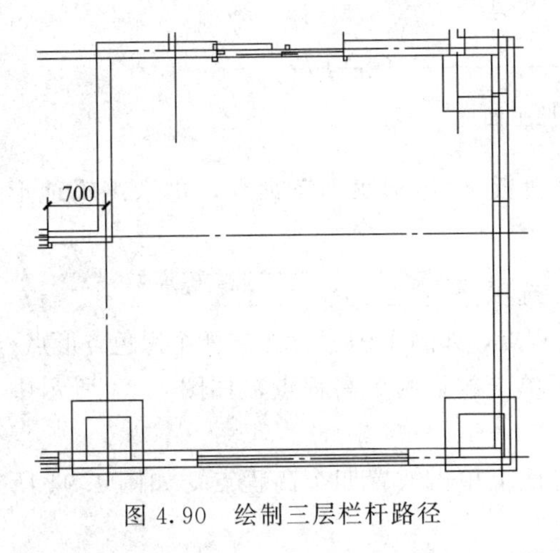

图 4.90　绘制三层栏杆路径

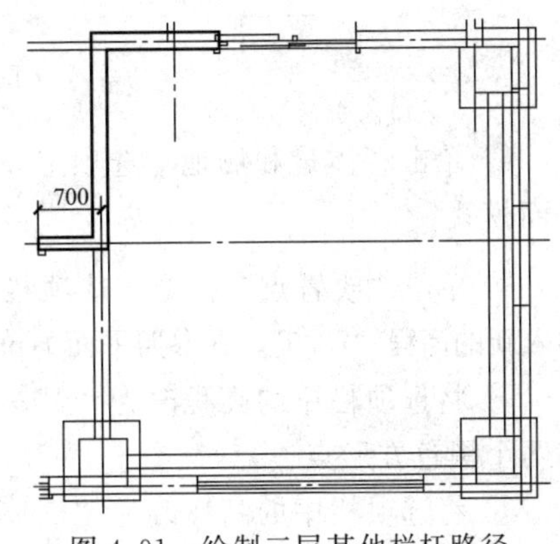

图 4.91　绘制三层其他栏杆路径

⑥ 采用同样的方法完成背面阳台的栏杆扶手的绘制，如图 4.92 所示。

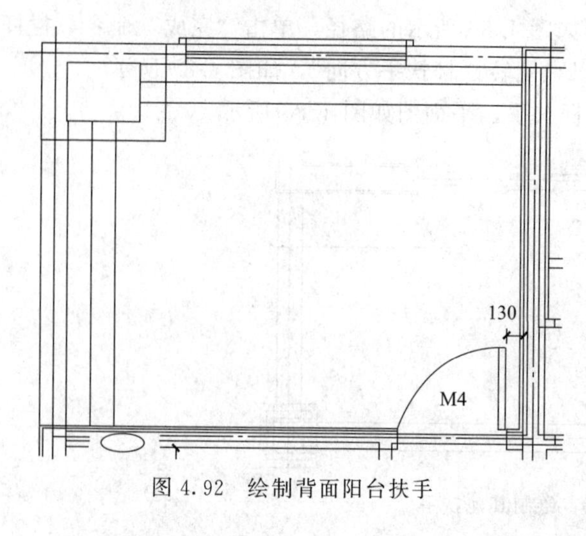

图 4.92　绘制背面阳台扶手

4.1.10　绘制场地

4.1.10.1　绘制场地

① 在项目浏览器中展开“楼层平面”项，双击视图名称“场地”，进入场地平面视图。

② 根据绘制地形的需要，绘制四条参照平面。单击“建筑”选项卡→“工作平面”面板→“参照平面”命令，移动光标到图中横向轴线左侧单击，沿垂直方向上下移动单击，绘制一个垂直参照平面，再绘制另外三个参照平面，大致位置可参照图 4.93，使参照平面包围住整个模型。

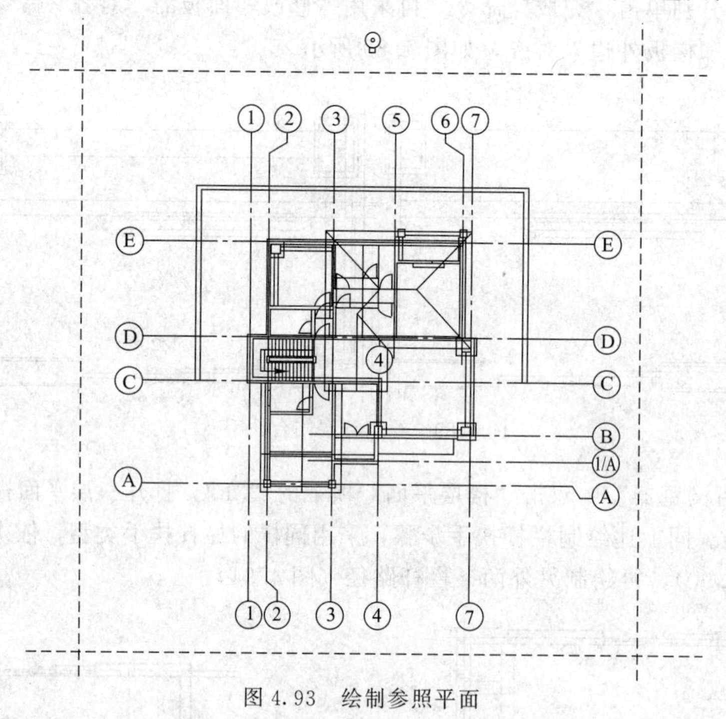

图 4.93　绘制参照平面

③ 单击“体量和场地”选项卡→“场地建模”面板→“地形表面”命令，进入编辑地形表面模式。

④ 单击“放置点”命令，选项栏显示“高程”选项 高程 0.0 绝对高程，输入新的高程“2800”，在参照平面上单击放置四个高程点，如图 4.94 所示上方四个黑色方形点。

⑤ 将选项栏中的高程改为“0”，在参照平面上单击放置两个高程点，如图 4.94 所示中部两个黑色方形点。

⑥ 将选项栏中的高程改为“－450”，在参照平面上单击放置四个高程点，如图 4.94 所示下方四个黑色方形点，单击“完成编辑”按钮。

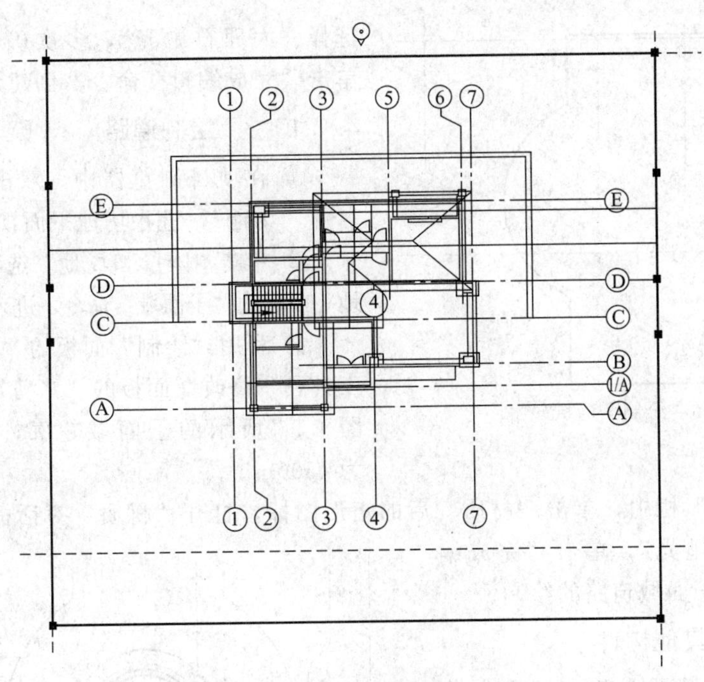

图 4.94 绘制高程点

4.1.10.2 绘制地坪

① 在项目浏览器中展开“楼层平面”项，双击视图名称“0F”，进入0F平面视图。

② 单击“场地建模”面板→“建筑地坪”命令，进入建筑地坪的草图绘制模式。

③ 在属性栏中，设置参数“标高”为0F。单击“绘制”面板的“直线”命令，沿挡土墙内边界顺时针方向绘制建筑地坪轮廓，如图4.95所示，保证轮廓线闭合。

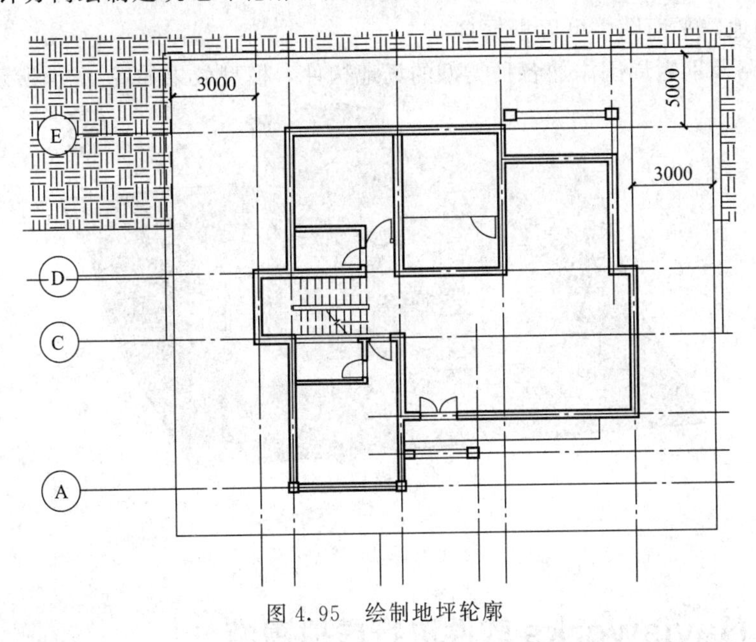

图 4.95 绘制地坪轮廓

④ 单击“编辑类型”，打开“类型属性”对话框，单击“结构”后的“编辑”按钮，打开“编辑部件”对话框，单击“结构”后“编辑材质”按钮，打开“材质浏览器”对话框，

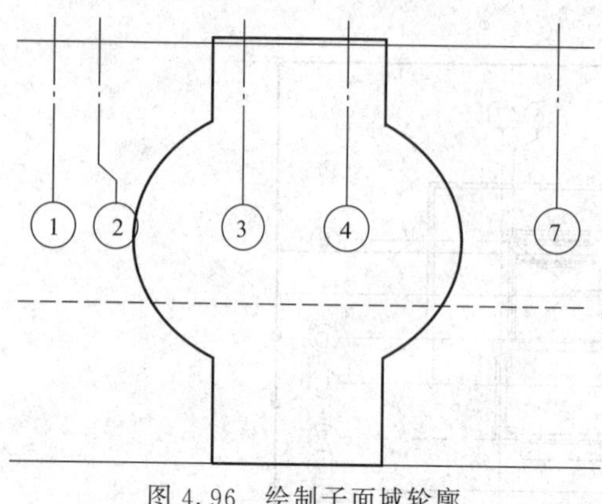

图 4.96　绘制子面域轮廓

选择“大理石抛光”，多次确定退出对话框，单击“完成编辑”命令，创建建筑地坪。

4.1.10.3　绘制道路

① 在项目浏览器中，双击楼层平面视图名称“场地”，进入场地平面视图。

② 单击“体量和场地”选项卡中“修改场地”面板的“子面域”命令，进入草图绘制模式。

③ 利用“绘制”面板的“直线”、“圆形”工具和“修改”面板的“修剪”工具，绘制如图 4.96 所示的子面域轮廓，其中圆弧半径为 4500mm。

④ 在“属性”栏中，单击“材质”后的矩形图标，打开“材质”对话框，在左侧材质中选择“大理石抛光”，单击“完成编辑”命令，完成子面域道路的绘制。

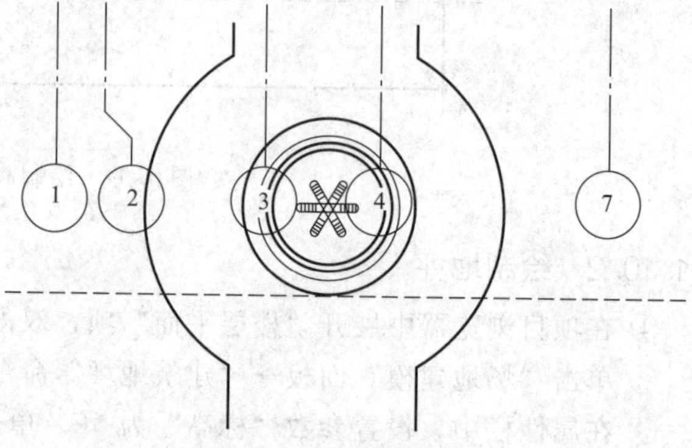

图 4.97　绘制其他构件

4.1.10.4　绘制其他构件

① 在项目浏览器中双击视图名称“0F”，进入场地平面视图。

② 选择“构件”→“放置构件”命令，在“属性”栏中选中“喷泉”，单击“放置”面板中的“放置在工作平面上”，在上述绘制的子面域圆形区域的中心单击放置构件，如图 4.97 所示。

③ 在“场地”平面图中可以根据自己的需要在道路及别墅周围添加各种类型的场地构件，模型效果如图 4.98 所示。

图 4.98　模型效果图

4.2　利用 Navisworks 软件进行虚拟漫游

Navisworks 提供了漫游和飞行模式，用于在场景中进行动态漫游浏览。使用漫游功能，可以模拟在场景中漫步观察的对象和视角，用于检视在行走路线过程中的图元。

下面通过练习，说明在 Navisworks 中使用漫游和飞行的一般过程。

① 在“视点”选项卡的“导航”选项组中单击“漫游”下拉列表，在列表中选择“漫游工具”，进入漫游查看模式；单击“导航”选项组中的“真实效果”下拉列表，在列表中勾选“碰撞”、“重力”、“蹲伏”、“第三人”复选框，如图 4.99 所示。

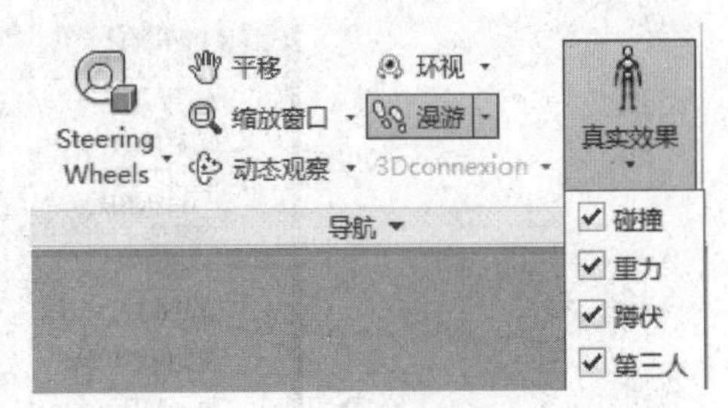

图 4.99　真实效果列表

图 4.100　自动蹲伏示意图

② 移动鼠标指针至场景视图中，按住鼠标左键不放，前后拖动鼠标，将实现在场景中前后行走；左右拖动鼠标，将实现场景旋转。由于勾选了真实效果中的“碰撞”复选框，因此当行走至建筑图元位置时，将与图元发生“碰撞”，无法穿越建筑图元；由于勾选了真实效果中的“蹲伏”复选框，当软件检测到虚拟人物与建筑图元发生“碰撞”时将自动“蹲伏”，以尝试用蹲伏的方式从模型对象底部通过，如图 4.100 所示。

③ 单击“导航”面板中的“真实效果”下拉列表，取消勾选“碰撞”复选框，当取消“碰撞”复选框时，“重力”、“蹲伏”复选框也将被取消。

④ 使用“漫游”工具，继续向前方行走，由于不再检测碰撞，虚拟人物将穿过建筑图元。

⑤ 单击“导航”面板名称右侧的黑色向下三角形，展开该面板，如图 4.101 所示，用户可以通过设置“线速度”、“角速度”来控制漫游时前进的线速度和旋转视图时的角速度，若要在漫游过程中临时加快漫游速度，可在行走的同时按住【Shift】键。

⑥ 单击“视点”选项卡的“编辑当前视点”命令，弹出“编辑视点-当前视图”对话框，单击“底部碰撞设置”按钮，打开碰撞设置对话框，如图 4.102 所示。该对话框中，“碰撞”、“重力”、“自动蹲伏”复选框与“导航”面板中“真实效果”设置相同；“观察器”中的“半径”和“高度”用于确定碰撞的“虚拟碰撞量”的高度和半径。图 4.102 可以理解为，在漫游观察时，人的高度为 1.800m，宽度为 0.600m（半径为 0.300m），“眼睛”位于 1.650m（“视觉偏移”为高度之下的距离）的位置。通过勾选“第三人”中的“启用”复选框，可以在“体现”下拉列表中更改漫游时虚拟

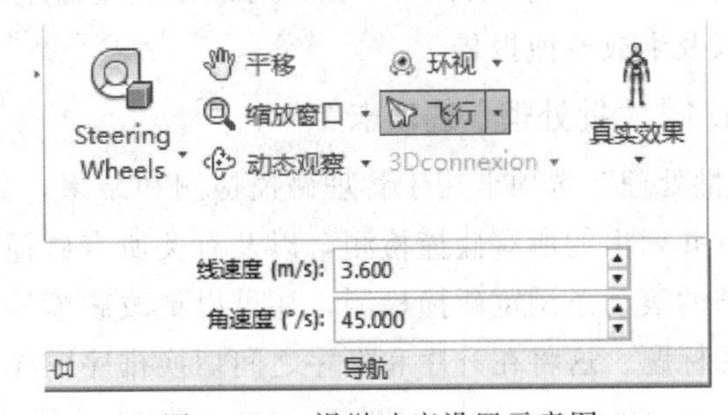

图 4.101　漫游速度设置示意图

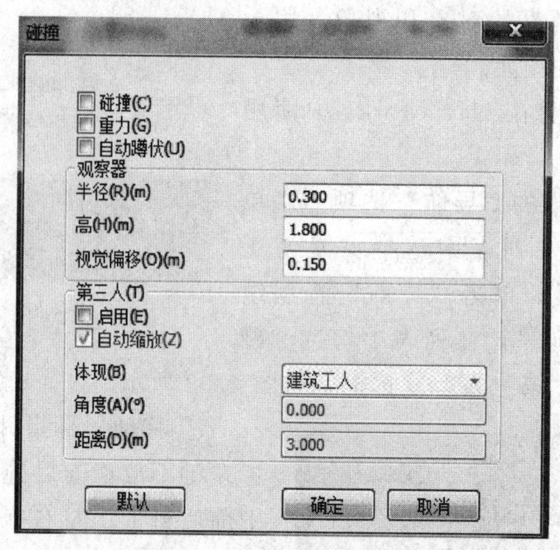

图 4.102　碰撞设置对话框

人物的形象。

⑦ 单击“导航”面板中的“漫游”下拉列表，在列表中选择“飞行”，切换至飞行模式。按住鼠标左键，将自动前进，上、下、左、右拖动鼠标用于改变飞行方向。在飞行模式下，“真实效果”中的“重力”选项将变为不可用。

4.3　利用 Navisworks 软件进行碰撞检查

使用“Clash Detective”工具可以有效地识别、检验和报告三维项目模型中的碰撞，有助于降低模型检验过程中出现人为错误的风险。“Clash Detective”可用于已完成设计工作的一次性“健全性检查”，也可以用于项目的持续审核检查。可以使用“Clash Detective”在传统的三维几何图形（三角形）和激光扫描点云之间执行碰撞检测。

4.3.1　“Clash Detective”窗口

使用“Clash Detective”窗口可以设置碰撞检测的规则和选项、查看结果、对结果进行排序以及生成碰撞报告。

4.3.1.1　“批处理”选项卡

“批处理”选项卡用于管理碰撞检测和结果，如图 4.103 所示。其中显示当前以表格格式设置并列出的所有碰撞检测，以及有关所有碰撞检测状态的摘要。可以使用该选项卡右侧和底部的滚动条浏览碰撞检测，还可以更改碰撞检测的排序顺序。要执行此操作，请单击所需列的标题。这将在升序和降序之间切换排序顺序。

4.3.1.2　“规则”选项卡

“规则”选项卡用于定义和自定义要应用于碰撞检测的忽略规则，如图 4.104 所示。该选项卡列出了当前可用的所有规则。这些规则可用于使“Clash Detective”在碰撞检测期间忽略某个模型几何图形。可以编辑每个默认规则，并可以根据需要添加新规则。

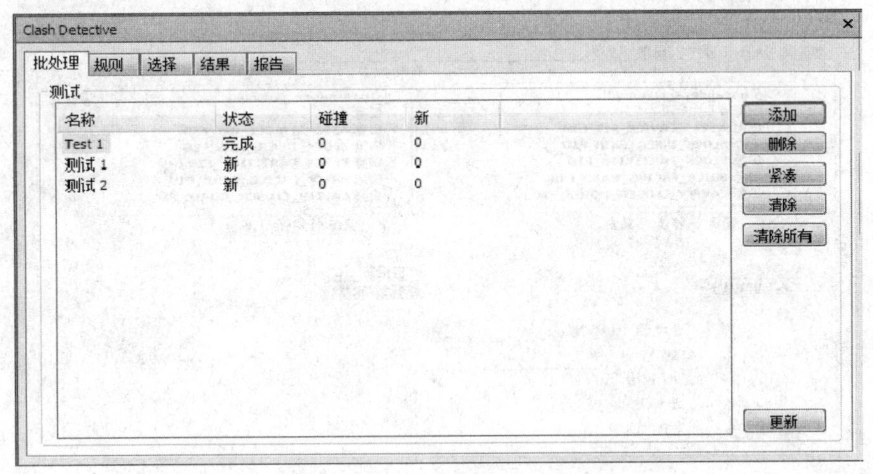

图 4.103 “批处理”选项卡

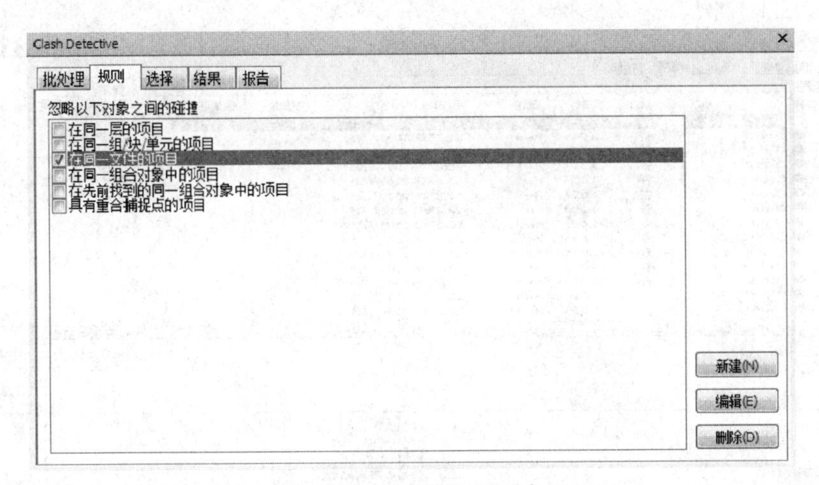

图 4.104 “规则”选项卡

4.3.1.3 “选择”选项卡

在“选择”选项卡中，可以通过仅检测项目集而不是针对整个模型本身进行检测来定义碰撞检测，如图 4.105 所示。使用它可以为“批处理”选项卡上当前选定的碰撞配置参数。左窗格和右窗格这两个窗格包含将在碰撞检测过程中以相互参照的方式进行测试的两个项目集的树视图，用户需要在每个窗格中选择项目。每个窗格的底部都有多个复制“选择树”窗口当前状态的选项卡，可以使用它们选择碰撞检测的项目。

4.3.1.4 “结果”选项卡

通过“结果”选项卡，能够以交互方式查看已找到的碰撞，如图 4.106 所示，它包含碰撞列表和一些用于管理碰撞的控件。可以将碰撞组合到文件夹和子文件夹中，从而使管理大量碰撞或相关碰撞的工作变得更为简单。

4.3.1.5 “报告”选项卡

使用“报告”选项卡可以设置和写入包含选定测试中找到的所有碰撞结果的详细信息的报告，如图 4.107 所示。

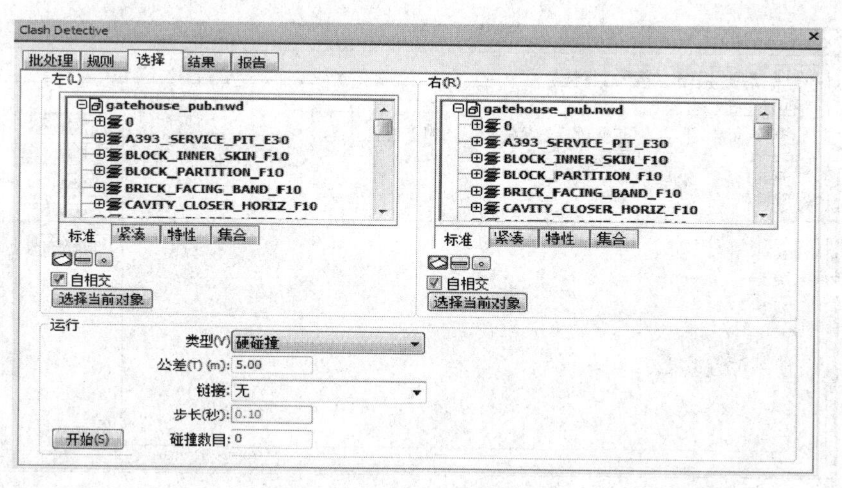

图 4.105 “选择”选项卡

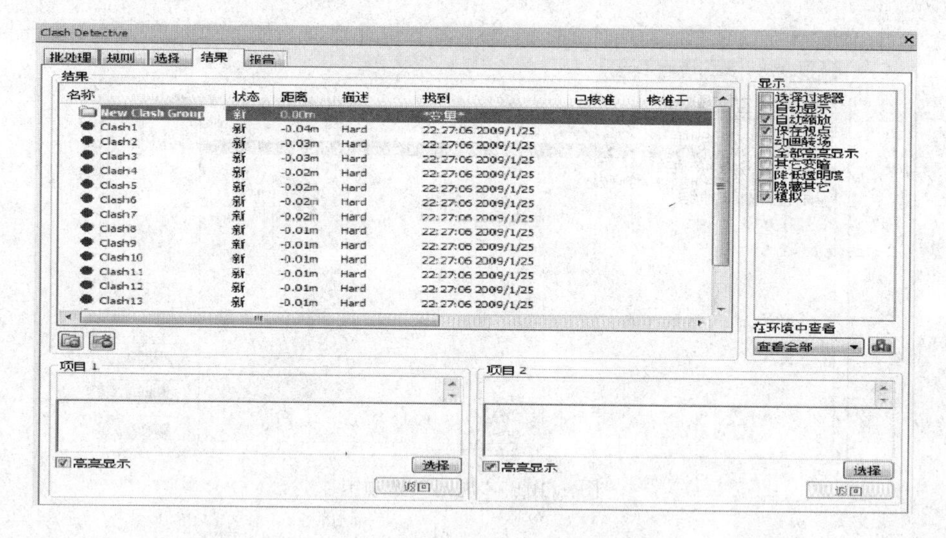

图 4.106 “结果”选项卡

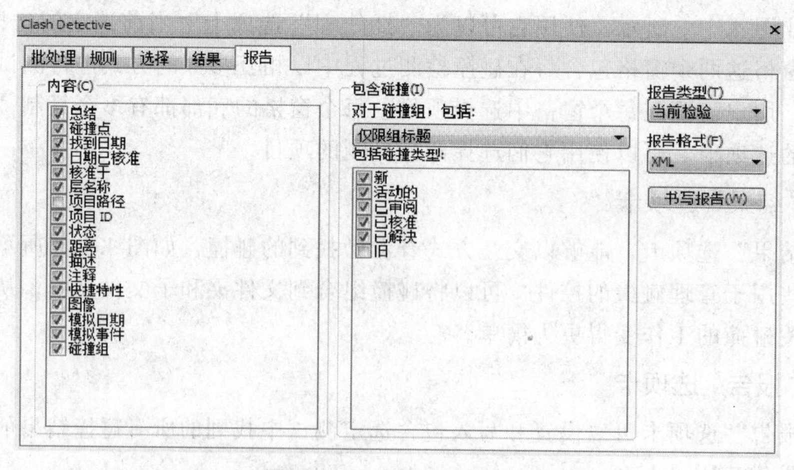

图 4.107 “报告”选项卡

4.3.2 碰撞检查

4.3.2.1 选择项目

① 单击“常用”选项卡“工具”面板上的“Clash Detective”命令。

② 单击“批处理”选项卡，并选择要配置的测试。

③ 单击“选取”选项卡。该选项卡中有两个称作“左”和“右”的相同窗格。这两个窗格包含将在碰撞检测过程中以相互参照的方式进行测试的两个项目集的树视图，需要在每个窗格中选择项目。可以通过从选取树中选择选项卡并从树层次结构中手动选择项目。场景中的任何选择集也都包含在选项卡上，这是一种跨会话设置项目的快速而有用的方法。还可以通过常用方式在“场景视图”或“选择树”中选择项目，然后单击相应的“选择当前对象”按钮，将当前选择转移到其中一个框。

④ 选中相应的“自相交”复选框以测试对应的集是否自相交，以及是否与另一个集相交。

⑤ 可以在测试中包括点、线或面的碰撞。每个窗口下面有三个按钮，分别对应于面、线和点，单击即可打开/关闭该按钮。因此，假如要在某个曲面几何图形和点之间运行碰撞检测，则可以在“左”窗格中设置几何图形，默认情况下，将打开“左”窗格下的“曲面”按钮，然后单击“右”窗格下的“点”按钮。

4.3.2.2 选择碰撞检测选项

① 从以下默认的碰撞检测类型中进行选择：硬碰撞、硬碰撞（保守）、间隙碰撞、副本碰撞。

硬碰撞：如果希望碰撞检测检测几何图形之间的实际相交，请选择该选项。

硬碰撞（保守）：该选项执行与“硬碰撞”相同的碰撞检测，但是它还应用了保守相交策略测试，因此检测出的碰撞点与“硬碰撞”相比会较多。

间隙碰撞：如果希望碰撞检测检测与其他几何图形具有特定距离的几何图形，请选择该选项。例如，当管道周围需要有隔热层空间时，可以使用该类型的碰撞检测。

副本碰撞：如果希望碰撞检测检测重复的几何图形，请选择该选项。例如，可以使用该类型的碰撞检测针对模型自身进行检查，以确保同一部分未绘制或参考两次。

② 输入所需的公差，单击“开始”按钮开始运行测试，“碰撞数目”框将显示该测试运行期间到目前为止发现的碰撞数量。

4.3.3 碰撞结果

① 找到的所有碰撞都将显示在一个多列表中的“结果”选项卡中。可以单击任一列标题，以使用该列的数据对该表格进行排序。该排序可以按字母、数字、相关日期进行；或者对于“状态”列，可以按“新”、“已激活”、“已审阅”、“已审批”和“已解决”的工作流顺序进行，如图 4.108 所示。

②“项目 1”和“项目 2”窗格显示了与碰撞中各个项目相关的“快捷特性”，以及标准“选择树”中从根到项目几何图形的路径。

③ 单击碰撞结果时，将自动放大“场景视图”中的碰撞位置。“Clash Detective”工具包含许多“显示”选项，通过这些选项可以调整在模型中渲染碰撞的方式，也可以调整查看

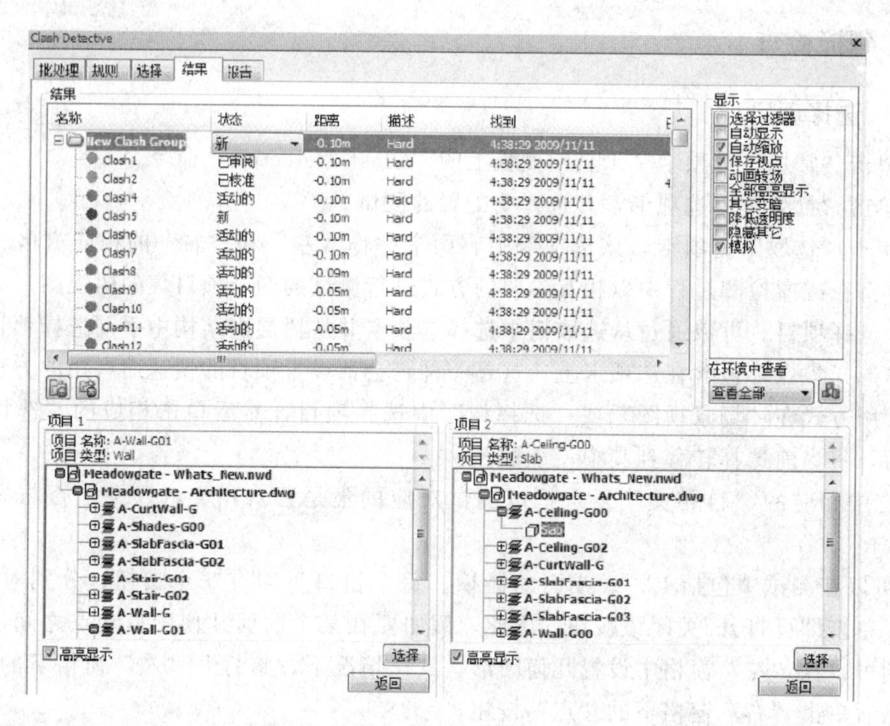

图 4.108　碰撞结果

环境以便直观地确定每个碰撞在模型中的位置。

④ 在“显示”区域中选中“突出显示所有”复选框，找到的所有碰撞都以其状态颜色高亮显示，如图 4.109 所示。

图 4.109　高亮显示的碰撞部位

⑤ 要隐藏碰撞中未涉及的所有项目，选中“隐藏其他”复选框。这样，就可以更好地关注“场景视图”中的碰撞项目，如图 4.110 所示。要使碰撞中未涉及的所有项目变暗，选中“其他变暗”复选框。单击碰撞结果时，Autodesk Navisworks 会使碰撞中所有未涉及的项目变灰，如图 4.111 所示。

⑥ 要降低碰撞中所有未涉及的对象的透明度，请选中“降低透明度”复选框。该选项

在清除“隐藏其他”复选框的情况下查看碰撞项目

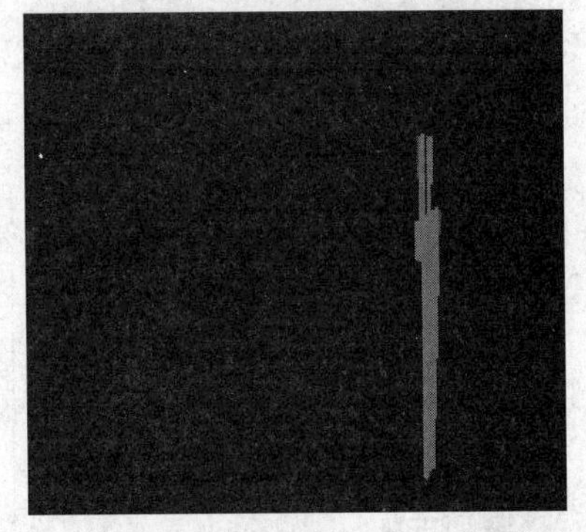

在选中“隐藏其他”复选框的情况下查看碰撞项目

图 4.110　选择“隐藏其他”命令后项目碰撞对比

在清除“其他变暗”复选框的情况下查看碰撞项目

在选中“其他变暗”复选框的情况下查看碰撞项目

图 4.111　选择“其他变暗”命令后项目碰撞对比

只能与“其他变暗”选项一起使用，并将碰撞中所有未涉及的项目渲染为透明以及变灰。可以在“选项编辑器”中自定义透明度降低的级别，默认情况下，使用85%透明度。

4.3.4　创建碰撞报告

① 单击“报告”选项卡，可以生成“Clash Detective”报告，如图 4.112 所示。

② 在“内容”区域中，选中希望在每个碰撞结果的报告中显示的数据的复选框。这可能包括与碰撞所涉及的项目相关的“快捷特性”、如何在标准“选择树”从根到几何图形的路径中找到它们以及是否应该包含图像或模拟信息等。

③ 在“包含碰撞”区域的“对于碰撞组，包括”框中，指定如何在报告中显示碰撞组。

仅限组标题：报告将仅包含已创建的碰撞组文件夹的摘要。

仅限单个碰撞：报告将仅包含单个碰撞结果。

所有内容：报告将同时包含已创建的碰撞组文件夹的摘要和各个碰撞结果。

④ 使用“包括碰撞类型”框选择要报告的碰撞结果。

⑤ 在“报告格式”框中选择报告格式。

⑥ 点击“书写报告”，即可生成“Clash Detective”报告。

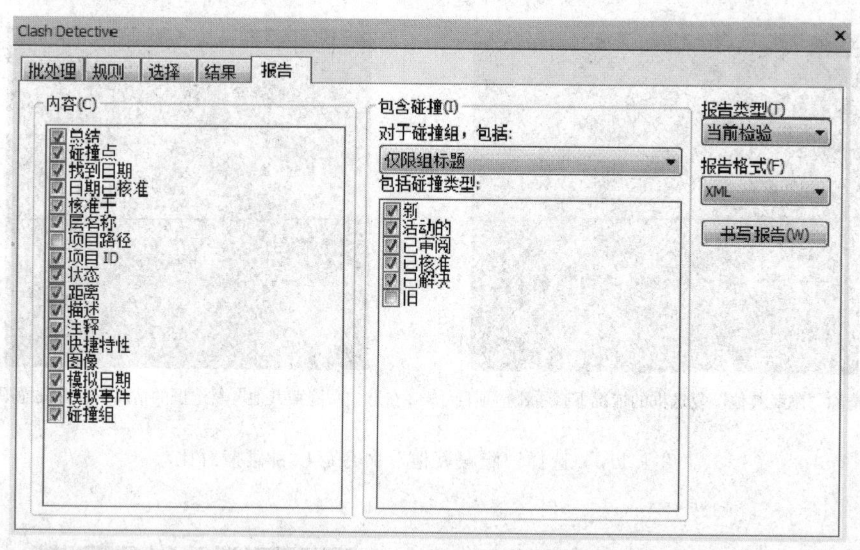

图 4.112　生成碰撞报告

4.4　利用 Navisworks 软件进行施工进度演示

4.4.1　“TimeLiner”窗口

通过“TimeLiner”工具可以添加四维进度模拟。“TimeLiner”从各种来源导入进度，接着可以使用模型中的对象链接进度中的任务以创建四维模拟，这使用户能够看到进度在模型上的效果，并将计划日期与实际日期相比较。

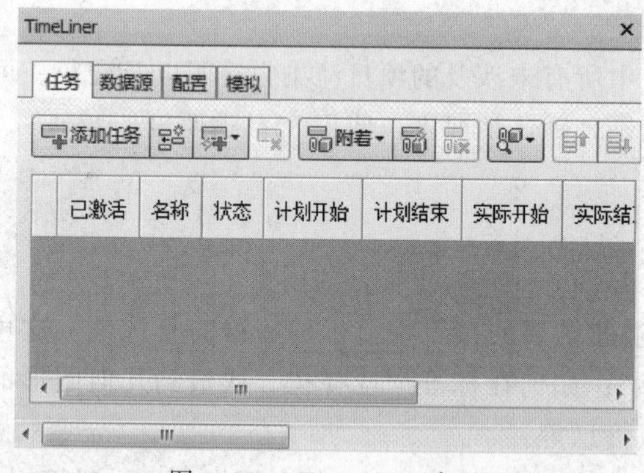

图 4.113　TimeLiner 窗口

通过将“TimeLiner”和对象动画链接在一起，可以根据项目任务的开始时间和持续时间触发对象移动并安排其进度，且可以帮助用户进行工作空间和过程规划，TimeLiner 窗口如图 4.113 所示。

4.4.1.1　“任务”选项卡

通过“任务”选项卡可以创建和管理项目任务。该选项卡显示进度中以表格格式列出的所有任务。可以使用该选项卡右侧和底部的滚动条浏览任务记录。

任务显示在包含多列的表格中，通过此表格可以灵活地显示记录。用户可以移动列或调整其大小，按升序或降序顺序对列数据进行排序。分别单击任务左侧的加号或减号可以展开或收拢层次结构。

每个任务都使用图标来标识自己的状态。颜色用于区分任务的最早（蓝色）、准时（绿色）、最晚（红色）和计划（灰色）部分。圆点标记计划开始日期和计划结束日期。将鼠标指针放置在状态图标上会显示工具提示，说明任务状态。

4.4.1.2 “数据源”选项卡

通过“数据源”选项卡，可从第三方进度安排软件中导入任务。其中显示所有添加的数据源，以表格格式列出。数据源视图显示在多列的表中，这些列会显示名称、源和项目。

4.4.1.3 “配置”选项卡

通过“配置”选项卡可以设置任务参数，例如任务类型、任务的外观定义以及模拟开始时的默认模型外观。任务类型显示在多列的表中，如有必要，可以移动表的列以及调整其大小。

“TimeLiner”附带有三种预定义的任务类型，如图 4.114 所示。

构造：适用于要在其中构建附加项目的任务。默认情况下，在模拟过程中，对象将在任务开始时以绿色高亮显示并在任务结束时重置为模型外观。

拆除：适用于要在其中拆除附加项目的任务。默认情况下，在模拟过程中，对象将在任务开始时以红色高亮显示并在任务结束时隐藏。

临时：适用于其中的附加项目仅为临时的任务。默认情况下，在模拟过程中，对象将在任务开始时以黄色高亮显示并在任务结束时隐藏。

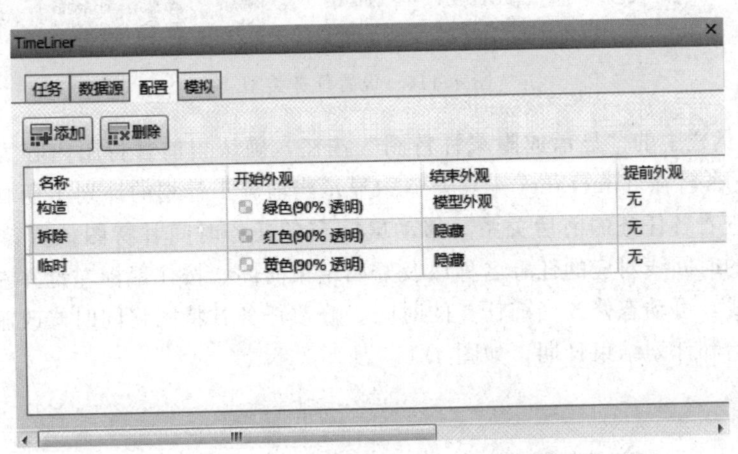

图 4.114 TimeLiner 窗口任务类型

4.4.2 创建任务

定义施工任务是 Navisworks 中施工模拟的基础。下面将通过某建筑标准层结构模型来介绍 TimeLiner 中定义施工任务的一般步骤，假定每个施工任务均需要 2 天时间来完成。

① 单击“常用”选项卡下“工具”面板的“TimeLiner”，打开“TimeLiner”工具窗口，如图 4.115 所示。

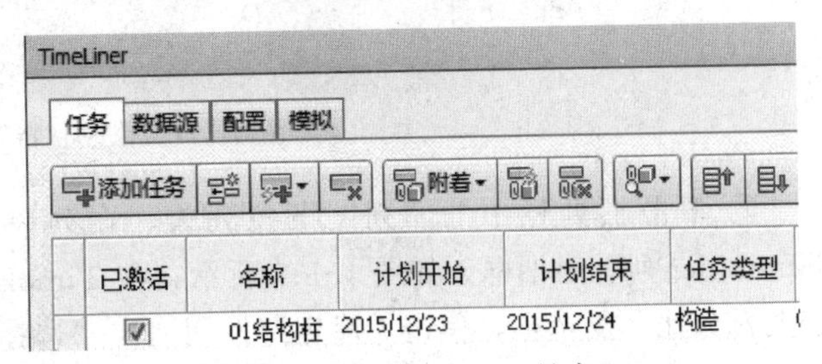

图 4.115 TimeLiner 工具窗口

② 单击“添加任务”按钮，在左侧任务窗格中添加新施工任务，该任务默认名称为“新任务”。单击任务“名称”列单元格，修改“名称”为“01 结构柱”；单击“计划开始”列单元格，在弹出的日历中选择 2015 年 12 月 23 日作为该任务的计划开始时间；使用同样的方

式修改“计划结束”日期为2015年12月24日。单击“01结构柱”施工任务中“任务分类”列单元格，在“任务类型”下拉列表中选择“构造”。

③ 右键单击“01结构柱”施工任务名称，在弹出的快捷菜单中选择“附着集合”→“01结构柱”，将01结构柱选择集附着给该任务。

④ 重复第②、③操作步骤，在TimeLiner中添加与选择集名称相同的施工任务，各任务计划开始时间在前一任务结束后的第二天；计划结束时间距离该任务开始时间为2天。分别附着相应的选择集图元，设置所有的“任务类型”均为“构造”，如图4.116所示。

图4.116　设置任务类型

⑤ 激活工具栏中的“显示或隐藏甘特图”按钮，确认当前甘特图内容为“显示计划日期”，Navisworks将在TimeLiner工具窗口中显示当前施工计划的计划工期甘特图，用于以甘特图的方式查看各任务的前后关系。移动鼠标至各任务时间甘特图位置，Navisworks将显示该甘特图的时间线对应的任务名称以及开始结束时间。按住鼠标左键并左右拖动鼠标将修改任务时间线，可动态修改当前任务的时间。修改任务甘特图将同时修改施工任务栏中该任务的计划开始和计划结束日期，如图4.117所示。

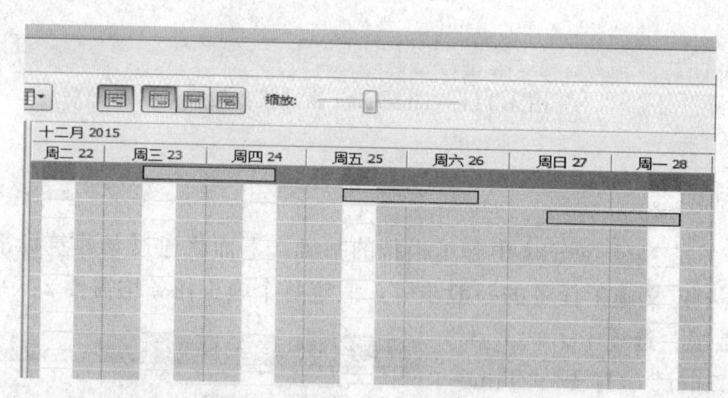

图4.117　修改甘特图设置

⑥ 单击工具栏中的“列”下拉列表，在列表中选择“选择列”选项，弹出“选择TimeLiner列”对话框。如图4.118所示，在TimeLiner数据列名称列表中勾选“数据提供进度百分比”复选框，单击“确定”按钮退出“选择TimeLiner列”对话框。

⑦ 施工任务列表中将出现“数据提供进度百分比”标题，在该列中将显示各任务的完成百分比数值。修改值将影响甘特图中的任务完成百分比显示，如图4.119所示。

⑧ 单击选择“06暗柱”施工任务，单击工具栏中的“降级”工具按钮，所选择任务将

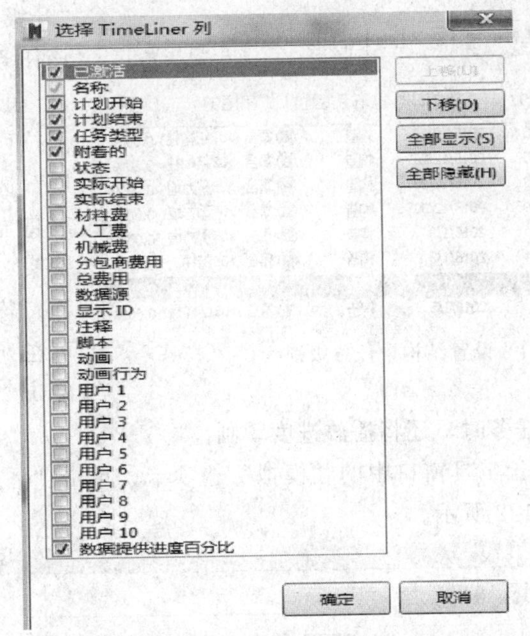

图 4.118 “选择 TimeLiner 列”对话框

计划开始	计划结束	任务类型	附着的	
2015/12/23	2015/12/24	构造	集合->01结构柱	0.00%
2015/12/25	2015/12/26	构造	集合->02结构柱	3.28%
2015/12/27	2015/12/28	构造	集合->03剪力墙	0.00%
2015/12/29	2015/12/30	构造	集合->04剪力墙	0.00%
2015/12/31	2016/1/1	构造	集合->05剪力墙	0.00%

图 4.119 设置任务完成百分比

作为其前置任务“05 剪力墙”任务的一级子任务。同时“05 剪力墙”任务前出现折叠符号，单击该符号可在任务列表中隐藏该任务包含的所有子任务，同时任务前的折叠符号变为展开符号，单击展开符号可展开显示子任务，如图 4.120 所示。

已激活	名称	计划开始	计划结束	任务类型	附着的	
☑	01结构柱	2015/12/23	2015/12/24	构造	集合->01结构柱	0.00%
☑	02结构柱	2015/12/25	2015/12/26	构造	集合->02结构柱	3.28%
☑	03剪力墙	2015/12/27	2015/12/28	构造	集合->03剪力墙	0.00%
☑	04剪力墙	2015/12/29	2015/12/30	构造	集合->04剪力墙	0.00%
☑	05剪力...	2015/12/31	2016/1/1	构造	集合->05剪力墙	0.00%
☑	06暗柱	2015/12/31	2016/1/1	构造	集合->06暗柱	0.00%
☑	07结构梁	2016/1/2	2016/1/3	构造	集合->07结构梁	0.00%
☑	08结构板	2016/1/4	2016/1/5	构造	集合->08结构板	0.00%

图 4.120 设置暗柱任务级别

⑨ 选择“07 结构梁”施工任务。单击工具栏中的“降级”工具按钮，该任务将成为“05 剪力墙”的一级子任务；再次单击“降级”工具按钮，该任务将降级为一级子任务“06 暗柱”的子任务，成为“05 剪力墙”的二级子任务。如图 4.121 所示，单击工具栏中的

图 4.121　设置结构梁任务级别

“升级”工具按钮两次，提升该任务至主任务级别。

⑩ 单击工具栏中的“列”下拉列表，在列表中选择“扩展”选项，TimeLiner 任务列表将显示“材料费”、“人工费”、“脚本”、“动画”等名称。若已对选择集制定动画，可在列表中选择相应的动画，确认“动画行为”为“缩放”，那么在模拟显示各集合任务时，还将播放进度动画。

⑪ 切换至 TimeLiner 工具窗口中的“模拟”选项卡，单击“播放”按钮开始预览施工任务进展情况，如图 4.122 所示。

图 4.122　预览施工任务进展

4.5　利用广联达 BIM 软件进行土建造价分析

广联达算量软件系列（图形、钢筋、安装、装修）是目前市面上应用最广的建筑算量软件，从根据传统二维图纸在广联达软件中进行三维生成并算量，到现在直接三维模型的算量已成为必然趋势。

4.5.1　模型导入

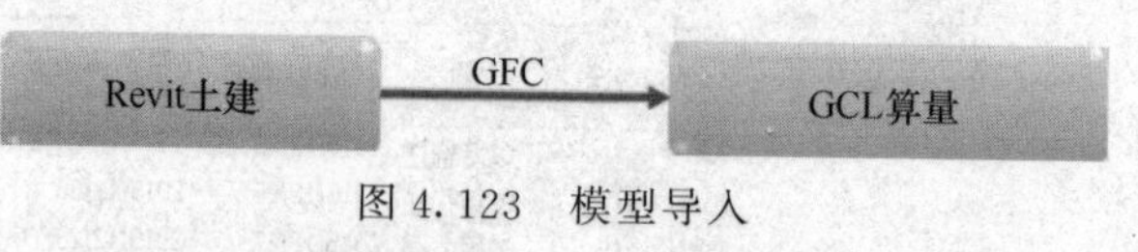

图 4.123　模型导入

在 Revit 软件中安装广联达 GFC 插件，将三维设计模型直接导入广联达算量软件生成模型，并进行算量，如图 4.123 所示。

4.5.2　利用广联达计价软件进行土建造价分析

① 在桌面上双击“广联达计价软件 GBQ4.0”快捷图标，软件会启动文件管理界面。在文件管理界面选择“工程类型”，点击“新建项目”→“新建投标项目”。在弹出的新建投标工程界面中，选择地区标准，输入项目名称、项目编号，单击“确定”，软件会进入投标管理主界面。

② 选中投标项目，点击鼠标右键，选择“新建单项工程”，在弹出的新建单项工程界面中输入单项工程名称。

③ 选中单项工程，点击鼠标右键，选择“新建清单计价单位工程”。选择清单库、清单专业、定额库、定额专业，输入工程名称，选择结构类型，输入建筑面积，点击“确定”则完成新建单位工程文件，如图 4.124 所示。

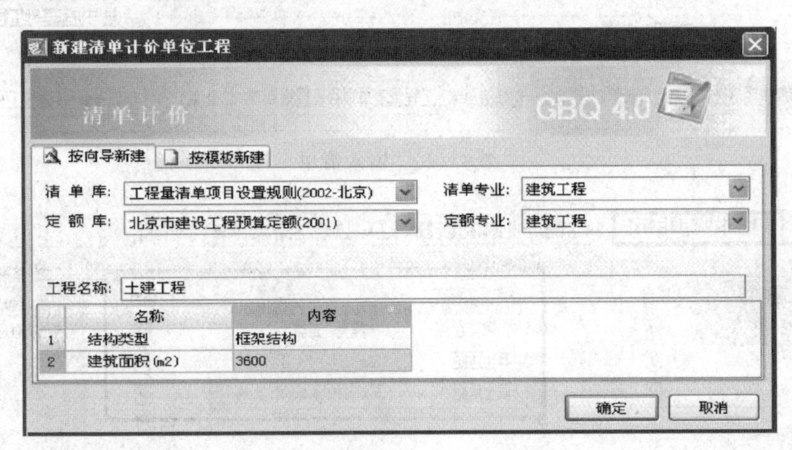

图 4.124 新建单位工程

④ 选择单位工程，点击“进入编辑窗口”，进入单位工程编辑主界面，如图 4.125 所示。

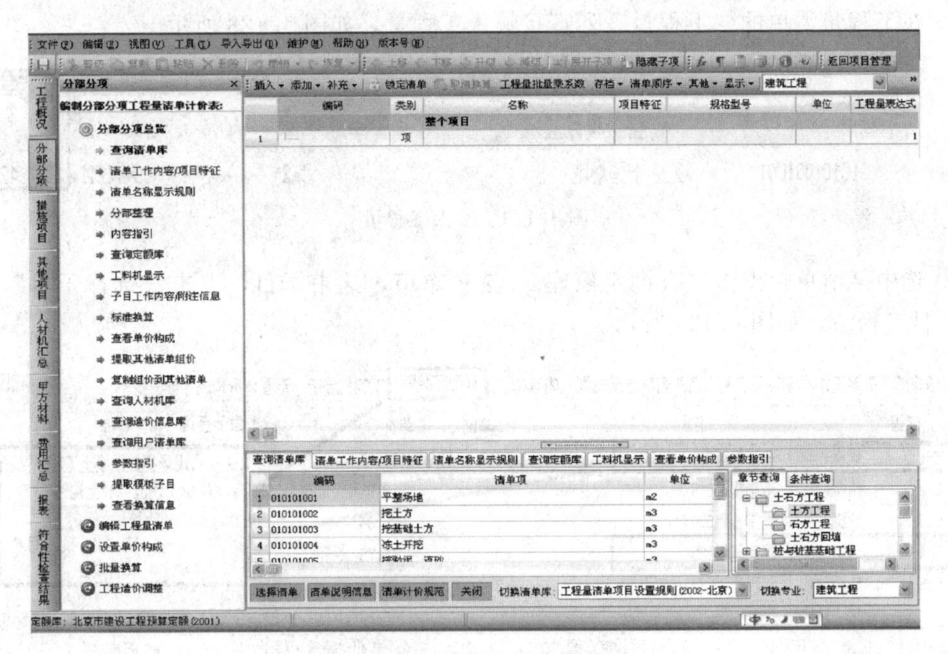

图 4.125 单位工程编辑界面

⑤ 单击“查询清单库”，在“查询清单库”界面找到清单项，点击“选择清单”将清单项直接输入到软件中，如图 4.126 所示。

⑥ 选择清单项，点击“清单工作内容/项目特征”，单击某特征的特征值单元格，选择或者输入特征值，如图 4.127 所示。

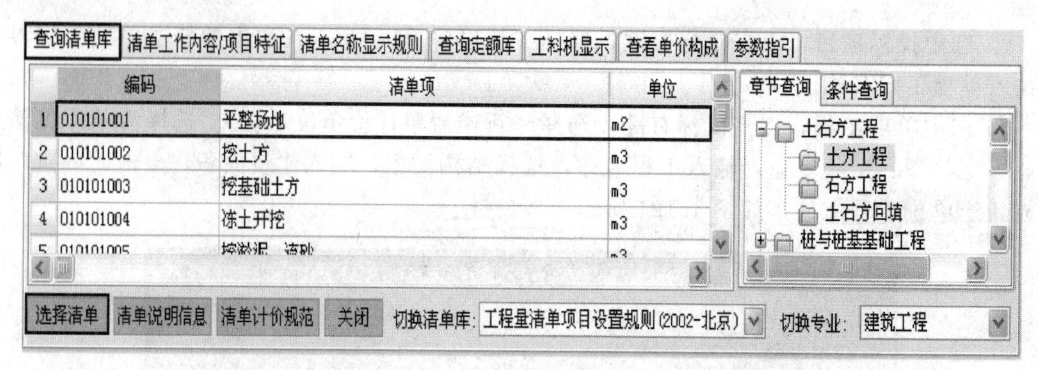

图 4.126 输入清单

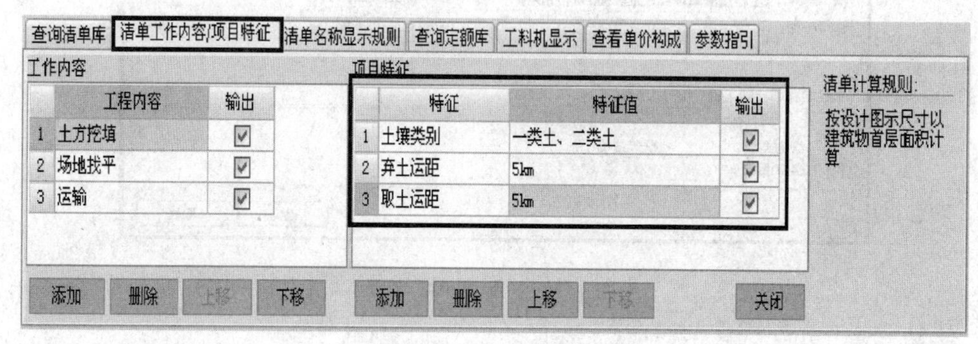

图 4.127 输入特征值

⑦ 在工程量清单的“工程量”列直接输入工程量，如图 4.128 所示。

	编码	类别	名称	单位	工程量表达式	工程量
			整个项目			
1	—010101001001	项	平整场地	m2	4211	4211

图 4.128 输入工程量

⑧ 选中某清单，点击“查询定额库”，选择章节，选中子目，点击“选择子目”，输入清单子目工程量，如图 4.129 所示。

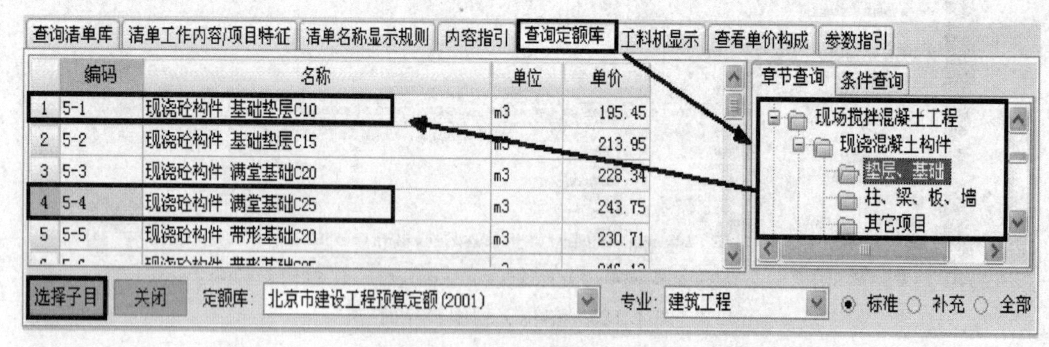

图 4.129 输入清单子目工程量

⑨ 在左侧功能区点击“设置单价构成”→“单价构成管理”，在“管理取费文件”界面输入需要修改的费率。软件会按照设置后的费率重新计算清单的综合单价。

⑩ 选择措施项，在“组价内容”界面点击计算基数后面的小三点按钮，在弹出的费用代

码查询界面选择代码，然后点击“选择”，输入费率，软件会计算出费用，如图 4.130 所示。

组价内容
当前的计价方式：计算公式计价方式
计算基数：FBFXHJ
费率（%）：1.5
金额（元）：43021.15
查询费用代码
查询费率信息

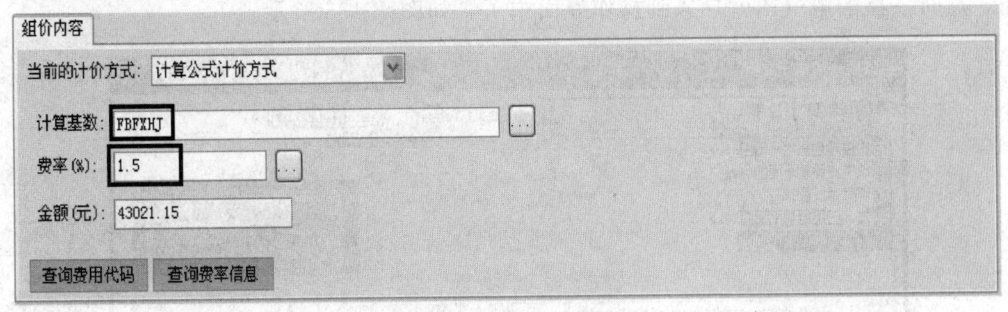

图 4.130 输入费率

⑪ 在人材机汇总界面，选择材料表，点击“载入造价信息”，点击“信息价：”右侧的下拉选项，选择“某年某月工程造价信息”，点击“确定”。软件会按照信息价文件修改材料市场价，如图 4.131 所示。

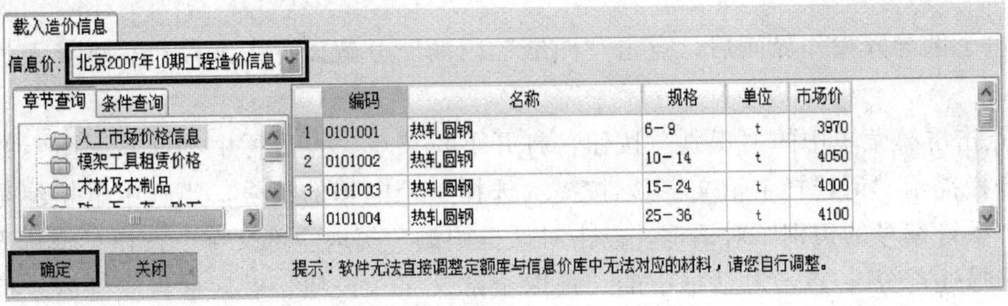

载入造价信息
信息价：北京2007年10期工程造价信息
章节查询
条件查询
人工市场价格信息
模架工具租赁价格
木材及木制品
编码
名称
规格
单位
市场价
1 0101001 热轧圆钢 6-9 t 3970
2 0101002 热轧圆钢 10-14 t 4050
3 0101003 热轧圆钢 15-24 t 4000
4 0101004 热轧圆钢 25-36 t 4100
确定
关闭
提示：软件无法直接调整定额库与信息价库中无法对应的材料，请您自行调整。

图 4.131 修改材料市场价格

⑫ 选中甲供材料，单击“供货方式”单元格，在下拉选项中选择“完全甲供”，如图 4.132 所示。

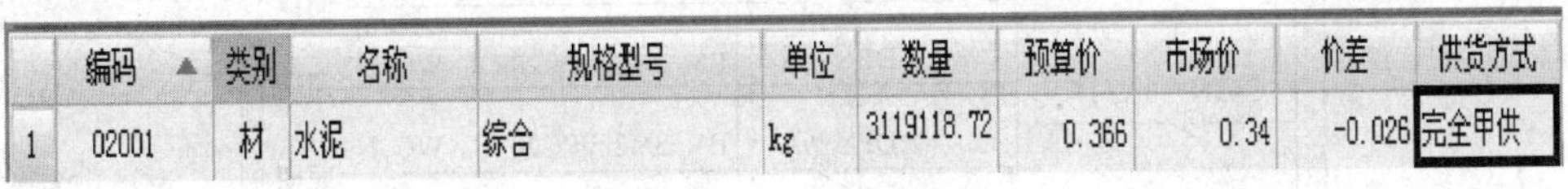

编码
类别
名称
规格型号
单位
数量
预算价
市场价
价差
供货方式
1 02001 材 水泥 综合 kg 3119118.72 0.366 0.34 -0.026 完全甲供

图 4.132 选择甲供材料

⑬ 点击“费用汇总”，查看及修改费用汇总表。如果工程造价与预想的造价有差距，可以通过“工程造价调整的方式”快速调整。切换到分部分项界面，点击“工程造价调整”→“调整人材机单价”，输入材料的调整系数，然后点击“预览”。点击“确定”，软件会重新计算工程造价。

⑭ 在导航栏点击“报表”，即可导出相应的报表。

4.6 利用斯维尔 BIM 软件进行安装造价分析

4.6.1 工程量计算

① 点击屏幕菜单中的“图纸”按钮，点击“导入设计图”，执行设计图导入的命令，弹

出图档文件选择对话框，单击选择“一层照明平面图.dwg”文件，选好文件后点击“打开”按钮，这时一层的电气图就导入到操作界面中了，如图4.133所示。

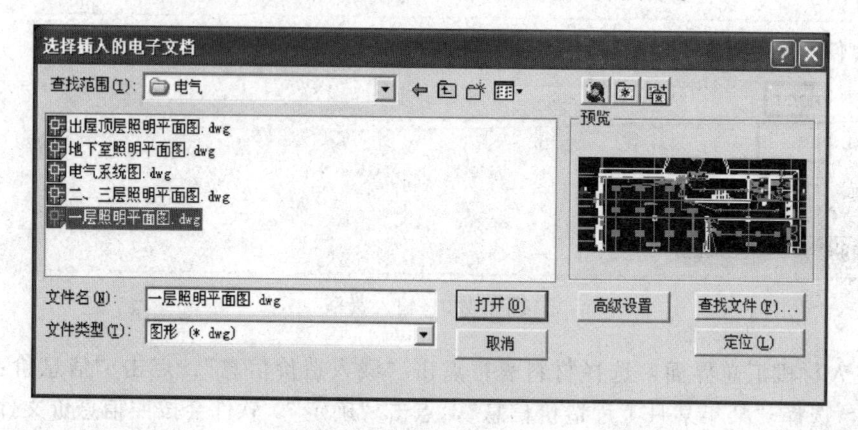

图4.133 导入文件界面

② 电子图导入操作界面后，点击“图纸”内的“分解设计图”按钮，将导入的图档进行分解。

③ 点击屏幕菜单中的“识别”按钮，打开下拉菜单，点击栏中“读系统图”的工具按钮，命令栏提示“请选择主箱文字”，按提示选择一个电箱的编号，当选中电箱编号后，同时弹出“系统编号的识别”对话框，点击对话框中的“提取全部文字”按钮。框选界面中的管线文字描述部分，点击对话框中的“提取全部文字”按钮，对话框再次隐藏，框选界面中的管线文字描述部分如图4.134所示。

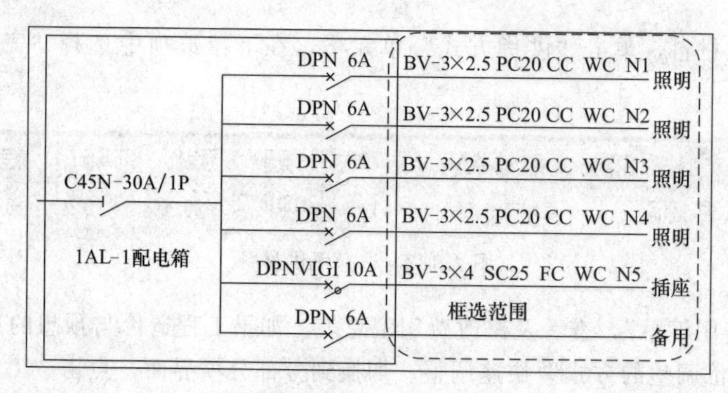

图4.134 识别图纸

④ 框选完所要识别的文字范围，会再次弹出“系统编号的识别”对话框，这时在对话框中看到已经有了识别成功的线路内容，包括电线的直径、型号、敷设根数、保护管所用材料直径以及敷设方式等内容，通过重复上述步骤的操作，将系统图的内容识别到软件，如图4.135所示。

⑤ 点击屏幕菜单中的“识别”按钮，点击“识别表格”，弹出“设备识别”对话框。点击“提取表格”按钮，命令栏提示“请选择文字和图块”，用光标框选（或点选）要识别的文字和图块，从右向左框选，选中后单击鼠标右键，对话框中就显示出了识别的内容，如图4.136所示。

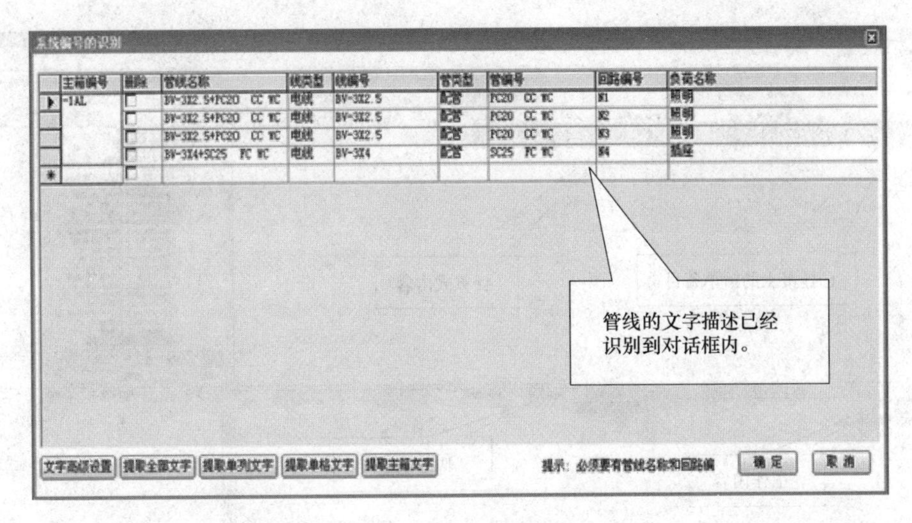

图 4.135　识别文字

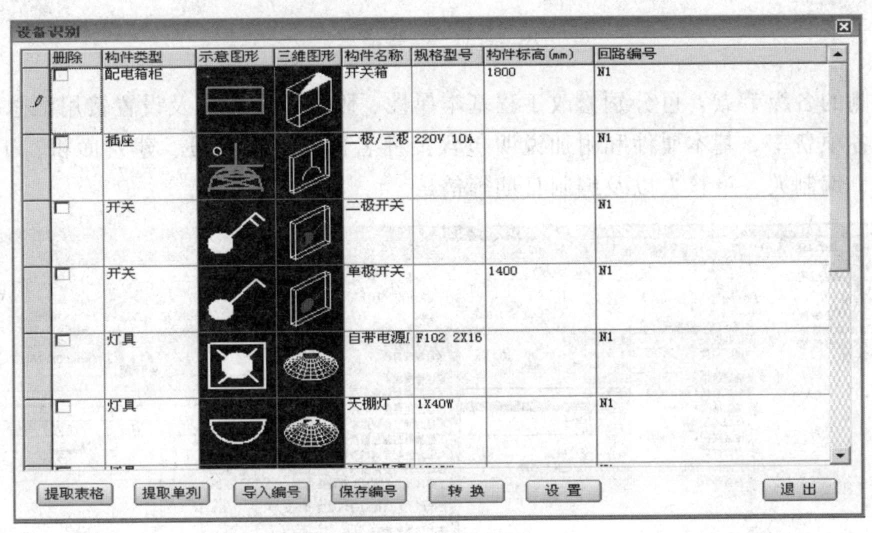

图 4.136　识别表格

⑥ 以“电箱”为例，介绍清单挂接做法。点击构件查询对话框中 的“做法”按钮，弹出“清单做法选择/维护”界面，按图中标注步骤操作，定义一条清单做法，包括清单条目以及条目下的定额。将章节条目展开，直接将节条目选中，这时右边子目栏中就会显示所需要的相关条目，选择好一条所需要的清单条目，双击该条清单条目，这条清单就挂接到电箱的做法下面了，如图 4.137 所示。

⑦ 模型建立完毕后需要对模型进行分析统计才能输出工程量。执行“报表”→“分析”命令，在弹出的“工程量分析”对话框中选择楼层名称和需要输出工程量的构件类型，将“分析后执行统计”的选项勾选，则分析后软件会直接进行工程量的统计。

4.6.2　造价分析

① 用鼠标左键单击工具栏中的“新建单位工程”按钮，在弹出的新建单项工程界面中输入单项工程名称等相关信息。

② 切换至单位工程操作界面的“基本信息”页面，如图 4.138 所示，点击下图所示操

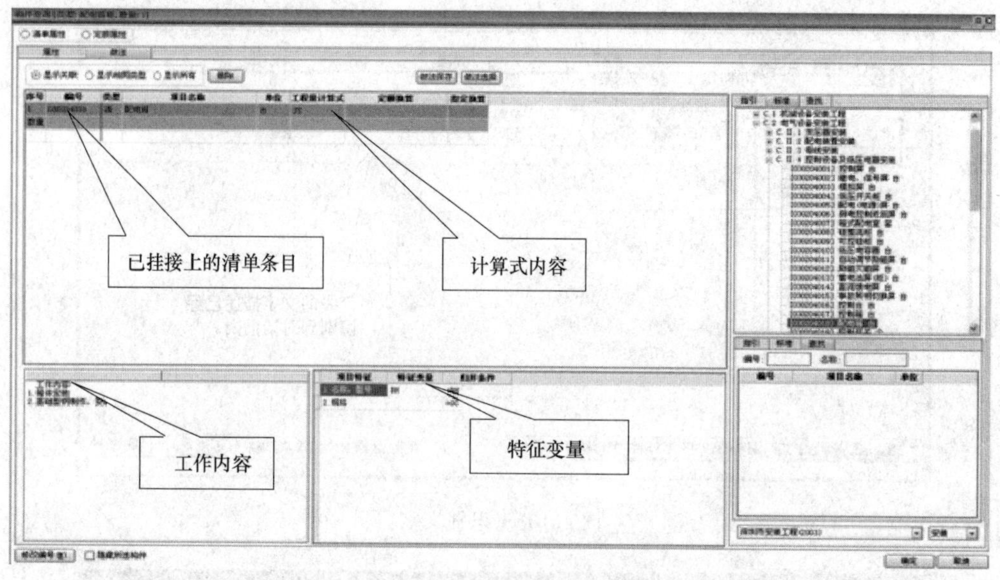

图 4.137　挂接清单

作界面右侧的各级节点，可分别修改工程基本属性、附加说明，以及设置费用汇总和综合单价分析的各项费率。基本属性和附加说明包含工程名称、工程编号、建筑面积、工程特征、工程造价、编制人、审核人以及编制日期等信息。

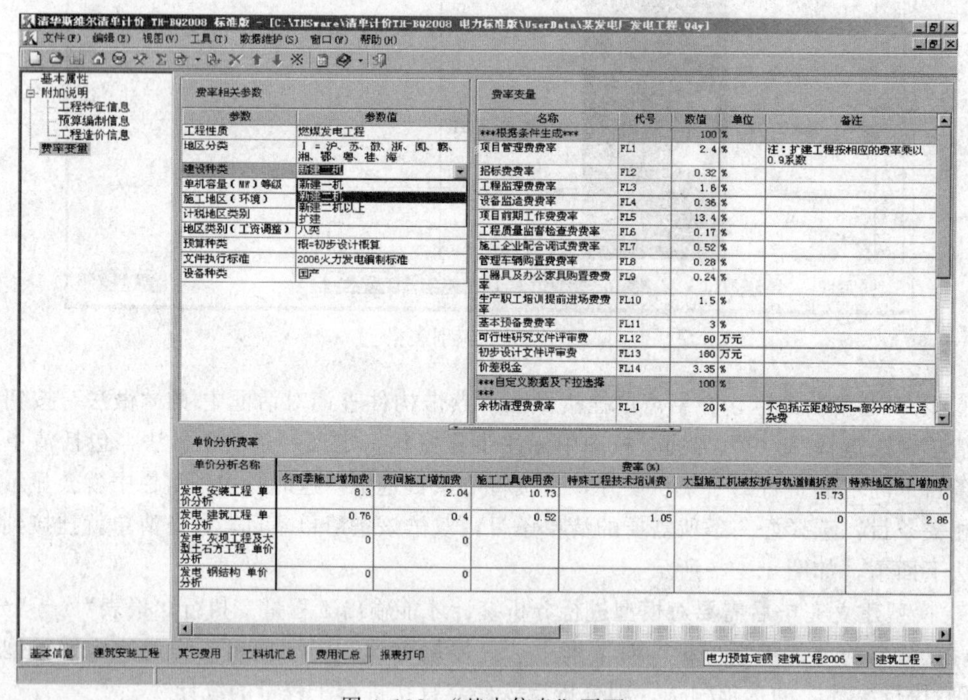

图 4.138　“基本信息”页面

③ 切换至单位工程操作界面的“建筑安装工程”页面，如图 4.139 所示。根据实际工程需要，在标准项目库中找到所需项目，双击鼠标左键录入项目到当前选中的子分部下。

④ 选中某项目，单击“查询定额库”，选择章节，选中子目，单击“选择子目”，双击定额子目或拖拽定额到项目下。

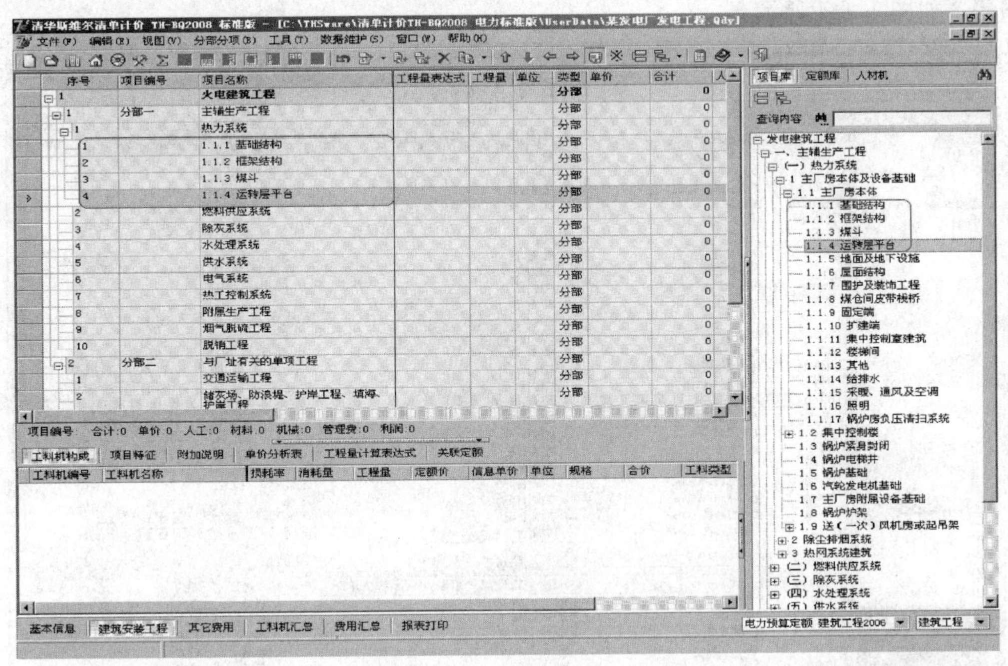

图 4.139 “建筑安装工程”页面

⑤ 录入“工程其他费用”中包括的“建设场地征用及清理费”、“项目建设管理费”、“项目建设技术服务费”、“分系统调试及整套启动试运费”、“生产准备费”、“大件运输措施费”、“基本预备费”等费用，如图 4.140 所示。

⑥ 点击“工料机汇总”界面，根据工程实际调整工、料、机市场价格，修改工料机、厂家、品牌、产地以及筛选主要材料，调整工、料、机信息单价，设置材料供应方和暂估价

清华斯维尔清单计价 TH-BQ2008 标准版 - [C:\THSware\清单计价TH-BQ2008 电力标准版\UserData\某发电厂发电工程.Qdy]

序号	项目编号	项目名称	类型	费用代号	计算表达式	费率(%)	单位	合计	输出	向上统计	备注
1	1	其他费用合计	费用	Q		100	元	2454021.88	☑	☑	
1	1.1	建设场地征用及清理费	费用	Q1		100	元	40245.15	☑	☑	
1	1.1.1	土地征用费	费用	Q11		100	元	0	☑	☑	根据有关法律、法规、国家行政
2	1.1.2	施工场地租用费	费用	Q12		100	元	0	☑	☑	根据有关法律、法规、国家行政
3	1.1.3	迁移补偿费	费用	Q13		100	元	0	☑	☑	根据有关法律、法规、国家行政
4	1.1.4	余物清理费	费用	Q14	JZGC_+AZGC_	20	元	40245.15	☑	☑	工程新建直接费×费率
2	1.2	项目建设管理费	费用	Q2		100	元	8692.95	☑	☑	
1	1.2.1	项目法人管理费	费用	Q21	JZGC_+AZGC_	2.4	元	4829.42	☑	☑	（建筑工程费+安装工程费）×
2	1.2.2	招标费	费用	Q22	JZGC_+AZGC_+AZGC_SBF	0.32	元	643.92	☑	☑	（建筑工程费+安装工程费+设
3	1.2.3	工程监理费	费用	Q23	(JZGC_+AZGC_)	1.6	元	3219.61	☑	☑	（建筑工程费+安装工程费）×
4	1.2.4	设备监造费	费用	Q24	AZGC_SBF	0.38	元	0	☑	☑	设备购置费×费率
5	1.2.5	工程保险费	费用	Q25		100	元	0	☑	☑	根据工程实际情况，按照保险范
3	1.3	项目建设技术服务费	费用	Q3		100	元	2400885.39	☑	☑	
1	1.3.1	项目前期工作费	费用	Q31	KC	13.4	元	0	☑	☑	（勘测费+基本设计费）×费率
2	1.3.2	知识产权转让与研究试验费	费用	Q32		100	元	0	☑	☑	根据项目法人提出的项目和费用
3	1.3.3	设备成套技术服务费	费用	Q33	AZGC_SBF	0.3	元	0	☑	☑	设备购置费的0.3%计列
4	1.3.4	勘察设计费	费用	KC		100	元	0	☑	☑	（勘测费+基本设计费+其他设
5	1.3.5	设计文件评审费	费用	Q35		100	元	2400000	☑	☑	
6	1.3.6	项目后评价费	费用	Q36	JZGC_+AZGC_	0.15	元	301.84	☑	☑	300MW及以下机组费率为0.15%。
7	1.3.7	工程建设监督检测费	费用	Q37		100	元	342.08	☑	☑	
8	1.3.8	电力建设标准编制管理费	费用	Q38	KC	1.5	元	0	☑	☑	（勘测费+基本设计费）×1.5%
9	1.3.9	电力工程定额编制管理费	费用	Q39	JZGC_+AZGC_	0.12	元	241.47	☑	☑	（建筑工程费+安装工程费）×
4	1.4	分系统调试及整套启动试运费	费用	Q4		100	元	697.06	☑	☑	
5	1.5	生产准备费	费用	Q5		100	元	3501.33	☑	☑	
1	1.5.1	管理车辆购置费	费用	Q51	AZGC_SBF	0.28	元	0	☑	☑	设备购置费×费率
2	1.5.2	工器具及办公家具购置费	费用	Q52	(JZGC_+AZGC_)	0.24	元	482.94	☑	☑	（建筑工程费+安装工程费）×
3	1.5.3	生产职工培训及提前进厂费	费用	Q53	(JZGC_+AZGC_)	1.5	元	3018.39	☑	☑	（建筑工程费+安装工程费）×
6	1.6	大件运输措施费	费用	Q6		100	元	0	☑	☑	按照实际运输条件及运输方案计

基本信息 | 建筑安装工程 | 其它费用 | 工料机汇总 | 费用汇总 | 报表打印 | 电力预算定额 建筑工程2006 | 建筑工程

图 4.140 输入“工程其他费用”

材料等，如图 4.141 所示。

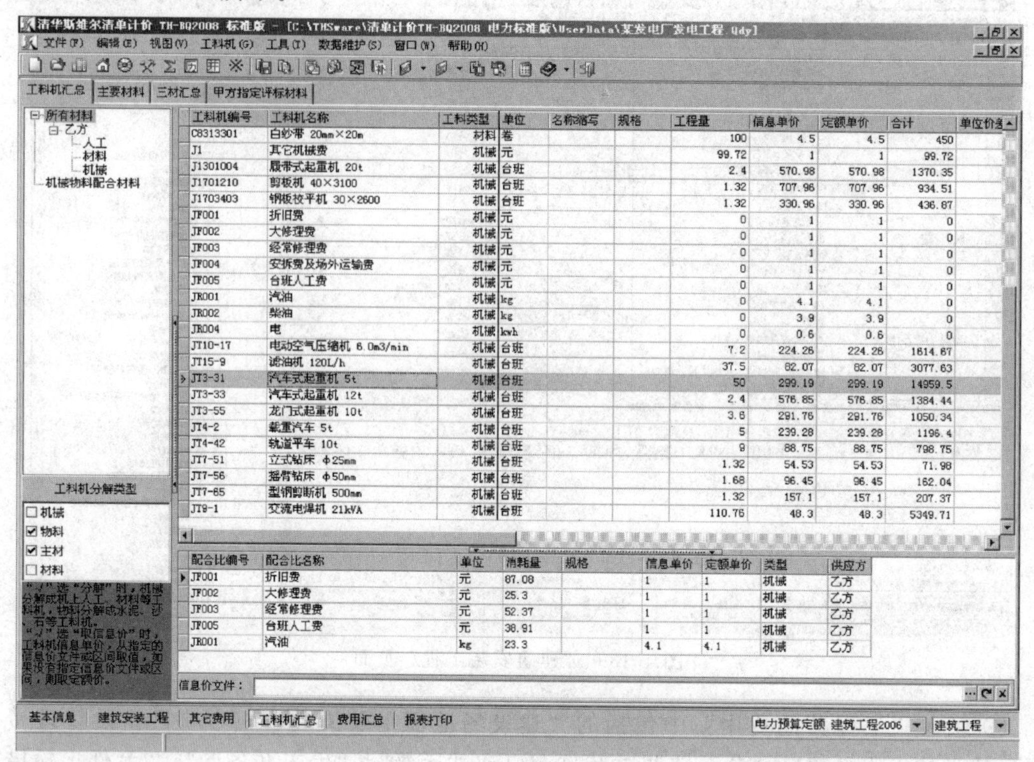

图 4.141　设置工料机市场价格

⑦ 点击切换至单位工程操作界面的“费用汇总”页面，根据工程实际进行修改计费程序的费率，编辑费用计算表达式，添加、删除费用项以及建立多个专业取费文件等操作，如图 4.142 所示。

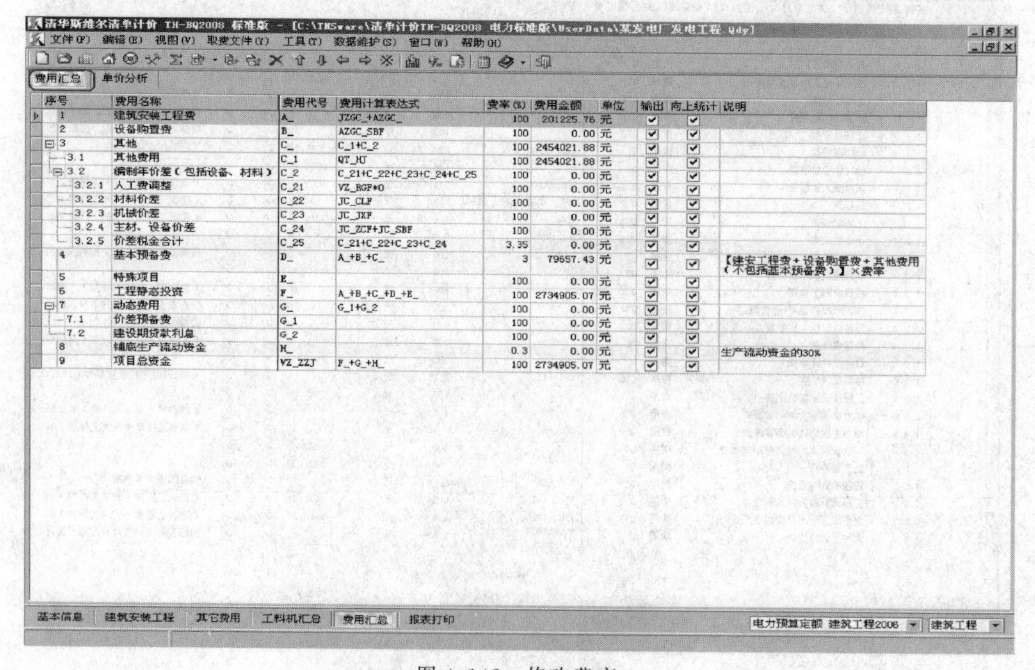

图 4.142　修改费率

⑧ 点击切换至“报表打印”页面，可根据实际需要进行“报表打印”、“设计”、“输出 Excel”以及“封面编辑”，如图 4.143 所示。

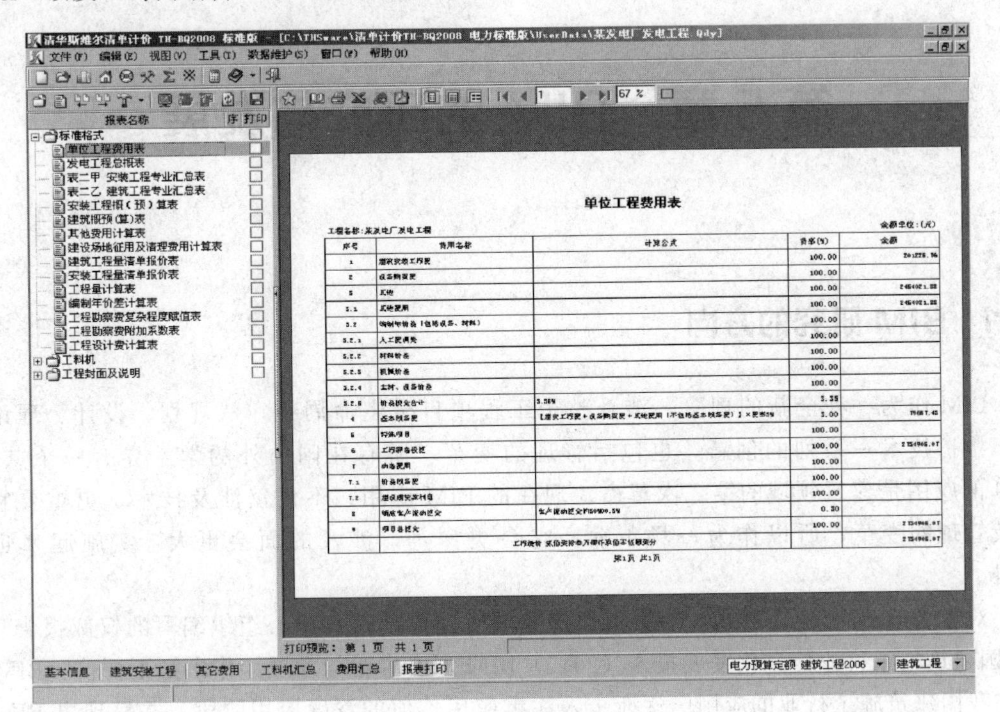

图 4.143　打印报表

第5章 BIM的研究与发展

5.1 BIM研究的方向

BIM作为一种全新的理念，涉及整个工程项目全生命周期，从规划、设计、理论到施工维护技术一系列的创新，也包括管理的变革，所有在国内外的学术界有一个共识，BIM的应用是建筑领域的第二次革命。现在的BIM应用，不仅仅涉及技术，更重要它还涉及管理的变革，所以作为一场革命，它会更深刻，涉及的面会更大，实施起来也会更难。

对于当前BIM应用现状，一份由住房和城乡建设部信息中心组织编写的权威报告——《中国建筑施工行业信息化发展报告（2015）BIM深度应用与发展》作出如下评价：BIM技术在我国建筑施工行业的应用已逐渐步入注重应用价值的深度应用阶段，并呈现出BIM技术与项目管理、云计算、大数据等先进信息技术集成应用的“BIM+”特点，正在向多阶段、集成化、多角度、协同化、普及化应用五大方向发展。

（1）方向之一：多阶段应用，从聚焦设计阶段应用向施工阶段深化应用延伸 一直以来，BIM技术在设计阶段的应用成熟度高于施工阶段的BIM应用，应用时间较长。近几年，BIM技术在施工阶段的应用价值越来越凸显，发展也非常快。调查显示，59.7%的受访者认为从设计阶段向施工阶段延伸是BIM发展的特点，有四成以上的用户认为施工阶段是BIM技术应用最具价值阶段。

由于施工阶段对工作高效协同和信息准确传递要求更高，对信息共享和信息管理、项目管理能力以及操作工艺的技术能力等方面要求都比较高，因此BIM应用有逐步向施工阶段深化应用延伸的趋势（图5.1）。

图5.1 BIM向施工阶段的应用延伸

（2）方向之二：集成化应用，从单业务应用向多业务集成应用转变　目前，很多项目通过使用单独的BIM软件来解决单点业务问题，以局部应用为主。而集成应用模式可根据业务需要通过软件接口或数据标准集成不同模型，综合使用不同软件和硬件，以发挥更大的价值。例如，基于BIM的工程量计算软件形成的算量模型与钢筋翻样软件集成应用，可支持后续的钢筋下料工作。

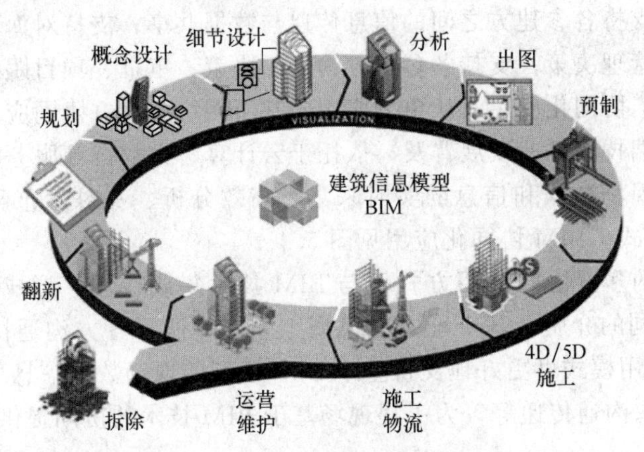

图5.2　BIM向多业务集成化应用

调查显示，60.7%的受访者认为BIM发展将从基于单一BIM软件的独立业务应用向多业务集成应用发展。基于BIM的多业务集成应用主要包括：不同业务或不同专业模型的集成、支持不同业务工作的BIM软件的集成应用、与其他业务或新技术的集成应用。例如，随着建筑工业化的发展，很多建筑构件的生产需要在工厂完成，如果采用BIM技术进行设计，可以将设计阶段的BIM数据直接传送到工厂，通过数控机床对构件进行数字化加工，对于具有复杂几何造型的建筑构件，可以大大提高生产效率。BIM向多业务集成化应用见图5.2。

（3）方向之三：多角度应用，从单纯技术应用向与项目管理集成应用转化　BIM技术可有效解决项目管理中生产协同、数据协同的难题，目前正在深入应用于项目管理的各个方面，包括成本管理、进度管理、质量管理等方面，项目管理集成将成为BIM应用的一个趋势。BIM与项目管理集成化应用见图5.3。

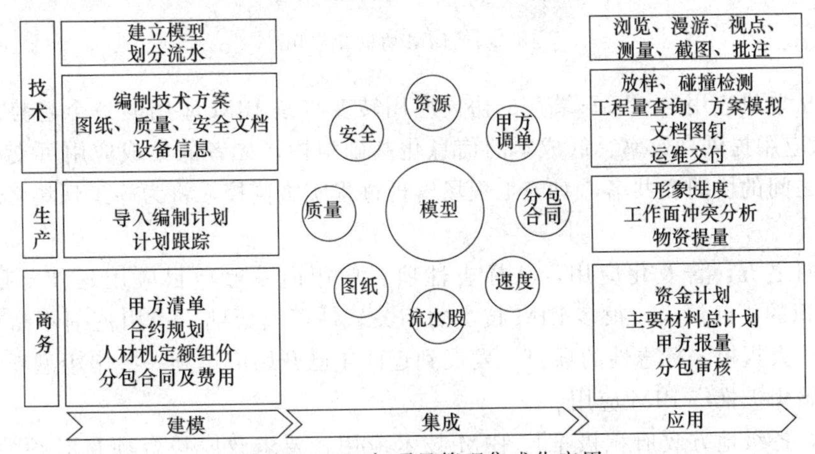

图5.3　BIM与项目管理集成化应用

BIM技术可为项目管理过程提供有效数据集成的手段以及更为及时准确的业务数据，

可提高管理单元之间的数据协同和共享效率。BIM 技术可为项目管理提供一致的模型，模型集成了不同业务的数据，采用可视化方式动态获取各方所需的数据，确保数据能够及时、准确地在参建各方之间得到共享和协同应用。

此外，BIM 技术与项目管理集成需要信息化平台系统的支持。需要建立统一的项目管理集成信息平台，与 BIM 平台通过标准接口和数据标准进行数据传递，及时获取 BIM 技术提供的业务数据；支持各参建方之间的信息传递与数据共享；支持对海量数据的获取、归纳与分析，协助项目管理决策；支持各参建方沟通、决策、审批、项目跟踪、通信等。

(4) 方向之四：协同化应用，从单方应用向基于网络的多方协同应用转变 互联网、移动应用等新的客户端技术迅速发展普及，依托于云计算、大数据等服务端技术实现了真正的协同，满足了工程现场数据和信息的实时采集、高效分析、及时发布和随时获取，形成了“云＋端”的应用模式。BIM 协同化应用见图 5.4。

这种基于网络的多方协同应用方式可与 BIM 技术集成应用，形成优势互补。一方面，BIM 技术提供了协同的介质，基于统一的模型工作，降低了各方沟通协同的成本；另一方面，“云＋端”的应用模式可更好地支持基于 BIM 模型的现场数据信息采集、模型高效存储分析、信息及时获取沟通传递等，为工程现场基于 BIM 技术的协同提供新的技术手段。

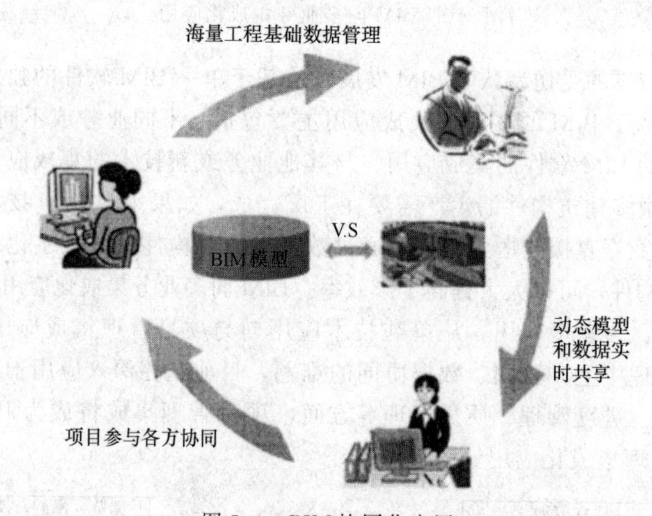

图 5.4 BIM 协同化应用

因此，从单机应用向“云＋端”的协同应用转变将是 BIM 应用的一个趋势。云计算可为 BIM 技术应用提供高效率、低成本的信息化基础架构，二者的集成应用可支持施工现场不同参与者之间的协同和共享，对施工现场管理过程实施监控，将为施工现场管理和协同带来革命。

(5) 方向之五：普及化应用，从标志性项目应用向一般项目应用延伸 随着企业对 BIM 技术认识的不断深入，很多 BIM 技术的相关软件逐渐成熟，应用范围不断扩大，从最初应用于一些大规模、标志性的项目，发展到近两年已开始应用到一些中小型项目，基础设施领域也开始积极推广 BIM 应用。

一方面，各级地方政府积极推广 BIM 技术应用，要求政府投资项目必须使用 BIM 技术，这无疑促进了 BIM 技术在基础设施领域的应用推广；另一方面，基础设施项目往往工程量庞大、施工内容多、施工技术难度大，施工过程周围环境复杂，施工安全风险较高，传统的管理方法已不能满足实际施工需要，BIM 技术可通过施工模拟、管线综合等技术解决这些问题，使施工准确率和效率大大提高。

例如，城市地下空间开发工程项目，应用 BIM 技术在施工前可以充分模拟，论证项目与周围的城市整体规划的协调程度，以及施工过程对周围环境的影响，从而制订更好的施工方案。

5.2　BIM 当前的应用前沿

BIM 的研究和应用首先是从设计和施工两个领域逐步开展起来的，随后人们认识到工程建设行业几乎所有参与方和利益相关方都能够通过合理利用 BIM 技术和流程收集和管理起来的信息获益，因此 BIM 肩负的行业使命和能够发挥的行业价值也随之扩大和增加。

正因为上述原因，目前设计和施工也是 BIM 应用相对最广泛和最成熟的两个阶段，市场上这方面的资料也相对最丰富。本书第 3 章已从不同的角度对设计和施工等领域 BIM 的应用做了细致的介绍。基于此，本节的 BIM 应用将不再重复第 3 章所述内容，而侧重于 BIM 当前的应用前沿，主要介绍 BIM 对于项目建设和运营非常重要的其他几个方面的应用。主要内容包括：

① BIM 与城市规划。

② BIM 与造价管理。

③ BIM 与运营管理。

④ BIM 与可持续建筑。

⑤ BIM 和建筑业工业化。

5.2.1　BIM 与城市规划

城市规划作为城市建设的龙头，对城市功能结构和城市未来发展都起着至关重要的作用，所以其必定在数字城市建设中占有一席之地，同时，根据城市规划信息化发展的趋势，城市规划信息化技术也从单一的 CAD＋GIS 平台发展到了三维和多维信息模型技术，并且信息化技术手段也变得多样化。

随着新的城乡规划法的实施，城市规划信息化技术也需要作出相应的调整，在数据采集上，我们设想要面向城乡统筹一体化的数据采集和应用，不仅仅在传统的城市规划领域应用，而且要扩展到和经济信息、社会信息的资源共享和集成。城市建设中，有几项重要的工作要研究，包括城市规划多维信息模型的集成与管理，城市建设项目集成交付等。此外，还有面向工程设计的资源、数据库等。设计是经验型的行业，怎样把经验拿出来与大家共享，怎样实现数字化，这都是需要做的工作。在运行管理方面，实现监测和各管理资源的共享。在下一步的研究中资源共享是备受关注的主题。实现信息资源的共享，BIM 在其中起到了关键的作用。

城市规划信息化领域目前以 CAD＋GIS 作为主要支撑平台，三维仿真系统是目前城市规划领域应用最多的城市规划管理三维平台，三维仿真系统也可以做到与传统的 GIS 平台连接并且共享基础地理信息数据。

未来城市规划信息化的主要发展方向是规划管理数据多平台共享、办案系统三维或多维化、内部OA系统与办案系统集成等，但是目前传统三维仿真系统并没有做到模型信息的集成化，三维模型的信息往往是通过外接数据库实现更新、查找、统计等功能，并且没有实现模型信息的多维度应用。

如果将BIM引入到城市规划三维平台中，将可以完全实现目前三维仿真系统无法实现的BIM多维度的应用，特别是城市规划方案的性能分析，可以解决传统城市规划编制和管理方法无法量化，诸如舒适度、空气流动性、噪声云图等指标，这对于城市规划信息化无疑是一件很有意义的事情。BIM的性能分析通过与传统规划方案的设计、评审结合起来，将会对城市规划多指标量化、编制科学化和城市规划可持续发展产生积极的影响。

城市规划信息模型来源于BIM信息模型，是以三维空间模型为基础，从控制性详细规划到修建性详细规划两个层次建立基于同样数据结构并且包含了所有规划信息的三维和多维模型。具体可以分为两个层次的定义：控规信息模型和修规信息模型。控规信息模型主要是从地块入手，以地块为基本单位，建立包含该地块所有规划属性的信息模型。修规信息模型主要以建筑为基本单位，建立该建筑单体所有信息的规划信息模型。

城市规划信息模型建立以后，需要与城市规划现有的管理系统相结合，主要方向为与现有规划GIS平台的结合。国内目前规划GIS平台图形界面以二维表达，其内部信息基本涵盖了所有规划信息，衍生了不同层次的规划业务系统和管理系统。所以规划信息模型库需要与不同层次的规划GIS平台相结合，如红线系统、控规导则、交通规划系统、修规平台、各个层次的业务平台等。

可以这样去理解GIS与BIM结合的技术路线，从城市规划的几个层次可以定义不同的BIM模型结构，从控制性详细规划到修建性详细规划到建筑单体，如果将这些不同层次的规划要素都统一应用到BIM模型，当然，这需要严格地定义模型的数据结构，并需要相应的应用平台对这些模型进行分析，高级的GIS功能分析还是需要借助GIS平台的优势，以GIS平台作为底层的数据层，BIM作为应用层，可以提取GIS层的数据并通过相应的对应关系直接付诸到三维的BIM模型上，这样，BIM模型与GIS可以扬长避短，在二维与三维两个方向结合，既发挥GIS平台大尺度管理和规划各个专业专项高级分析的优势，也发挥了BIM数据整理和全生命周期管理及BIM高级分析的优势。

5.2.2 BIM与造价管理

工程造价是指进行某项工程建设所花费的全部费用。工程造价是一个广义概念，在不同的场合，工程造价的含义不同。由于研究对象不同，工程造价有建设工程造价、单项工程造价、单位工程造价以及建筑安装工程造价等。

目前，国内各界普遍采用的工程造价管理模式，是静态管理与动态管理相结合的模式。即指由各地区主管部门统一采用单价法编制工程预算定额实行价格管理（地区平均成本价），调整市场动态价格、将指导价和指定价相结合，定期或不定期公布指导性系数，再由各地区的工程造价机构据此编制、审查、确定工程造价。多年来，这种管理办法基本适应由计划经济向市场经济的转变，强化了政府对工程造价的宏观调控，初步做到了自成体系、管理有序、控制造价，起到了促进效益的积极作用。同时，已经开始实施的注册造价工程师制度，又促使我国的建设工程造价管理向专业化、正规化方向前进了一大步。但随着市场经济的发展，现行的建设工程造价管理体制与管理模式存在的局限性越来越明显，并已开始制约管理水平的提高与发展。虽然管理层已经意识到存在的局限性对经济发展造成的不利因素，并已开始制定相关制度，但其力度与速度明显不足。造价管理区域性非常明显，全国各省、直辖市几乎都有一套当地的标准。这主要是由中国的管理体制所决定的，定额管理是一个部门，招标投标管理是又一个部门。定额又分为全国统一定额、行业统一定额、地区统一定额、补充定额等。所以产生的现象是，全国性的施工企业、房产企业很多，但是全国性的造价咨询公司却很少。一方面跟地方保护有关，另一方面更重要的是由于各地标准不同，在一个地方累积的经验和数据，到另外一个地区往往就不适用了，可能需要重新再来。因为这些历史造价指标数据是造价咨询公司立足的根本。

精细化造价管理需要细化到不同时间、不同构件、不同工序等，目前很多的施工企业只知道项目一头一尾两个价格，过程中的成本管理完全都放弃了。项目做完了才发现实际成本和之前的预算出入很大，这个时候再采取措施为时已晚。而对建设单位而言，预算超支现象十分普遍。首先是由于没有能力做准确的估算，其次是缺乏可靠的成本数据。

工程造价主要由量数据、价格数据和消耗指标数据三个因素组成，而BIM的价值主要体现在量数据的获取上面。从微观方面来说，BIM在造价管理中的价值可以分为以下几个方面。

（1）提高工程量计算的准确性　基于BIM的自动化算量方法比传统的计算方法更加准确。工程量计算是编制工程预算的基础，但计算过程非常烦琐和枯燥，造价工程师容易因人为原因造成计算错误，影响后续计算的准确性。一般项目人员计算工程量误差在±3%左右已经算合理了，如果遇到大型工程、复杂工程、不规则工程结果的准确性就更加难保证了。另外，各地定额计算规则不同也是阻碍手工计算准确性的重要因素。每计算一个构件要考虑哪些部分要扣减，需要具有极大的耐心和细心。

BIM的自动化算量功能可以使工程量计算工作摆脱人为因素影响，得到更加客观的数据。利用建立的三维模型进行实体扣减计算，对于规则或者不规则构件都同样方便。

（2）合理安排资源计划，加快项目进度　俗话说得好，计划是成功的一半，这在建筑行业显得尤为重要。建筑工程周期长，涉及人员多，条线多，管理复杂，没有充分合理的计划，容易导致工期延误，甚至发生质量和安全事故。

利用BIM模型提供的数据可以合理安排资金计划、人工计划、材料计划和机械计划。在BIM模型所获得的工程量上赋予时间信息，就可以知道任意时间段各项工作量是多少，进而可以知道任意时间段的造价是多少，根据这个来制定资金计划。另外，还可以根据任意时间段的工程量，分析出所需要的人、材、机数量，合理安排工作。

（3）控制设计变更　遇到设计变更，传统方法是靠手工先在图纸上确认位置，然后计算设计变更引起的量增减情况。同时，还要调整与之相关联的构件。这样的过程不仅缓慢，耗费时间长，而且可靠性也难以保证。加之变更的内容没有位置信息和历史数据，今后查询也非常麻烦。利用BIM模型，可以把设计变更的内容关联到模型中。只要把模型稍加调整，相关的工程量变化就会自动反映出来。甚至可以把设计变更引起的造价变化直接反馈给设计人员，使他们清楚地了解设计方案的变化对成本的影响。

（4）对项目多算对比有效支撑　利用BIM模型数据库的特性，可以赋予模型内的构件各种参数信息。例如，时间信息、材质信息、施工班组信息、位置信息、工序信息等。利用这些信息可以把模型中的构件进行任意地组合和汇总，在模型内就可以快速进行统计。这是手工计算书无法做到的，利用BIM模型这个特性，为施工项目做多算对比提供了有效支撑。

（5）历史数据积累和共享　工程项目结束后，所有数据要么堆积在仓库，要么不知去向，今后碰到类似项目，如要参考这些数据就很难了。而且以往工程的造价指标等，对今后项目工程的估算和审核具有非常大的价值，造价咨询单位视这些数据为企业核心竞争力。利用BIM模型可以对相关指标进行详细、准确的分析和抽取，并且形成电子资料，方便保存和共享。

从宏观方面来说，BIM在造价管理中的价值包括以下几个方面。

① 帮助工程造价管理进入实时、动态、准确分析时代。

② 建设单位、施工单位、咨询企业的造价管理能力大幅增强，大量节约投资。

③ 整个建筑业的透明度将大幅提高，招标投标和采购腐败将大为减少。

④ 加快建筑产业的转型升级，在这样的体系支撑下，基于“关系”的竞争将快速转向基于“能力”的竞争，产业集中度提升加快。

⑤ 有利于低碳建造，建造过程能更加精细。

⑥ 基于BIM的自动化算量方法将造价工程师从烦琐的劳动中解放出来，使造价工程师节省更多的时间和精力用于更有价值的工作，如询价、评估风险等，并可以利用节约的时间编制更精确的预算。

5.2.3 BIM与运营管理

现代运营管理的概念在中国还比较新，目前这方面的著作（包括译著）很少，以至于很难去应用，所以在本节中首先厘清几个重要的基础概念，以便更好地理解其理念及其与BIM价值的关系。

现代运营管理的核心理念在于整合。既在横向整合各种与建筑设施相关的专业和供应商，又在纵向进行全生命周期跨度的整合，这样才能够为业主带来更高的建筑绩效(building performance)。这同样也是BIM的理念。在建造行为之前的运营概念代表了业主期待的运营需求，在建成之后则代表漫长的运营使用过程，因此，要研究BIM在建筑全生命周期中的价值，就必然离不开运营管理。

所有的建设项目，最后都要进入运营使用阶段。在进行了大量的建设投资之后，业主的目标和期望，就是在运营阶段得以实现的建设项目的设计和施工，都是为了运营（所产生的效益)。因此，从业主角度来看，运营管理对于建设项目是最重要的也是最为基础的工作。

如同所有从发达国家引入的管理专业一样，建筑设施的运营管理也有不同发展水平阶段的问题。以美国为代表的发达国家，尤其是世界五百强企业中，大部分早已开始所谓“现代运营管理”[尤其是指Facility Management（FM）体系的设施管理]，有的先进企业已经进入“整合工作空间环境管理体系”的阶段；我国的建筑产业虽然在急速发展并有巨大的规模成就，但是运营管理水平尚且处于较初级的阶段，以至于人们经常把它等同于物业管理。

投入运营是建筑各专业的最终目标，同样也是BIM的最终目标。在时间顺序上，运营是在竣工之后才开始，但是，事实上它在设计之前就开始作用于建筑项目了，因为规划、设计、建造等各专业的工作都是为了最终使用才进行的，运营的需求是所有专业都必须考虑的。携带了丰富信息的BIM模型，在建成后运营阶段能为使用者带来效益；并且，在设计之前及设计、施工期间，为了模拟预测未来运营情况而部署的BIM工具，也具有很高的价值。现代运营管理是一种面向最终使用者需求的全生命周期的管理思想，在这个思想体系中，使用需求是贯穿建筑项目全过程的核心价值，也是作为全生命周期管理工具的BIM能够对建筑设施贡献的重要价值。

运营阶段是由最终用户使用的阶段，无论是拥有产权还是使用权的最终用户，在本节都统称为“持有型物业”的业主/使用者。其中，租赁物业之中的租户并非业主，但是为了便于探讨，主要从最终用户的角度来看这个“持有型”。的确他们才是直接“持有”并且“使用”物业的企业机构。我们探讨问题的对象经常会由建筑设施转向使用者，这个角度的转换非常重要。

持有型物业，需要进行更加全面的整合的运营管理，来为使用者提供更好的服务，BIM在其中将会发挥巨大价值。建筑业在竣工时将带有丰富信息的BIM模型交付给运营方，也意味着BIM模型开始漫长的运营生涯。通常，在一个建筑的全生命周期，其运营成本是造价的三倍，主要生成于建造阶段的BIM模型，其更大的价值发挥却是在运营阶段。在运营管理的众多的职能模块中，有很多操作是需要与BIM模型一起工作的。

（1）BIM与运营战略规划　国内的大企业都在高速发展，他们都会做业务发展的战略规划，但极少有专门做运营战略规划的。运营管理战略规划（FM Strategy Planning），是由企业的业务发展战略的需求驱动的，为了满足业务开展而需要制订的建筑设施长期规划。对于企业来说，现代运营管理的各专业操作（包括对建筑各专业的要求），都是在这个设施战略规划的指导下进行的。因此，建立基于丰富的整合信息的建筑设施信息平台，尤其是集成了先进的BIM理念，进行高水准的现代运营管理规划和具体操作，将会令企业的管理水平跃上一个大台阶。

（2）BIM与企业空间管理　空间管理（Space Management），是利用建筑空间为企业机构更好开展业务而提供服务的一个管理专业。空间的预测、规划、分配和管理是设施管理成功的重要方面。它将空间（面积）本身作为资产对象来管理，以整合的方式获得更大的管理效益，甚至在企业的不动产业务方面取得额外的收益。空间与所有设施的整合特性还体现在：所有的固定资产都是基于一个“位置”的，这种基于位置的管理方式为企业固定资产管理提供了一个新思路。

空间管理也是BIM应用于运营管理的一个重要领域，特别是在新建项目/改造项目中，由建筑设计专业使用BIM进行空间设计，设计师按照客户方的空间标准进行设计，最终将此BIM模型留给持有者继续进行空间管理（还需要与空间管理系统集成）。此时，BIM模型中的空间就像其他的建筑构件一样，也作为一种实体（entity），带有一定的属性，包括物理属性、环境因素属性、相应的部门人员的组织属性、租金/物业费分摊的成本属性等。从企业财务的资产管理角度，空间（面积）就像其他的设备家具等固定资产一样，也作为一个确切的资产对象来管理，只不过使用的单位是平方米。空间这个构件/资产，也像其他的设备资产一样，从购入（或建造）到使用再到最后处置（出售掉/改造为其他功能空间），也需要进行维护管理。

（3）BIM与设施运行维护　人们普遍理解的运营维护，一般就包括运行和维护（Operation & Maintenance）两部分。无论是能源消耗，还是维修费用，还是人员开支，都录入到一个集成了BIM模型的系统中，通过分配计算，能够得到很多关于建筑设施的性能绩效指标，用于衡量运营管理工作的成果。这种衡量，是在运营过程中控制成本的基本工作。

运行维护的工作细节非常多，这些信息有很多种分类方法，主要都是面向建筑物对象的，或者说是建立在建筑物对象的构件分类体系基础上的。这种按构件分类的思维方式，与建造阶段的方式是一样的，这是BIM模型能够将丰富的信息从设计施工带到运行维护阶段的一个基础，在运行维护时首先也需要找到设备设施等硬件的位置，然后读取相应的信息资料，BIM的可视化直观效果及集成的数据库管理工具能够起到巨大作用。

5.2.4 BIM与可持续建筑

今天的建筑业正在经历剧烈的变化，全球化的行业协作、建筑技术的突飞猛进，以及能源与环境问题的解决迫在眉睫，都要求建筑从业单位要以更快速、更节能、成本更加低廉、风险更小的方式建造建筑物。在这些需求驱动下，绿色建筑理念逐渐被各界了解和接受。

BIM的最重要意义在于它重新整合了建筑设计的流程，其所涉及的建设项目生命周期管理（BLM），又恰好是绿色建筑设计的关注和影响对象。绿色建筑与BIM技术相结合带来的效果是真实的BIM数据和丰富的构件信息，会给各种绿色建筑分析软件以强大的数据支持，确保了分析结果的准确性。

绿色建筑设计是一个跨学科、跨阶段的综合性设计过程，而BIM模型则正好从技术上满足了这个需求，真正实现了单一数据平台上各个工种的协调设计和数据集中。同时，结合Navisworks等软件加入4D信息，使跨阶段的管理和设计完全参与到信息模型中来。BIM的实施，能将建筑各项物理信息分析从设计后期显著提前，有助于建筑师在方案甚至概念设计阶段进行绿色建筑相关的决策。可以说，当拥有一个信息含量足够丰富的建筑信息模型的时候，就可以利用它作任何需要的分析。一个信息完整的BIM模型中就包含了绝大部分建筑性能分析所需的数据。

目前包括Revit在内的绝大多数BIM相关软件，都具备将其模型数据导出为各种绿色建筑分析软件专用的gbXML格式。BIM的某些特性（如参数化、构件库等）使建筑设计及后续流程针对上述分析的结果有非常及时和高效的反馈。BIM为绿色建筑提供了很大的支持，具体如下。

（1）分析越来越倾向于设计前期，利用简单的模型进行模拟计算　BIM模型将首先使建筑设计师在建筑设计早期阶段进行模拟分析成为可能，并根据分析结果调整设计。现在国内大多数设计院的建筑设计，基本设计原则是满足国家住宅建筑节能设计标准，设计院的流程是在设计完成以后甚至施工图出来之后再进行分析计算，这只是为了满足标准。这种设计流程不是从建筑设计最早期充分利用自然通风、阳光、日照等自然资源达到节能目的，而是围着满足规范来做工作。但是万一结果满足不了规范要求，通常情况下就需要大量修改前期设计而造成浪费。设计前期并没有考虑通过改变一个朝向等，也许根本不增加建造成本，就可以达到相当好的节能目的。有了初期设计的BIM模型，通过将BIM模型导入到一些专业的建筑性能分析软件中，在设计阶段早期使模拟分析成为可能，然后依据分析成果对建筑设计进行指导。

（2）工具软件将更多样化、本地化，支持多种绿色建筑评价标准　BIM和绿色建筑分析软件进行数据交换的主要格式是gbXML，gbXML已经成为行业内认可度最高的数据格式。使用包括Graphisoft的ArchiCAD，Bently公司的Bently Architecture，以及Autodesk的Revit系列产品，均可将其BIM模型导出为gbXML的文件，这为接下来在分析模拟软件中进行的计算提供了非常便利的途径。也有人认为，gbXML可以看作是BIM的aceXML一个绿色建筑的数据子集。

（3）建筑能耗、碳排放模拟将注重建筑全生命周期计算　BIM模型具有真实的物理属性，这是一个可计算的建筑信息模型，BIM的前台是一个模型，后台实际上是一个数据库。由于BIM模型的出现，对整个建筑行业都产生了相当多的影响，建筑师可以直接进行三维设计，某处修改之后其他的投影面可以跟着修改。同时，其他专业工程师也在同一个BIM模型中设计结构和机电系统。在设计阶段建立的BIM模型可以过渡到施工阶段，直接对这个模型进行统计工程量，同时模拟一些施工建造过程，研究施工组织方案。BIM模型传递到物业运营管理阶段，让物业运营管理人员对建筑所有信息有一个全面的了解，在传递的过程中信息不会丢失。

澳大利亚对悉尼歌剧院重新构建了BIM模型之后进行运营管理，BIM已经成为该建筑全寿命周期管理的核心工具。在过去有很多能源分析软件，都需要单独建立模型，如果建筑师一开始用BIM建立模型，这个模型可以直接传递到能源分析软件中，不再需要重新进行模型创建，BIM模拟了一个虚拟的真实建筑，能够提供各种性能分析，这样大大节省了整个设计流程中的时间和成本。

5.2.5 BIM与建筑业工业化

根据百度百科的定义，“建筑业工业化”的基本内容是：采用先进、适用的技术、工艺和装备。科学合理地组织施工，发展施工专业化，提高机械化水平，减少繁重、复杂的手工劳动和湿作业。工业化可以带来高效率、高精度、低成本、高质量、节约资源、不受自然条件影响等效益，是建筑业的发展趋势。

BIM的应用不仅为建筑业工业化解决了信息创建、管理与传递的问题，而且BIM模型、二维图纸、装配模拟、加工制造、运输、存放、安装的全程跟踪等手段为工业化建造方法的普及奠定了坚实的基础。

与此同时，工业化还为自动化生产加工做好了准备，自动化不但能够提高产品的质量和效率，而且对于复杂形体，利用BIM模型数据和数控机床的自动集成，还能完成通过传统的“二维图纸-深化图纸-加工制造”流程很难完成的工作。除此之外，以BIM为核心的信息主导方法将有效地解决住宅产业化面临的技术与管理问题。

借助BIM技术，在开始制造以前，统筹考虑设计、制造和安装的各种要求，把实际的制造安装过程通过BIM模型在计算机中先虚拟实现一遍，包括设计协调、制造模拟、安装模拟等，在投入实际制造安装前把可能遇到的问题消灭在计算机的虚拟世界里，同时在制造安装开始以后，结合RFID、智能手机、互联网、数控机床等技术和设备对制造安装过程进行信息跟踪和自动化生产，保障项目按照计划的工期、成本、质量要求顺利完成。

5.3 BIM团队的组建

5.3.1 BIM团队的实践策略

技术的进步并不能直接带来信息品质的提高，任何项目或计划的成功都离不开“人”的作用。是“人”在确定目标、推动进程、处理信息、使用成果并创造价值，因此建立一支目标明确、协调统一的团队是保证BIM得以成功实施的关键。

在建筑业各种机构和组织由CAD向BIM转变的过程中，BIM经理是关键角色之一。每个BIM团队都需要指定一人作为BIM经理，被指定为BIM经理的人不能是本身具有生产任务的人员。在BIM实施的头6个月之内，BIM经理需要投入100%的时间，6个月以后可以根据BIM工作量的需要逐步减少到50%。但是如果BIM工作量大的话，BIM经理仍然要保证100%的时间投入。

BIM经理负责执行、指导和协调所有与BIM有关的工作，包括项目目标、流程、进度、资源、技术的管理；应用数字化项目设计相关的各类工程原理、方法技巧和标准，在所有和BIM相关的事项中提供权威的建议和指导；协调和管理在BIM环境中工作的所有项目团队，以保障完成产品在技术上的合适性、完整性、及时性和一致性。

美国陆军工程兵USACE对其所属机构班BIM经理的定义对国内企业BIM团队的建立具有直接的参考意义。其将BIM经理的主要职责分为四个部分。

(1) 数据库管理——时间投入约25%

① 开发和维护一个标准数据模板、目录和数据库，准备和更新这些数据产品供内部和外部的设计团队、施工承包商、设施运营和维护人员用于项目从概念到运营整个生命周期内的项目管理工作。

② 审核在使用BIM过程中产生的单元（例如门、窗等）和模块（例如卫生间、会议室等）等各种数据，保证它们和有关的标准、规程和总体项目要求一致。

③ 协调项目实施团队、软硬件厂商、其他技术资源和客户，直接负责解决和确定跟数据库关联的各种问题。确定来自于组织其他成员的输入要求，维护和所有BIM相关组织的联络，及时通知标准模板和标准库的任何修改。

④ 面向用BIM做项目设计的设计团队、使用BIM模型产生竣工文件的施工企业、使用BIM导出模型进行设施运营和维护的设施管理企业，为其提供对合适的数据库和标准的访问，在上述BIM用户需要的时候回答问题和提供指引。

⑤ 把设计团队和施工企业产生的BIM模型中适当的元素并入标准数据库。

(2) 项目执行——时间投入约30%

① 协调项目团队在BIM环境中有关软、硬件方面的问题，监控BIM环境中生产的所有产品的准备工作。

② 向管理层建议实施团队的构成。

③ 协调安排项目启动专题讨论会的相关事项，根据需要参加项目专题讨论会。

④ 基于项目和客户要求，设立数字工作空间和项目初始数据集。

⑤ 为项目团队提供随时的疑难解答。

⑥ 监控和协调模型的准备，以及支持项目团队组装必要的信息，完成最后的产品。

⑦ 监控和协调所有项目需要的专用信息的准备工作，以及支持所有生产最终产品必需的信息的组装工作。

⑧ 审核所有信息保证其符合标准、规程和项目要求。

⑨ 确定各种冲突并把未解决的问题连同建议解决方案一起呈报上级主管。

(3) 培训——时间投入约20%

① 为项目团队成员提供和协调最大化BIM技术收益的培训。

② 根据需要，协调年度更新培训和项目专用培训。

③ 根据需要，本人参与更新培训和项目专题研讨培训班。

④ 根据需要，在项目过程中对BIM个人用户提供随时培训。

⑤ 和设计团队、施工承包商、设施运营商接口开发和加强他们的BIM应用能力。

⑥ 为管理层提供有关技术进步以及相应建议、计划和状态的简报。

⑦ 给管理层提供员工培训需要和机会的建议。

⑧ 在有需要和被批准的前提下为会议和专业组织作 BIM 演示介绍。

(4) 程序管理——时间投入约 25%

① 管理 BIM 程序的技术和功能环节，最大化客户的 BIM 利益。

② 和总部、软件厂商、其他地区/部门、设计团队以及其他工程组织接口，始终走在 BIM 相关工程设计、施工、管理软硬件技术的前沿。

③ 本地区或部门有关 BIM 政策的开发和建议批准。

④ 为管理层和客户代表介绍各种程序的状态、阶段性成果和应用的先进技术。

⑤ 跟设计团队、地区管理层、总部、客户和其他相关人员协调建立本机构的 BIM 应用标准。

⑥ 管理 BIM 软件，实施版本控制，研究同时为管理层建议升级费用口。

⑦ 积极参加总部各类 BIM 规划、开发和生产程序的制定。

当然、根据实施方工作职能的不同，BIM 团队的人员配备会有不同，对 BIM 经理和相关人员的要求也会有差异。比如，对于业主方的 BIM 团队，其下的设计、施工、各种咨询顾问的 BIM 团队都会是业主 BIM 团队的子团队，业主 BIM 经理需要从项目全生命周期管理的角度出发领导这个“虚拟团队”，协调工作。对于各子团队的 BIM 经理，他除了是业主 BIM 团队的一员，也是自身 BIM 团队的领导，其下需要配备专业的技术团队。

对于技术团队的建立，需要考虑以下几个方面。

① 每个 BIM 团队都需要指定一位技术主管，负责管理 BIM 模型，使用质量报告工具，保证数据质量，确保所有的 BIM 工作遵守项目 CAD 标准和 BIM 标准。

② 指定实际负责项目的建筑师或工程师来设计 BIM 模型，实现在三维环境里执行设计和设计修改。在使用 BIM 进行设计的过程中，需要经常性和快速地进行设计决策，建筑师和工程师应该是自己使用 BIM 来工作，而不是只是告诉绘图员模型什么地方需要修改。

在 BIM 实施过程中，为确保 BIM 团队发挥应有的作用，企业应明确 BIM 应用目标，合理制定 BIM 团队的任务和发展规划，其中可以借鉴的经验如下。

① 建立 BIM 协同工作的环境，美国陆军工程兵称之为“BIM 小窝”。在“BIM 小窝”里为每位成员准备好计算机、网络、投影仪、白板和会议电话等，某些时候它也是个虚拟的环境，只要确保不同专业的人员在不同地方都可以访问同一个 BIM 模型、在同一时间内进行沟通和协同。

② 建立清晰的团队目标，作为 BIM 团队的一员，态度比技能更重要。不要把不能 100%投入学习 BIM、不关心最终实施目标的人放在团队中。

③ 尽快培训一支完整的 BIM 团队，然后把他们立即投入到一个实际项目中去。最理想的情形是使用这个实际项目做项目练习，一旦 BIM 团队在培训过程中完成了一个实际项目，那么这些人就可以做下一批设计师的师傅。这样，技巧和经验可以从一个团队传递到下一个团队。

5.3.2 我国的各种 BIM 团队

目前国内很多工程都或多或少应用了 BIM 技术，而不同的工程应用要求的团队也不十分一致，其各自的应用侧重点和发展方向、遇到的问题都不一样。基本上有四个方面的 BIM 团队：①业主的 BIM 团队；②设计院的 BIM 团队；③施工单位的 BIM 团队；④第三方咨询验证的BIM团队。下面简单地介绍各个团队的不同。

(1) 业主的BIM团队　业主自己建立BIM团队的最大优势在于可以参与及利用BIM管理项目的全过程，把控BIM实施质量、深度、进度，并在过程中按照自身的需求深化或调整BIM策略，使得BIM按业主要求把作用发挥到最大。业主建立BIM团队的困难在于组建团队需要人力资源、培训和进程中的研究，其中最难的是进程中的研究。因此，一般的业主组建BIM团队后，因缺少项目持续支持，其成长性一般。国内实力开发商如万科等BIM团队成长土壤较好，尤其中国香港房屋署要求竣工资料归档必须含BIM全套文件，使得港资开发商比较重视BIM团队建设。

(2) 设计院的BIM团队　设计院本应就是BIM设计团队，因为最佳的BIM团队应该是设计院本身，设计师直接用BIM软件立体化设计和交互提资、分析研究，在三维空间确认无误后直接转为二维出蓝图。目前国内有一些设计院在做该方向的转化工作，同时Autodesk公司也在支持研发更便捷的绘图软件。目前设计院一般是二维设计后交本院BIM团队复核差错，再返回设计师修正设计错误，然后出施工蓝图，还没能做到设计师和BIM工程师合二为一。设计院的BIM团队只是服务于设计师提高设计质量，对项目的其他BIM用途关心不够。

(3) 施工单位的BIM团队　施工单位的BIM团队大都是因投标业主要求或进场后自身综合管理要求而建立的，其中主要是做管道综合事务，使得进场工人施工有序，合理降低施工成本，减少工期和返工。对BIM应用的研究程度不及业主和设计院全面，但是随着建设部要求特级施工单位需自身配甲级设计院，相信施工单位依托自家设计院的技术和研究将对BIM的应用更深、更广。

(4) 第三方咨询验证的BIM团队（作为业主、设计院的第三方）　第三方BIM咨询顾问团队一般是很专业的BIM团队，服务于业主委托的设计校核任务，有部分设计监理的味道。因其本身经过很多项目研究和操作，实战经验较丰富，对BIM技术而言是没有问题的，但是他们的工作必须在业主BIM团队指引下进行，否则不容易处理业主和设计院的关系。BIM专业咨询顾问公司只对业主负责，在业主指引下进行设计院沟通。其提出的设计意见报告书需包含问题原因分析和技术支持，否则难以和设计院沟通。

由此可见各家BIM团队的工作目的和组成原因是不一样的，人员素质也有差别。总之，要搞好BIM为项目服务，业主BIM团队必不可少，根据到每家业主目的不同，可以选设计院BIM团队、施工单位BIM团队、第三方咨询顾问BIM团队。

一般来讲，如果设计院BIM很强的话，倾向于设计团队和BIM团队是一家。否则，可以考虑第三方BIM咨询顾问公司，业主要加强对其和设计院的沟通管理。而施工单位的BIM对设计质量提高效果一般，主要用于自身服务和投标要求响应。

参考文献

[1] 美国国家BIM标准. 第一版第一部分：National Institute of Building Science，United States National Building Information Modeling Standard，Version1-Part1 [R].
[2] 李云贵. BIM技术与中国城市建设数字化. 上海中心-欧特克BIM战略合作签约仪式暨行业论坛，2010年5月.
[3] 何关培. BIM总论. 北京：中国建筑工业出版社，2011.
[4] 杨宝明. BIM技术助力工程项目精细化管理 [R/OL]. 鲁班咨询. 2013-3-7.
[5] 段奇志. 基于建筑信息模型（BIM）的费用控制与进度控制. 城市建设理论研究（电子版），2013，16（2）：16-18.
[6] 陈训. 建设工程全寿命信息管理（BLM）思想和应用的研究. 上海：同济大学，2006.
[7] 贺灵童. 国内外建筑业劳动生产率对比. 鲁班咨询，2010，(11).
[8] 中国施工企业管理协会. 全国施工企业信息化建设现状与发展趋势调查汇总报告. 2008.
[9] 清华大学软件学院BIM课题组. 中国建筑信息模型标准框架研究. 土木建筑工程信息技术，2010，2（2），1-5.
[10] 杨云霄. 园林3ds Max辅助设计. 郑州：黄河水利出版社，2011.
[11] 江枫. 3ds Max 8.0实用教程. 北京：国防科技大学出版社，2009.
[12] 郑艳. 3ds Max 2012基础教程. 北京：清华大学出版社，2012.
[13] 陈石义，张寿庭. 我国氟化工产业中萤石资源利用现状与产业发展对策. 资源与产业，2013，15（02）：80-83.
[14] 王振亮，鲁瑞君等. 浅谈世界萤石资源现状及萤石产业发展方向. 中国非金属矿工业导刊，2013，(3)：3-5.
[15] 牛丽贤，张寿庭. 中国萤石产业发展战略思考. 中国矿业，2010，19（8）：21-25.
[16] 钟江春. 我国萤石资源利用概况及其发展趋势. 化学工业，2011，29（12）：11-15.
[17] 邱奎宁，张汉义，王静等. IFC标准及实例介绍. 土木建筑工程信息. 2010，(1).
[18] 张雷，姜立，叶敏青等. 基于BIM技术的绿色建筑预评估系统研究. 土木建筑工程信息，2011（1).
[19] 丁士昭. 建设工程信息化导论. 北京：中国建筑工业出版社，2005.
[20] 何关培，王轶群，应宇垦. BIM总论. 北京：中国建筑工业出版社，2011.
[21] 陆宁. 基于BIM技术的施工企业信息资源利用系统研究. 北京：清华大学，2010.
[22] 杜书波. BIM技术标准研究——以BIM芬兰标准为例. 青岛理工大学学报，2012，33（1）：67-70.
[23] 刘照球，李云贵，吕西林等. 基于IFC标准的结构动力分析信息扩展框架. 华南理工大学学报，2010，38（7）：122-127.
[24] 刘文鹏，叶英华，刁波. 基于IFC标准的结构耐久信息模型. 土木建筑工程信息技术，2010，2(2)：22-27.
[25] 冯研. 基于BIM技术的建筑节能设计软件系统研制. 北京：清华大学，2010.
[26] 满庆鹏，孙成双. 基于IFC标准的建筑施工信息模型. 土木工程学报，2011，44（增刊)：239-243.
[27] 娄喆. 基于BIM技术的建筑成本预算软件系统模型研究. 北京：清华大学，2009.
[28] 张修德. 基于BIM技术的建筑工程预算软件研制. 北京：清华大学，2011.
[29] 刘艺. 基于BIM技术的SI住宅住户参与设计研究. 北京：北京交通大学，2012.
[30] 田飞，刘兴万，危双丰. BIM在房屋设施信息化管理中的应用. 土木建筑工程信息技术，2012，4(4)：83-86.
[31] 赵景学，姜立，王会一. BIM技术在文物建筑保护中的应用可能性研究. 土木建筑工程信息技术，2012，4（1）：43-46.
[32] 李天华. 装配式建筑寿命周期管理中BIM与RFID应用研究. 大连：大连理工大学，2011.
[33] 赵毅立. 下一代建筑节能设计系统建模及BIM数据管理平台研究. 北京：清华大学，2008.
[34] 季俊，张其林，杨晖柱等. 高层钢结构BIM软件研发及在上海中心工程中的应用. 东南大学学报增刊（Ⅱ），2009，39：205-211.
[35] 季俊，张其林. 基于建筑信息模型的轻钢厂房结构软件. 计算机辅助工程，2009，18（3）：59-61.
[36] 张洋. 基于BIM的建筑工程信息集成与管理研究. 北京：清华大学，2009.
[37] 张剑涛，刁波，唐春风等. IFC标准在PKPM结构软件中的实现. 建筑科学，2006，22(4)：103-106.
[38] 张坤. 基于IFC标准的玻璃幕墙集成设计平台研究. 武汉：华中科技大学，2008.
[39] 徐迪，潘东婴，谢步瀛. 基于BIM的结构平面简图三维重建. 结构工程师，2011，27（5)：17-21.
[40] 葛清，赵斌，何波. BIM第一维度——项目不同阶段的BIM应用. 北京：中国建筑工业出版社，2013.
[41] 袁烽，尼尔·里奇. 上海中心大厦造型与外立面参数化设计. CTBUH世界高层都市建筑学会第九届全球会议论文

集. 2012：112-119.
[42] 帕特里克·舒马赫，尼尔·里奇. 关于参数化主义. 时代建筑，2012（5）：22-31.
[43] 谢宜. 基于BIM的北京路及周边地区城市规划微环境模拟. 土木建筑工程信息技术，2011，(6).
[44] 何波. BIM建筑性能分析应用价值探讨. 土木建筑工程信息技术，2011，(9).
[45] 刘宏，谢宜，张家立. 紧凑条件下的宜居——BIM在城市微环境模拟中的应用. 土木建筑工程信息技术，2011(9).
[46] 朱广堂，张家立. 基于BIM技术的城乡规划微环境管理平台研究和实践. 土木建筑工程信息技术，2012(3).
[47] 谢宜. BIM在城市CBD商业地产建筑空间布局规划中的应用，中国房地产业，2012，(2).
[48] 葛文兰. BIM第二维度——项目不同参与方的BIM应用. 北京：中国建筑工业出版社，2011.
[49] 何关培. BIM和BIM相关软件. 土木建筑工程信息技术，2010，(12).
[50] 李时锦，谢宜，葛文兰. 基于网络平台的项目信息门户在城市规划编制管理中的应用. 建筑学报，2007，(10).
[51] 何关培. 我国BIM发展战略和模式探讨（一）. 土木建筑工程信息技术，2011，(6).
[52] 宾夕法尼亚州州立大学，美国buildingSMART联盟（bSa－buildingSMART aliance）. BIM Project Execution Planning Guide Version 2.0.
[53] 何关培等. BIM总论. 北京：中国建筑工业出版社，2011.
[54] 黄亚斌. 柏慕Revit基础教程. 北京：中国水利水电出版社，2015.
[55] 廖小烽，王君峰. Revit 2013/2014建筑设计火星课堂. 北京：人民邮电出版社，2013.
[56] 王君峰. Autodesk Navisworks实战应用思维课堂. 北京：机械工业出版社，2015.
[57] 广联达软件股份有限公司. 广联达工程造价类软件实训教程（图形软件篇）. 北京：人民交通出版社，2010.
[58] 深圳市斯维尔科技有限公司. 清单计价软件高级实例教程，第2版. 北京：中国建筑工业出版社，2012.
[59] 何关培. BIM总论. 北京：中国建筑工业出版社，2011.
[60] 谢宜，葛文兰. 基于BIM技术的城市规划微环境生态模拟与评估. 土木建筑工程信息技术，2013.
[61] 云鹏. Ecotect建筑环境设计教程. 北京：中国建筑工业出版社，2007.
[62] 李云贵. BIM技术与中国城市建设数字化. BIM咨询网，2010，(11).
[63] 刘广文，牟培超，黄铭丰. BIM应用基础. 上海：同济大学出版社，2014.
[64] 杨宝明. 工程造价管理新思维. 建筑时报，2010-12-20.
[65] 建筑对象数字化定义（JG/T 198—2007）.
[66] Autodest：BIM与数字化制造白皮书. 2009.